深水溢油应急技术

安　伟　张前前　李建伟　赵宇鹏等　著

科学出版社

北　京

内 容 简 介

本书针对深水溢油应急技术，首先综述深水油气田开发现状及溢油风险，进而阐述深水溢油监测技术、深水溢油预测技术、深水溢油量估算方法，全面调研深水溢油应急处置技术和全球深水溢油应急资源，然后介绍深水溢油应急体系与法律法规，最后展示南海深水溢油三维可视化系统的研究成果。

本书可供从事深水溢油应急技术的工作人员和科研人员参考，还可作为高等院校相关研究人员以及研究生的专业参考书。

图书在版编目(CIP)数据

深水溢油应急技术/安伟等著. —北京：科学出版社，2016.11
ISBN 978-7-03-049340-8

Ⅰ. ①深… Ⅱ. ①安… Ⅲ. ①海上溢油-研究 Ⅳ. ①X55

中国版本图书馆 CIP 数据核字(2016)第 158014 号

责任编辑：彭胜潮 景艳霞/责任校对：何艳萍
责任印制：徐晓晨 /封面设计：铭轩堂

科学出版社 出版
北京东黄城根北街 16 号
邮政编码：100717
http://www.sciencep.com

北京京华虎彩印刷有限公司 印刷
科学出版社发行 各地新华书店经销
*

2016 年 11 月第 一 版 开本：787 ×1092 1/16
2017 年 4 月第二次印刷 印张：15 3/4
字数：358 000

定价：138.00 元
(如有印装质量问题，我社负责调换)

前　言

海洋石油经过半个多世纪的发展，从浅水到深水、再到超深水，人类开发利用油气资源的程度正在不断深入。目前，海洋石油已经成为世界油气开发的主要增长点，而走向深水是当前海洋石油可持续发展的重要战略举措，是海上油气科技创新的前沿。深水油气开发既有广阔的前景，同时也面临着巨大的风险和挑战。2010年4月20日，墨西哥湾英国BP"深水地平线"钻井平台发生爆炸导致溢油事故，约有490万桶原油从油井中泄漏，给墨西哥湾海洋生态和沿岸经济造成巨大灾难，BP公司也为此付出上百亿美元的赔偿。这次事故处置过程和造成的影响警示我们：在油气勘探开发技术快速发展的今天，深水区水下溢油应急技术研发迫在眉睫。

我国南海特有的强热带风暴、内波等灾害环境以及我国复杂原油物性及油气藏特性，决定了我国深水油气田开发面临的深水溢油风险日益增加。我们应该借鉴国内外经验教训，加强深水溢油应急技术攻关，开展深水溢油风险防范、监测预测以及水下溢油应急处置等方面的研究，建立深水溢油应急反应技术和装备体系，提高我国深水溢油事故防范和应急处置能力，为我国深水油气田开发保驾护航。中国海洋石油总公司在"十二五"期间率先开展了深水区水下溢油数值模拟技术以及水下消油剂使用和喷洒技术的研究工作，总体科技成果达到国内先进水平，部分成果居国际领先水平。

本书是编写组在多年从事海上溢油防治管理和研究工作，并参阅国内外大量有关论著、文献资料的基础上完成的。以深水溢油应急反应为主线，涵盖了深水溢油风险评估、监测技术、溢油模拟、溢油量估算和应急处置等技术，并结合南海深水环境条件，开发了深水溢油三维可视化系统，以期为提高我国深水区溢油应急快速反应能力和技术水平提供帮助。全书共分8章，内容如下：第1章介绍深水油气田开发现状以及深水溢油应急技术研究进展；第2章介绍深水溢油监测技术和水下油污探测技术；第3章阐述深水溢油模型建立过程以及深水溢油模拟实验内容；第4章介绍深水溢油量的估算方法；第5章介绍深水溢油应急处置方法；第6章阐述了消油剂水下使用效果以及评估模型的建立；第7章介绍深水溢油应急资源与应急体系；第8章介绍了南海深水溢油三维可视化系统开发。本书由中海油能源发展股份有限公司北京安全环保工程技术研究院起草编写，由安伟、张前前、李建伟、赵宇鹏等著，宋莎莎、钱国栋、刘保占、靳卫卫、陈海波、张庆范、李晓秋、栗宝鹃、赵建平等参与编写工作。全书由安伟、张前前、李建伟统稿、定稿。

本书的撰写和出版，得到了中国海洋石油总公司质量健康安全环保部和科技发展部以及中海油能源发展股份有限公司安全环保分公司的大力支持，在此一并致以衷心的感谢。

由于作者水平有限，书中不足之处恳请批评指正。

目　　录

第1章 深水油气田溢油应急概述

1.1 深水油气田开发现状

1.1.1 深水油气资源开发

1. 深水油气田定义

1887 年，在美国加利福尼亚海岸数米深的海域钻探了世界上第一口海上探井，拉开了海洋石油勘探的序幕。经历了从近岸、浅水到深水的发展阶段，不同领域深水定义的尺度并不一致，海洋工程界通常认为，300 m 以上为深水，1500 m 以上为超深水（王丽勤等，2011）。2002 年在巴西召开的世界石油大会提出，将 400 m 作为划分深水的标志线，即：≤400 m 为浅水，>400 m 为深水，>1500 m 为超深水（Durham，2010）。本书在描述深水溢油过程中采用工程界的划分方法，认为 300 m 以上的为深水环境。20 世纪 80 年代初海洋石油作业水深达到 300 m，90 年代达到超深水 1500 m，2010 年超过了 3000 m。

2. 深水油气田发展趋势

据统计，2000 年以来深水油气产量在整个油气产量中的比例明显上升，由 2001 年的 250 万桶油当量/日上升到 2010 年的 720 万桶油当量/日（廖谟圣，2007；Müller，2014）。2004 年深水石油产量 1.2×10^8 t，约占全球石油产量的 5%；2006 年深水石油产量大约为 2.6×10^8 t，约占全球石油产量的 7%（牛华伟等，2012）。2007~2012 年全球深水油气产量占整个油气产量的 7%，陆地和浅水则分别占 60% 和 33%（Nelson et al.，2013）。图 1.1 显示，

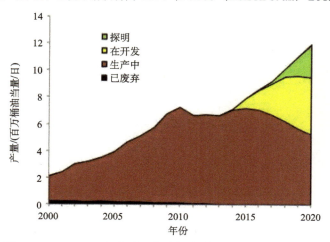

图 1.1 2000~2020 年全球深水油气产量及预测（Müller，2014）

2011~2014年深水油气生产处于持平阶段,最高产量仍是2010年创下的720万桶油当量/日,占总产量的7%,其中,深水石油产量620万桶油当量/日,产地为巴西、美国墨西哥湾、尼日利亚、安哥拉;深水天然气产量100万桶油当量/日,产地为美国墨西哥湾、印度、埃及、巴西、尼日利亚。2015年深水项目比例提高,2020年深水油气产量将有望提高近80%(Müller,2014)。

3. 深水油气田资源分布

世界上深水油气盆地主要为滨大西洋深水盆地群、滨西太平洋深水盆地群、新特提斯构造域深水盆地群和环北极深水盆地群(牛华伟等,2012)。被动陆缘深水油气区特殊的构造演化历程造就了优越的石油地质条件,巴西近海、美国墨西哥湾、西非近海、亚太地区大陆边缘是全球四大被动陆缘富油气深水区,其中,巴西、美国墨西哥湾和西非(主要是安哥拉和尼日利亚)是世界深水油气勘探和开发的热点,已经发现了20多个大型油气田,被称为深水油气的"金三角"(钟广见等,2009),2013年深水(水深>500 m)油气生产的82%来自上述三个地区(Müller,2014)。此外,在东非的莫桑比克-坦桑尼亚发现了深水大气田,地中海的以色列和塞浦路斯,内海如黑海和加勒比海,即俄罗斯、伊朗和罗马尼亚地区,也发现了深水油气田。其他新的深海油气国家包括圭亚那、利比亚、中国和法属圭亚那。据统计,全球大约60个国家在深水发现约3.0×10^{10} t的石油储量(牛华伟等,2012)。全球深水油气分布见图1.2。

图1.2　全球深水油气分布图(张位平,2013)

4. 深水油气田开采装备

美国是世界上石油设备制造和供应大国，其制造和供应量约占全球的60%，预计接下来的10年内美国、英国、法国、巴西、挪威的深水技术装备将继续引领世界潮流。深水油气田开发，包括钻井、完井、海洋工程建造、海上施工安装、深水油田生产、安全应急响应和后勤支持保障等全方位的综合技术装备。经过30多年的发展，深水油气勘探开发技术日趋成熟，随着开采水深的逐年推进，海上油气田开发逐渐由固定平台转变为深水浮式生产设施（FPS，图1.3）、水下生产系统。

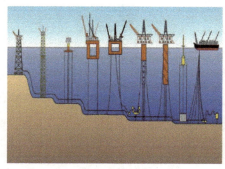

(a) 由固定平台到FPS的演变　　　　　　(b) 不同类型的FPS

图 1.3　海洋石油开采装备随水深的推进历程

1) 深水浮式生产设施

深水钻井平台主要有张力腿平台(TLP)、立柱式平台(SPAR)、半潜式平台(SEMI)(谢彬等，2006)和深水钻井船等，如图1.4所示。不同海洋环境条件下，选用不同的深水钻井平台(船)，其中张力腿平台和立柱式平台主要用于墨西哥湾，半潜式平台在墨西哥湾和巴西都有使用，深海钻井船则在巴西、安哥拉、尼日利亚广泛使用(廖谟圣，2006)。适用于超深水钻井的主要是半潜式平台和钻井船，2014年7月Moon统计了全球用于作业水深大于4000 ft[①]的197个钻井平台，发现均为半潜式平台或深海钻井船，其中36个为常规锚泊定位，161个为动力定位 (Moon，2014)。

浮式生产储油装置(floating production, storage and offloading, FPSO)将集油计量、油气水处理、储油、装卸运输4种功能综合在一个油轮上实现，是发展最快的深水浮式生产设施，2015年8月Offshore刊发统计结果显示，世界上正在用于生产的浮式生产储油装置有161艘，其中巴西37艘，英国14艘，中国14艘，安哥拉和尼日利亚各13艘，澳大利亚11艘（详见 http://www.offshore-mag.com/maps-posters.html）。

---

① 1 ft=0.3048 m。

(a)张力腿平台(TLP)　　　　　　　　(b)立柱式平台(SPAR)

(c)半潜式平台(SEMI)　　　　　　　　(d)深海钻井船

图 1.4　四种常见的深水浮式生产设施

2) 水下生产设施

　　水下生产系统是将油气生产装置及辅助设施的部分或全部直接放置在海底，成为一个完整的水下工程建筑物，进行自动采油、集油、输油生产的系统。深水海底树的安装有垂直和水平两种类型。全世界已有 3 500 多套水下生产设施，水下生产技术和设备将是今后海洋油气开发生产的关键（单日波，2012）。

1.1.2　南海深水油气田开发现状

1. 深水石油工业技术现状

　　若从 1956 年莺歌海油田调查算起，我国海洋石油工业已经走过了 60 多年的发展历程。中国石油、中国石化公司在 20 世纪 70 年代先后启动海上油气的勘探、开采工作，但目前主要的开采工作仍集中在浅海区域。1982 年中国海洋石油总公司成立，承担着国内绝大部分的海上油气勘探、开采任务，标志着我国海洋石油工业实现了从合作开发到自主开发的技术突破(李清平，2006)。

近年来，随着深水勘探开发不断获得新的进展，深海油气田开发已成为海上油气工业的热点。海洋石油工程股份有限公司是目前中国最大、实力最强的集海洋石油及天然气工程设计、建造和海上安装、调试、维修以及液化天然气、炼化工程为一体的总承包公司，也是亚太地区成长最快的公司之一。设计技术方面已具备 300 m 水深以内的海上油气田设计能力和经验，初步达到国际水平；实现自主设计，并已为众多国际客户提供技术服务，初步掌握了深水平台 TLP 和 SPAR 的总体关键设计技术。建造技术方面已有建成国内 90% 以上的海洋工程上部设施的业绩，具有万吨级导管架和组块的建造能力与称重技术；具备年产 3×10^5 t 海洋工程设备的制造能力，可以涵盖各种深水平台(TLP、SPAR、SEMI 等)、大型组块与导管架的建造。安装技术方面已具有万吨级组块的浮托安装技术和滑移下水安装技术，具备整体吊装 7500 t 组块的能力、水深 300 m 内铺设 3～60 inch[①]海底管线的能力。维修技术方面已具备海底管道干式检测与维修技术、FPSO 拖航连接技术，初步掌握浅水区废弃平台拆除技术、300 m 水下作业检测技术(单日波，2012)。

根据我国南海的水深范围、钻井操作以及油气开发工艺对上部设施的要求，TLP 和 SPAR 两种形式可作为其优选方案。针对中国南海深海油气田开发的现实条件(如深水钻井船较少，没有管网等现有设施)，并结合国际上相关新技术的发展，南海深水油田开发的工程模式初步设定为钻井和井口浮式平台+钻井辅助船+ FPSO+周边未来小区块的水下井口。

随着南海勘探开发的不断深入，一批深水油气田相继进入开发评价、方案实施和生产阶段。2006 年 8 月在南海东部成功钻探中国第一口深水井 LW3-1-1；2011 年 1 月，中国海洋石油公司及其合作伙伴哈斯基完成荔湾 3-1 深水气田总体开发方案；2013 年 9 月，荔湾 3-1 天然气中心处理平台机械性完工；2014 年 4 月 24 日，荔湾 3-1 深水气田正式实现向下游用户商业性输气；2014 年 8 月 18 日，"海洋石油 981"在南海西部陵水 17-2-1 井成功完成测试。

经过国家的支持和自主创新，我国建造的一些深海油气资源开发设备已达到国际先进水平。例如，2010 年世界最先进的 3000 m 深水半潜式钻井平台——海洋石油 981 顺利出坞，填补我国在深水装备领域的空白，并使中国跻身于具有世界深水装备领先水平的国家之列。

2. 我国深水油气开发面临的挑战

我国海洋深水区域具有丰富的油气资源，但深水区域特殊的自然环境和复杂的油气储藏条件决定了深水油气勘探开发具有高投入、高回报、高技术、高风险的特点。迄今

---

① 1 inch=2.54 cm。

为止，我国海洋石油工程与国外飞速发展的深水海洋石油工程技术尚有一定距离，我们需要面对如下问题(李清平，2006)：

(1)深水油气勘探技术。深水油气勘探是深水油气资源开发首先要面对的挑战，包括长缆地震信号测量和分析技术、多波场分析技术、深水大型储集识别技术及隐蔽油气藏识别技术等。技术上的巨大差距是我国深水油气田开发面临的最大挑战，因此实现深水技术的跨越发展是关键所在。

(2)复杂的油气藏特性。我国海上油田原油多具高黏、易凝、高含蜡等特点，同时还存在高温、高压、高 CO_2 含量等问题，这给海上油气集输工艺设计和生产安全带来许多难题。当然，这不仅是我们所面临的问题，也是世界石油界面临的难题。

(3)特殊的海洋环境条件。我国南海环境条件特殊，夏季有强热带风暴，冬季有季风，还有内波、海底沙脊沙坡等，使得深水油气开发工程设计、建造、施工面临更大的挑战。

(4)深水海底管道及系统内流动安全保障。深水海底为高静压、低温环境(通常 4℃左右)，这对海上和水下结构物提出了苛刻的要求，也对海底混输管道提出了更为严格的要求。来自油气田现场的应用实践表明，在深水油气混输管道中，由多相流自身组成(含水、含酸性物质等)、海底地势起伏、运行操作等带来的问题，如段塞流、析蜡、水化物、腐蚀、固体颗粒冲蚀等，已经严重威胁到生产的正常进行和海底集输系统的安全运行，由此引起的险情频频发生。

(5)经济高效的边际油气田开发技术。我国的油气田特别是边际油气田具有底水大、压力递减快、区块分散、储量小等特点，在开发过程中往往需要考虑采用人工举升系统，这使得许多国外边际油气田开发的常规技术(如水下生产技术等)面临着更多的挑战，意味着水下电潜泵、海底增压泵等创新技术将应用到我国边际油气田的开发中；同时也意味着，降低边际油气田的开发投资，使这些油气田得到经济、有效的开发，将面临更多的、更为复杂的技术难题。

3. 南海油气开采的法律法规

南海拥有丰富的油气资源而逐渐成为热点争议地区，争议区的面积达到 $5.2 \times 10^5 \, km^2$。南海主权争端愈演愈烈，相关周边国家已在南沙群岛海域钻井 1000 多口，发现含油气构造 200 多个、油气田 180 个，参与采油的国际石油公司超过 200 家，年开采量超过 $5 \times 10^7 \, t$，相当于大庆油田的年产量。受政治、外交、技术等因素限制，我国在南海的油气开发步履迟缓，仅限于南海北部陆坡。

回顾我国在海洋油气开采方面的法律法规，1982 年中国政府颁布了《中华人民共和国对外合作开采海洋石油资源条例》，第一章第二条明确规定："中华人民共和国的内海、领海、大陆架以及其他属于中华人民共和国海洋资源管辖海域的石油资源，都属于中华人民共和国国家所有……在前款海域内，为开采石油而设置的建筑物、构筑物、作业船舶，以及相应的陆岸油(气)集输终端和基地，都受中华人民共和国管辖。" 1998 年《中华人民共和国专属经济区和大陆架法》开创了中国对 200 海里专属经济区和大陆架海域依照国际法行使主权和管辖权的历史。此外，中国先后颁布实施了多项法律法规，如《中华人民共和国海洋石油勘探开发环境保护管理条例》(1983 年)、《中华人民共和国海洋倾废管理条例》(1985 年)、《中华人民共和国海洋环境保护法》(2000 年)等，在海洋油气勘探开采、安全管理、环境保护、油气税费等方面的政策和法令。面对南海争端，2002 年中国政府与东盟签署《南海各方行为宣言》，提出了"主权归我，搁置争议，共同开发"的和平解决手段。为了维护南海地区的和平稳定，中国在南海油气资源的勘探开发问题上保持了克制，没有采取任何使事态扩大化、复杂化的行动，不仅没有实施南海深海区域的油气开发活动，而且在《南海各方行为宣言》基础上 2011 年签署《落实〈南海各方行为宣言〉指导方针》，倡导"搁置争议、共同开发"的原则。2005 年中国、越南、菲律宾三方石油公司签署了《在南中国海协议区三方联合海洋地震工作协议》。令人遗憾的是，由于某些国家缺乏应有的诚意，致使"共同开发"原则未能得到有效落实，中国的克制也没有使周边国家的非法开采活动有所收敛，上述工作协议未能续约而不得不终止(李国强，2014)。

综上所述，我国南海深水油气开发面临的挑战，一方面来自技术的落后；另一方面来自争议海域油气资源共同开发的困境，后者有待国家从法律层面给予政策支持。

1.2　深水溢油风险

1.2.1　深水溢油事故类型

海洋油气田溢油事故多发生在勘探、生产、运输过程中。在勘探过程中，溢油形式多以钻井管道断裂发生井喷方式出现。在生产过程中，由于涉及大量易燃、易爆的石油和天然气，加上开发工艺和设备运行的复杂性，发生油气泄漏的潜在风险极高。在运输过程中，油船和海底油气管道是主要事故风险源。其中，运输船舶由于漂移作用以及误操作都可能碰撞立管导致油气泄漏；海底油气管道则容易因管内腐蚀、地震和船舶抛锚破坏等意外导致油气泄漏。此外，台风和热带风暴等自然灾害性天气引起的极端波浪能够破坏海洋平台结构甚至倾覆，可能引起钻井和管道的损伤而产生油气泄漏。

海洋溢油事故类型包括：井喷(blowout)——钻井平台爆炸起火或其他井口事故(well head accident)、井涌(well kick)或侧漏(edge leakage)、注水和岩屑回注增加了地层压力而导致的溢油、油气管线破裂(pipeline leakage)以及船只沉没泄漏(shipwreck)。

1.2.2　深水溢油风险分析

1. 深水溢油风险及危害

海上油气田开发溢油事故风险因素众多，与浅水区相比，海洋环境、油气储藏条件和钻井作业等容易引发石油设施倾覆、井漏、井涌和井喷以及火灾和爆炸，从而引发大型溢油事故(殷志明等，2011；吴时国等，2007)，同时由于深水油气田一般都是产量大、距离陆地远，给事故后应急处置带来极大困难，见表 1.1(安伟等，2011)。加之深水环境脆弱的生态系统，溢油从水下上升至水面过程中对整个水体造成污染，因此深水溢油事故会给社会经济和生态环境带来灾难性影响。

表 1.1　深水油气田开发主要溢油风险及其危害

主要溢油风险	风险因子及危害
海洋环境	(1) 海底高压、低温环境：对海上和水下结构物及海底混输要求苛刻；低温对钻井液及水泥浆的流变性将有较大影响； (2) 波、浪、流、台风：深海海域较强波、浪、流和台风给石油设施安全带来很大影响；给溢油应急造成困难； (3) 内波：时间不定，流速无常，持续时间短，区域分布差异较大，对深水石油设施威胁较大； (4) 水深：对溢油应急处置技术和设备要求高，常规方法难以奏效。溢油从水下上升至水面，污染整个水体； (5) 海底滑坡、海底断层和泥石流
复杂油气藏条件	(1) 浅层气和浅层流：易引起地质灾害和井喷； (2) 天然气水合物：天然气水合物易阻塞节流管线、压井管线、BOP 组件等，影响钻井和井控作业；其分解导致的海底滑坡和海水密度的降低有可能会使石油平台或钻井船倾覆；另外，气体的突然释放会对输送管道产生破坏作用，重则造成火灾或井喷
钻井工程技术	钻井参数及钻井液体系选择、井口压力和钻井液当量循环等一旦控制不当，容易引发溢油、井漏、井涌和井喷等事故
疲劳老化	主要包括管架及锚缆腐蚀性、支撑管架结构、焊点材料性能、阀及管件完好程度。设施的疲劳老化可造成泄露危害，降低生产效率，埋下事故隐患，更严重可导致人员伤亡
第三方破坏	主要包括船舶撞击、直升机撞击、其他设备碰撞和军事活动等。严重威胁深水海洋设施的稳定，造成石油平台的倾覆，导致严重的火灾爆炸
人为操作	主要包括人员技术等级、安全教育培训情况和规章制度执行情况

2. 主要溢油风险因子分析

1) 井喷和井涌溢油风险因子

随着海洋石油勘探开发的蓬勃发展，其规模也不断扩大，越来越多的石油平台出现在海洋中。然而，由于碰撞、腐蚀或操作不当造成的油气井喷、平台或钻井装置倾覆等事故与日俱增，使大量的石油进入水体和沉积物，严重威胁着海洋生态平衡，给经济和海洋环境带来了巨大损失和严重危害。2010 年墨西哥湾钻井平台发生爆炸导致溢油事故，约 490 万桶原油泄漏入海，事故发生后的应急处理和事故造成的影响警示我们，事故防范比事故应急更有意义 (安伟等，2011)。

井喷和井涌是一种地层中流体喷出地面或流入井内其他地层的现象，大多发生在开采石油天然气的现场。引起井喷和井涌的原因有多种，如地层压力掌握不准、泥浆密度偏低、井内泥浆液柱高度降低、起钻抽吸以及其他不当措施等。有时井喷、井涌属于正常现象，措施得当处理及时就不会演化为事故；但出现井喷、井涌事故，天然气喷出后与空气摩擦，容易发生燃烧爆炸；若里面含有有毒气体，就更加危险，因此应高度重视。常见的抢险方法是将密度大的重晶石粉灌到井里，以增加压力，止住井喷、井涌继续发生。

井喷的发生必须具备三个基本的条件：①地层要有良好的连通性；②地层要存在有一定量的流体(油、气、水)；③地层有一定的能量，即必须具备一定的地层压力。在钻井过程中，为保证地层压力和钻井系统压力的平衡，必须保证井底压力 p_m 等于地层压力 p_p 和钻井液压力 p_e 之和，建立和维持的平衡关系式为

$$p_m = p_p + p_e$$

当地层压力 p_p 大于井底压力 p_m 时，钻井液压力 p_e 为负值，井下就处于一种不稳定的状态，只要此时地层的渗透性好，并具备基本条件，不论压力差多大，都会发生溢流。由于溢流的产生，钻井液的压力越来越小，势必会造成井涌甚至井喷。造成地层压力大于井底压力的原因，主要有以下几个方面：①对地层压力情况掌握不准确，导致钻井液密度设计偏低。用现有的压力测试方法进行测试是不能解决该问题的，所以钻井中往往都是打"遭遇战"。②钻井液的液柱高度降低，导致压力下降。当遇到溶洞、缝隙或钻井液压力使地层裂纹时，钻井液都会发生漏失，从而高度降低。③钻井液的密度降低，也会导致压力下降。当地层中的水、油、气进入钻井液，都会产生类似的结果(蒋希文，2006)。

2010 年 4 月 20 日，发生墨西哥湾溢油事故：Macondo 油井是一勘探井，事故前一天完成了生产套管固井作业。在固井候凝 15 小时后进行了井筒的正反向试压。候凝 16.5 小时后，在没有进行固井质量测井的情况下，开始用海水置换钻井液，并计划打水泥塞，执行暂时弃井。在替海水过程中发生井喷，导致平台爆炸。结合墨西哥湾溢油事故对造成井喷和井涌事故原因进行系统的分析，探讨井喷和井涌的主要诱发因素，总结出深水油气作业发生井喷的原因，见表 1.2。

表 1.2　墨西哥湾溢油事故原因分析

钻井操作	事故原因分析
固井作业	BP 修改固井方案，将生产套管柱鞋安装在不太稳定的层状砂页岩区域，增大了油气窜流和水泥黏结剂污染的可能性
	固井作业不符合 APIRP65，且无附加井控措施(API，2010)
	没有对油井抗压强度和气流最大值进行有效分析和评估
	BP 为控制成本减少了钻井液循环量和注入水泥量，削弱了油井"安全余量"
	BP 将浮箍穿过油气蕴藏区，没有安装在井鞋底部，致使超压环境受限
	浮箍岩屑容纳能力差、压力大，BP 为省钱省时所做决策破坏了油井完整性和安全性
	井喷发展初期，井筒内小直径井眼水泥浆污染或流失，密度不同引起的井液倒流，水泥浆氮气析出或滑脱，造成井鞋处水泥黏结剂失效，环空水泥环和机械隔层未能成功控制油气通过套管底部浮箍和水泥进入生产套管。负压试验显示异常现象，压汞管线压力为零时产生钻杆压力，说明油井与油层之间没有完全密封。由于没有详细的负压试验指导规程，作业人员错误地认为已经成功建立油井完整性，为井喷事故埋下了隐患
井涌监测与应急	人员疏忽、关键监测设备(如流量计)问题及同时进行的多项作业导致作业人员不能准确监控油井状态。应急措施方面，大规模溢流时采用分流防喷更合理，不应该采用 MGS 系统处理溢流。应急指挥时，负责人在紧急情况下没有按照要求立即执行紧急关断操作，耽误了应急时机

续表

钻井操作	事故原因分析
BOP 及控制系统	位于封闭的变径闸板和上部环形防喷器之间的这部分钻杆发生了弹性屈曲，导致钻杆在全封闭防喷器闸板(BSR)关闭时稍微偏离了中心位置，以致只有上部闸板刀片的外角接触到钻杆，BSR 不能正确切割钻杆并密封井口，BOP 失效，油井失控
点火源控制	可燃气体通过通风系统或空调系统进入发动机舱，发动机超速停车装置失效，导致发动机在超速情况下不能自动关闭，成为潜在点火源。火气防护系统未能阻止油气被点燃

2) 油气管破裂溢油风险因子

随着海洋石油开发产业的日益发展，海底油气管道作为运输产品的必要设备得到了广泛应用以及迅速发展，与其他船运相比，海底管道运输具有连续性，运输过程中不需要转换，减少了时间消耗，同时管道的封闭性减少了油气运输过程中的油气损失，管道一旦投入运行，即可安全高效地完成油气的运输任务。随着我国海洋石油开发的升温，海底管道的需求在不断增加。至 2012 年，我国的海底管道已超过 4 000 km，同时随着我国海洋石油业走向深海，对海底管道的需求将越来越大。

与此同时，海底管道作为海洋运输生命线，它的安全问题始终为人们所关注。与陆上管道相比，海底管道运行风险更大，失效概率更高，失效后果更严重，不确定因素太多太杂，这主要与其工作环境条件恶劣密切相关。海底管道既可能受到波浪、海流、潮汐、腐蚀等作用，又可能面临船锚、平台或船舶掉落物、渔网等撞击拖挂危险，同时还有可能来自海床的坍塌、地震波等，很容易发生失效事故。据美国 MMS(Minerals Management Service) 对墨西哥湾 1967~1987 年海底管道失效事故统计，在这 20 年间共发生海底管道失效事故 690 例，平均每年发生的失效事故多达 35 例，由此可见，海底管道发生失效事故的概率是很高的。一旦海底管道失效，不但会造成生命财产的严重损失，还会污染海洋环境，造成难以预料的恶劣社会影响，如 2000 年 10 月东海平湖油气田海底输油管道由于波流冲刷断裂，油气田被迫停产，使依靠平湖油气田供应天然气的上海浦东市民的天然气供应几乎中断，产生了极其不良的社会影响，后果非常严重。

海底油气管道溢油事故与管道的损坏失效密切相关，其溢油风险评价应贯穿于管道的设计、施工、运行、维护、检修和管理的各个过程。管道的溢油风险评价是：针对不断变化的管道因素，通过监测、检测和检验等各种方式，获取与管道失效、损伤相关联的潜在风险因子，据此对管道的溢油可能性及溢油后果危害性进行评估，并采取相应的溢油风险管理措施，将管道的溢油风险水平始终控制在可接受的范围之内。

在海底油气输油管道的运营过程中，管道渗漏、穿孔及破裂都会导致原油泄漏。而导致管道溢油的原因复杂，既受到管外波流、海底冲刷淤积、滑移变迁等环境荷载和管内流体腐蚀、压力作用，还受到海上坠落物撞击、船舶抛锚、渔网拖拉等意外载荷的作用。有的管段出现悬空、平面位移、管体损伤等情况，与原始设计状态有很大差异但未得到重新校核；有的已接近其寿命期甚至延期服役，疲劳破坏和腐蚀的隐患没有得到及时评估；这些管段的隐患都将成为潜在的溢油风险因子(Muhlauer, 1996; 金伟良等, 2004)。

根据 2009 年欧洲石油化工协会(CONCAWE)年度报告总结,机械损伤、操作失误、管道腐蚀、自然灾害以及第三方破坏是导致海底油气管道溢油事故的主要风险源;而对于长期服役的海底油气管道而言,第三方破坏是其溢油事故最为重要的原因(CONCAWE,2009)。

由于我国的输油管道大都建成于 20 世纪 70 年代末,到现在已投入使用 30 多年,多数管道属超龄服役并进入了事故多发阶段。我国目前铺设的输油埋地管线大部分是螺旋管,并且都是永久性管线,临时性管线很少,输油管道跨度大、距离长、地质环境复杂。再加上第三方破坏、腐蚀、施工及材料损伤、误操作等各种主客观因素的影响,这些管道存在着程度不同的风险情况。同时由于经济发展对能源的需求不断增长,又需要建设大量新管线。是重建管道还是继续使用现有的带有缺陷、存在各种问题的管道,是大修还是检修,如何保证新建管道的本质安全,如何保证巨大的管道投资发挥出最大的效益,如何改变风险状况等一系列问题,都向我们提出了进行管道风险评估的迫切要求。所以,保证输油管道的完整性、可靠性和安全性至关重要。

3) 船舶溢油风险因子

船舶海上溢油问题是一个由多种因素构成的空间多维系统,自然条件、航道条件、船舶条件、交通条件以及船员条件等都是影响船舶溢油事故发生的因素。为了制订预防船舶溢油事故发生的指导原则,必须了解这些影响因子是如何导致海上船舶发生溢油事故的。

船舶溢油风险因子识别是通过搜集大量溢油事故资料,确定海域潜在的低频率、高危险事故。船舶溢油事故分为海损溢油事故、操作性溢油事故和故意排放溢油事故。其中海损溢油事故包括碰撞、搁浅、翻沉、火灾、爆炸和船体破损等因素导致的船舶溢油事故;操作性溢油事故包括装卸货油、加装燃油和其他操作中发生的溢油事故;故意排放溢油事故是指人为故意地排放油类导致的事故。

国际油轮船东防污染联合会(The International Tanker Owners Pollution Federation Limited,ITOPF)按不同溢油等级和事故原因统计了 1974~2005 年 9309 起油轮(tankers)、大型油轮(combined carriers)和驳船(barges)溢油事故次数,见表 1.3。根据溢油事故统计表分析可得,操作性溢油事故次数的91%溢油量小于 7 t,而对于溢油量大于 700 t 的溢油事故中,海损溢油事故发生次数占事故总数的 84%。

表 1.3　1974~2005 年国际溢油事故统计表

事故类型	小于 7 t	7~700 t	大于 700 t	总数
装/卸	2820	328	30	3179
加装燃油	548	26	0	574
其他操作	1178	56	1	1 235
碰撞	171	294	97	562
搁浅	233	219	118	570

续表

事故类型	小于 7 t	7~700 t	大于 700 t	总数
船体破损	576	89	43	708
火灾爆炸	88	14	30	132
其他/未知原因	2180	146	24	2 350
总计	7794	1172	343	9309

我国各海事局上报的 1990~2005 年沿海水域溢油量在 50 t 以上的重大船舶溢油事故 47 起，如表 1.4 所示。在这些事故中，仅有 2 起事故为操作性溢油，其余均为海损事故，因此 50 t 以上的重大船舶海损溢油事故是溢油的主要来源。

表 1.4 1990~2005 年我国 50 t 以上溢油事故分类统计表

事故类型	碰撞次数	次数比例/%	溢油量/t	溢油量比例/%
碰撞	27	57	9 821	57
搁浅	5	11	2 560	15
船舶故障	2	4	330	2
起火	1	2	1 000	6
翻船	5	11	730	5
其他海损事故	5	11	2 283	14
操作性事故	2	4	150	1
合计	47	100	16 874	100

国内外大量数据以及海域事故数据分析表明，海损事故为船舶溢油事故的主要来源，而船舶碰撞又被确定为船舶溢油事故高危险源。

(1) 船舶因素

船舶类型：船舶类型是影响船舶溢油风险的重要因素。船舶类型不同，所造成的船舶溢油风险也不相同。我国各海事局上报的 1990~2005 年沿海水域溢油量在 50 t 以上的 47 起重大船舶溢油事故，显示油轮和货轮在溢油事件上都占有较大比例，并且占溢油总数的 96%，因此油轮和货轮是船舶溢油风险的主要来源。但从溢油量角度来看，油轮平均溢油量为 475 t，其他货轮平均溢油量为 227 t，油轮平均溢油量比其他货轮溢油量的 2 倍还多。船舶用途的差异决定了其对溢油量的贡献不同。来源于油轮的溢油风险占有绝对优势，并且随着海上石油运输量的增加，油轮溢油的风险将会加大，油轮在未来将会是溢油风险的主要船型。

船舶吨位：船舶吨位反映了船舶的规模大小，间接反映船舶的载运能力，通常采用吨位来表示。对于油船往往采用载重吨来表示船舶的大小，另外在船舶交通研究中，船舶长度可以作为衡量船舶大小的尺度。各国家对船舶吨位等级的划分方法并不一致。根据我国的实际情况以及溢油事故历史数据统计，我国吨位小的船舶比吨位大的船舶溢油事故的发生次数多；但是大吨位的船舶一旦发生溢油，其溢油量的影响要比小吨位船舶的影响要大。船舶的吨位对船舶溢油风险的影响是间接的，它更体现在对船舶运动性能、操作性能的影响。

船舶年龄：船龄即船舶的年龄，它反映了船舶的建造年代或服役期的长短，能够间接反映船舶制造的技术水平、设备可靠性、船舶自动化程度等船舶自然状态指标。在船舶溢油事故的历史纪录上，大都没有船舶船龄等船舶指标。由于资料缺乏，船龄的影响程度难以说明。根据实际情况分析，可以确定的是船龄越大，其发生溢油事故的可能性就越大。造船技术水平往往落后于越来越严格的船舶溢油防治的要求，同时船龄越长，加上船舶各种设备的老化、技术状态不佳，一旦发生溢油事故，其对溢油的控制往往无能为力，无法有效地遏制溢油的态势，继而使得船舶的溢油事故规模扩大、危险恶化。

船舶技术状态：船舶的技术状态是船舶适航性、自动化程度、可操纵性能等的综合反映。技术状态良好的船舶，对于海事的规避能力就强，发生溢油事故的可能性就小。自动化水平的提高能够有效地避免人为差错；但另一方面，船舶的自动化水平越高，对于人员的素质要求就越严格。只有高素质的人员，才能充分发挥出船舶自动化水平提高所带来的优势。船舶具有良好的操作性能，既具备良好的航向稳性、追随性、旋回性以及停船等性能，又是保障船舶安全航行的重要条件之一。总之，船舶的技术状态、可操作性、自动化程度越高，发生溢油事故的可能性就越低。

（2）人为因素

IMO 在 ISM 规则中指出，海上事故的发生约有 80%是由于人为因素引起的，而与人为因素有关的船舶碰撞事故的比率更是高达 85%~96%。人为因素主要表现在船员素质缺陷，反映在责任心不强，避让操作技术差，值班时精神萎靡，会船时紧张过度或漫不经心，了望疏忽，不使用或不当使用雷达；过多地顾虑人际因素，在需要时不敢使用主机，过于依赖 VHF 导致不当使用，局面判断错误，对当时情况和环境及其动态演变估计不足而陷入窘境；当值力量难以胜任职责，如在船舶密集区或雾中，船长既不上驾驶台也不增派舵工，占据他船航路，违反地方航行规则，违反国际海上避碰规则；避让迟缓，引航员操作失误，使用安全航速不当，特别是在客观条件不允许的情况下盲目高速航行等。

（3）环境因素

能见度：所谓能见度，在海面上是指正常目力所能见到的最大水平距离，即在该距离上能把目标物的轮廓从天空背景上分辨出来。能见度不良时对船舶的交通安全和交通效率的影响很大。影响能见度的主要因素是雾，其次是雨和雪，其他还有沙尘暴、烟及低云等。据统计，在气象原因引起的海难中，由雾引起的事故占 31.4%，是台风事故的 2 倍，船舶航行危险度与能见度距离呈一定的反比关系。

风：大风能够导致船舶走锚，使航行的船舶产生偏航，尤其在航道等受限水域偏航将产生更大的危险。同时，大风使船舶产生摇摆，会影响驾驶员对周围情况的观察并使船舶操纵性能力受到限制，从而导致重大的船舶事故。

流：流(主要是指潮流)对船舶运动的影响主要表现为船舶运动、操纵性能的影响。此外，由于许多港口船舶须赶潮进出港导致航道内交通量加大而表现为对船舶交通量的影响，因而也极易导致船舶事故的发生。影响船舶航行环境主要是流速和流向两方面因素。

航道宽度：航道宽度大小直接影响船舶会遇率，进而影响该航道航行船舶碰撞率。关于航路宽度的变化对船舶碰撞率的影响的研究表明，随着航路变宽碰撞率单调减少，航路宽度的对数与碰撞率的对数几乎呈线性关系。

航道交叉状况：在航道的交叉和转向处，由于交通流的交叉与转向使得船舶会遇次数增加、船舶密度增大，因此航道的交叉和转向处是事故的多发地段。反映航道交叉(汇)危险程度的指标主要是交叉点以及转向点的多少。交叉点和转向点越多危险度越高。

交通量：交通量是指单位时间内通过水域中某一地点的所有船舶数量(艘次)。交通量是表征一个水域(特别是水道)海上交通实况的最基本的量；交通量越大，船舶航行的危险度越高。目前船舶数量的激增，将会增加船舶在整个海域航行中碰撞的潜在危机，一旦船体破裂，也可能引起燃油或者货油外漏，进而影响到海洋环境以及沿海周边市区经济的发展。

1.2.3　深水溢油风险评估

1. 评价体系的建立

根据深水溢油风险分析，并通过专家咨询，分别建立深水船舶、海底管道及石油平台溢油风险评价指标体系，见图1.5~图1.7。

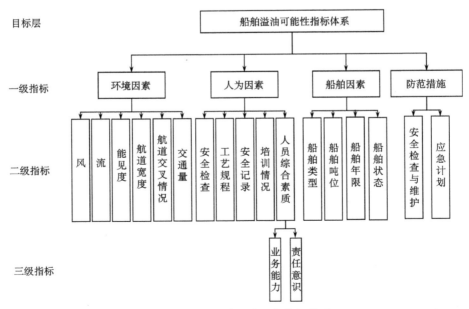

图 1.5　船舶溢油风险评价指标体系

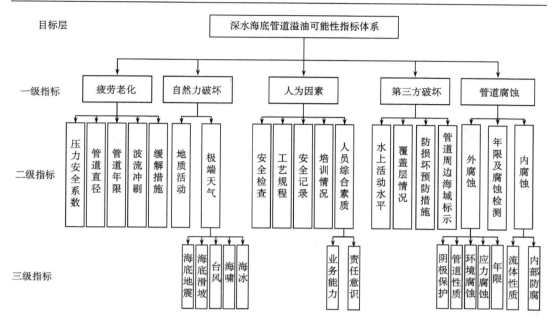

图 1.6　深水海底管道溢油风险评价指标体系

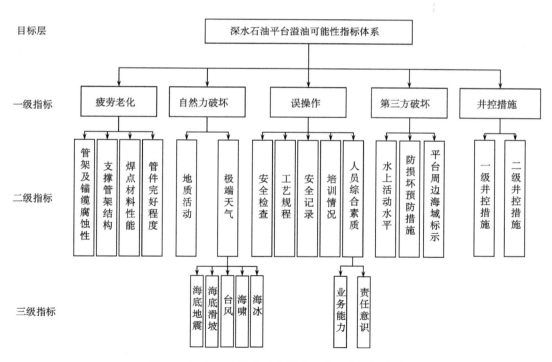

图 1.7　深水石油钻井平台溢油风险评价指标体系

2. 因素集和评价集的建立

因素集 U 是由影响评价对象各个因素所组成的集合：

$$U = \{U_1, U_2, U_3, \cdots, U_m\}$$

式中元素 $U_i(i=1，2，3，\cdots，U_m)$ 是若干影响因素。对评价指标体系进行分层，经低层级评价得到综合评价向量继续参与上一层的评价，因此，每一层级的评价中，该层级的各项指标集即为当前的评价集。

设第一层级评价指标为 $U = \{U_1, U_2, U_3, \cdots, U_m\}$，构建一级指标因素集，以深水石油平台为例：

$U=$（疲劳老化 U_1，自然力破坏 U_2，误操作 U_3，第三方破坏 U_4，井控措施 U_5）

同理，可以构建二级指标和三级指标因素集。

评价集是由对评价对象可能做出的评价结果所组成的集合。评价集通常用 V 表示，即 $V=\{V_1, V_2, \cdots, V_m\}$，$V_j$ 表示评判的结果。对于分析的结构等级的划分，应充分考虑指标的性质特点，不宜过细，一般以 4~5 个为适中。在深水溢油风险评价中，采用五级评语，溢油可能性评价集表示为 $V_p=\{V_{p1}$ 溢油可能性极小（10 分），V_{p2} 溢油可能性小（30分），V_{p3} 溢油可能性中（50 分），V_{p4} 溢油可能性大（70 分），V_{p5} 溢油可能性极大（90 分）\}。

3. 权重的确定

建立因素集和评价集后，就要确定各层次指标内部因素之间的权重系数。层次分析法（analytical hierarchy process，AHP）是 20 世纪 70 年代由美国运筹学家 Satty 提出的一种系统分析方法，核心是将与决策有关的元素分解成目标、准则、方案等层次，在此基础上进行定性和定量分析的决策方法（范春彦等，2003）。该方法是把一个复杂决策问题表示为一个有序的递阶层次结构，通过人们的比较判断，计算各种决策方案在不同准则及总准则之下的相对重要性量度，从而对决策方案的优劣进行排序。利用层次分析法计算权重，首先要建立递阶层次结构模型。层次分析法的基本思路是先按问题的要求建立一个描述系统功能或特征的内部的独立递阶层次结构，通过两两比较因素的相对重要性，给出相应的比例标度，构造上层某元素对下层相关元素的评价矩阵，以及得出下层相关元素对上层某元素的相对重要序列，并据此计算出评价因素层各元素对总目标的相对权重（Shankar and Debarata，2006；Shankar and Sammilan，2006；Vikas and Shyam，2005）。

在具体的排序计算中，每一层次中的排序又可简化为一系列成对因素的判断比较，并根据一定的比率标度将判断定量化，形成比较判断矩阵。通过计算得出某层次因素相对于上一层次中某一因素的相对重要性权值，这种排序计算称为层次单排序。为了得到某一层次相对上一层次的组合权值，用上一层次各个因素分别作为下一层次各因素间相互比较判断的准则，依次沿递阶层次结构由上而下逐层计算，即可计算出最低因素相对于最高层的相对重要性权值或相对优势的排序值。

在建立递阶层次结构模型以后，上下层次之间元素的支配关系就被确定了。假定上一层次的元素 A_k 作为准则，对下一层的元素 $B_1, B_2, \cdots, B_n$ 有支配关系，我们的目的

是在准则 A_j 之下按它们相对重要性赋予 B_1，B_2，$\cdots$，B_n 相应的权重。层次分析法所用的是两两比较的方法。在两两比较的过程中，决策者要反复回答问题：针对准则 A_k，两个元素 B_j 和 B_i 哪个更重要一些，重要多少。需要对重要多少赋予一定的数值。这里使用 1~9 的比率标度，具体意义见表1.5。

表 1.5　层次分析法判断尺度表

判断尺度	定义
1	两个要素比较，具有同样的重要性
3	两个要素相比，一个比另外一个稍微重要
5	两个要素相比，一个比另外一个明显重要
7	两个要素相比，一个比另外一个强烈重要
9	两个要素相比，一个比另外一个极端重要
2、4、6、8	介于上述两个判断尺度的中间
倒数	一个要素不如另一个要素重要，用上述的倒数表示

对于 n 个元素 A_1，A_2，$\cdots$，A_n 来说，通过两两比较，得到判断矩阵 A：$A=(a_{ij})_{m\times n}$ 判断矩阵具有如下性质：①$a_{ij}>0$；②$a_{ij}=\dfrac{1}{a_{ji}}$；③$a_{ii}=1$。

根据专家调查表两两指标相对重要度数值进行判断矩阵的建立。

由判断矩阵可求出各因素权重（徐国祥，2005）分配，具体方法如下。

求出正反矩阵最大特征根 $\lambda_{\max}$。

利用 $AW=\lambda_{\max}$ 解出 $\lambda_{\max}$ 所对应的特征向量 W。将 W 标准化后，即为诸因素 x_k 的相对重要性排序权重值。

在得到调查的主观评价数据后，判断矩阵求出的权重值是否合理，还必须对得到的判断矩阵进行一致性检验。当判断偏移一致性过大时，把判断矩阵的权向量计算结果作为决策依据将是不可靠的。为此在求得 $\lambda_{\max}$ 后需进行一致性检验，一致性指标 CI（consistency index）计算方法为

$$CI=\frac{\lambda_{\max}-n}{n-1}$$

式中，$\lambda_{\max}$ 为判断矩阵 A 的最大特征根；n 为 A 的阶数，它是衡量不一致程度的数量标准。

计算判断矩阵 A 的随机一致性指标 RI（random index）。

对于 1~9 阶判断矩阵，Saaty 给出 RI 值如表 1.6 所示。

表 1.6　RI 系数表

n	1	2	3	4	5	6	7	8	9
RI	0	0	0.58	0.94	1.12	1.24	1.32	1.41	1.45

计算随机一致性比率 CR(consistency ratio)：

$$CR=\frac{CI}{RI}$$

当 CR<0.10 时，可以认为判断矩阵具有满意的一致性。否则，就必须重新进行两两比较以调整判断矩阵中的元素，直至判断矩阵具有满意的一致性为止。这时从判断矩阵中计算出的最大特征根所对应的特征向量经标准化后，才可以作为层次分析的排序权值。

以深水石油平台溢油风险指标体系中一级指标为例，计算各指标因子权重，见表 1.7。

表 1.7　海上钻井平台溢油风险因素指标判断矩阵

指标	疲劳老化	自然力破坏	第三方破坏	误操作	井控失效	权重
疲劳老化	1	3	1/3	1/3	1/5	0.0835
自然力破坏	1/3	1	1/5	1/5	1/7	0.0416
第三方破坏	3	5	1	1/2	1/4	0.1644
误操作	3	5	2	1	1/3	0.2254
井控失效	5	7	4	3	1	0.4851
λ_{max}= 5.2109，CR=0.0527<0.10，满足一致性检验						

4. 隶属度的确定

隶属度是指评价指标相对于每一个危害等级的危害程度的定性或定量化描述。要实现对这种模糊的分布状态的量化描述，就需要通过隶属函数来实现。

隶属函数：对于任意的 $u \in U$ 都给定一个由 U 至闭区间[0,1]的映射 μ_A，即

$$\mu_A : U \rightarrow [0, 1]$$

$$u \mapsto \mu_A(u)$$

式中，$\mu_A(u)$ 称为模糊集合 A 的隶属度函数，而 $\mu_A(u_i)$ 称为 u_i 对 A 的隶属度。隶属度函数的表示方法通常有曲线法、图表法、公式法。

在建立模糊综合评价模型时一般采用集值统计方法和专家调查法相结合来构造单因素评价矩阵。专家调查表如表 1.8 所示。

表 1.8　单因素隶属度调查表

评价指标	V_1	V_2	V_3	V_4	V_5
依据 1					
依据 2					
...					
依据 n					

评价人员根据经验以及判断准则和方法所得到的各个指标的具体评价标准与 5 个危害程度等级建立的对应关系实现单因素危险度的综合评价。以深水海底管道年限及腐蚀

度检测为例，构造该指标危险度评价标准的隶属度子集，见表1.9。

表1.9　腐蚀度检测危险度评价标准的隶属度子集表

管道服役年限/年	检测时间	腐蚀程度	V_1	V_2	V_3	V_4	V_5
[0, 3)	—	—	0.8	0.2	0	0	0
[3, 6)	—	—	0.6	0.2	0.2	0	0
[6, 10)	—	—	0.4	0.4	0.2	0	0
[10, ∞)	1年内完成1次检测	腐蚀度>50%的损伤点0处	0.8	0.2	0	0	0
		有1处腐蚀度50%~70%的损伤点	0	0.2	0.6	0.2	0
		有1处超过70%的损伤点	0	0	0.2	0.8	0
		有1处超过85%的损伤点	0	0	0	0.1	0.9
	3年内完成1次检测	腐蚀度>50%的损伤点0处	0.2	0.6	0.2	0	0
		有1处腐蚀度50%~70%的损伤点	0	0.2	0.6	0.2	0
		有1处超过70%的损伤点	0	0	0	0.6	0
	5年内完成1次检测	腐蚀度>50%的损伤点0处	0	0.2	0.6	0.2	0
		有1处腐蚀度超过50%的损伤点	0	0	0.1	0.6	0.3
	无检测	—	0	0	0	0.1	0.9

在确定了评价指标的隶属度和权重后，就要根据指标体系的特点确定模糊算子，即各级下层指标复合成上层指标评价向量或评价值的计算方法。模糊算子的确定也就是模糊合成的确定。模糊评价的关键在于确定模糊评价的算子。常用的模糊算子主要有主因素决定型、主因素突出性和加权平均型。结合深水溢油模型的特点和各类模糊算子的特性，选择模糊算子为加权平均型。这一模糊算子按照普通矩阵算法进行运算，依权重的大小，对所有因素均衡兼顾，考虑了所有因素影响，即此时模糊合成结果与权数、与单项因素(因子)对各等级的隶属度相关，从而保留了单因素评价的全部信息，在运算时除要求 a_i 具有归一性外，不需要对 a_i 和 $r_{ij}(i=1, 2, \cdots, m; j=1, 2, \cdots, n)$ 施加上限的限制。相比较而言，主因素决定型的综合评价模型，其评价结果只取决于在总评价中起主要作用的那个因素，其余因素均不影响评价结果，此模型比较适用于单项评价最优就能算作综合评价最优的情况，如为了寻求海事中可控的关键因素，可采用主因素决定型。

5. 模型的建立

根据上面确定的各评价指标隶属度和权重，我们可以从评价体系的最底层向上逐级进行综合评价。由所构建的评价指标体系可知评价目标包含一级指标、二级指标和三级指标，因此需采用二级/三级模糊综合评价。

1.2.4　深水溢油风险防范

1. 加强溢油风险监测与分析

(1)针对深水区恶劣、多变和不确定的海洋环境条件，加强油气田开发海域海洋环境历史资料收集和现场调查监测,同时充分利用数值模拟方法,对极端环境条件进行模拟、分析和预报,为油气田选址、设计、开发、施工等提供科学准确的数据保障。

(2)针对复杂的油气藏条件,在钻井、生产和管道输运过程中,加强现场信息的实时监测和分析,及时发现溢油风险。

(3)针对海上石油设施在灾害环境作用下将发生大幅度运动、大尺度变形、高模态动力响应、腐蚀衰变等现象,开展全生命周期的设施风险管理。以现场资料为基础,依据数值模拟方法和实验技术,对石油设施开展全面的模拟分析;其次,依靠现场实时监测,对模型模拟、实验技术做出验证与改进,实现理论-数值-混合实验-现场监测的数据同化,为深水环境石油设施安全评定与设计提供支持。

(4)提高溢油风险评价技术,充分利用溢油风险监测与分析结果,有效识别溢油风险因子,在溢油事故之前,将风险因素消除或降低到可接受的范围之内(安伟等,2011)。

2. 建立深水溢油应急反应体系

深水油气田开发时,要根据溢油风险评价结果,结合海上作业特点,制定针对性的溢油应急计划,配备溢油应急设备和人员,并进行事故应急演练,提高海上作业人员专业技能、环保意识、安全责任,加强教育和监督,建立深水溢油应急体系。

3. 开发深水油气田风险防范技术和设备

海上油气田开发专业性强,对技术和设备要求很高。加强新技术和新设备的开发应用,是提高溢油事故防范的有效措施之一。根据 2011 年科学研究动态监测快报可知,美国能源部设立了 6 项超深水钻探风险研究项目,主要研究利用新型优化水泥固井方法预防非受控油流和利用挠性油管干预并控制油流、基于自动水下机器人布设的 3D 激光成像检测与监测设备开发以及单管道、高效、全电气化深水安全系统的多相流流量间接测量性能改进以及海洋设备设计改进等,希望通过新技术的应用降低超深水环境钻探作业风险,提高钻探的环保性能。

1.3　深水溢油应急技术研究进展

与深水油气田勘探开发高技术相比,深水溢油应急技术显得相对薄弱。2010 年 4 月墨西哥湾溢油事故引发海洋石油开采国和油气公司对相关技术的关注,加大了对深水溢油监测、预测及处置等多个方面的研究力度。

1.3.1　深水溢油监测技术

深水区发生溢油后大部分油从海底上升至海面,因此深水溢油的监测技术涉及海面和水下两部分溢油监测技术。海面溢油监测技术相对较为成熟,主要包括卫星遥感、航空遥感、船载雷达以及跟踪浮标等技术。水下溢油监测技术主要涉及声学探测和化学分析等方法。鉴于海洋溢油事件具有偶然性和复杂性,许多沿海国家已建立了卫星、航空和船舶遥感、定点监测和浮标跟踪等相结合的立体监测体系。

1. 海面油污监测技术

海面溢油遥感监测种类繁多，如红外热成像(infrared thermal imaging)、机载侧视雷达(side-looking airborne radar)以及卫星遥感(satellite remote sensing)等。在众多的遥感技术中，合成孔径雷达(synthetic aperture radar，SAR)作为一种高分辨率主动式的遥感系统，在溢油监测中获得了广泛的应用(牟林和赵前，2011)，船上溢油监视监测装置一般均为雷达系统。海上固定雷达组网式溢油监测技术可以实现目标区域全天候、实时、高效的溢油监测，弥补卫星、航空和航海溢油监测的时空限制，及时为溢油决策提供支持(徐进，2013)。

海面油监测最初主要是采用船舶，因受航行速度、海洋气候等因素限制，船舶有时难以及时到达事故现场监测，尤其对于发生在离岸较远的溢油事故。目前利用航空并结合卫星遥感方法监测海洋溢油污染成为大多数发达国家普遍使用的方法。星载 SAR 传感器成功发射之前，监测海洋溢油的星载传感器一般工作在可见光和红外波段，因其成像机制问题，依赖太阳辐射，工作波段的穿透性有限，有着自身无法跨越的局限(例如，在黑夜中，因地物不能反射太阳辐射，不能有效工作；云雾天气，恶劣天气下获得的数据能用性低等。但当海面发生船舶溢油事故时，天气条件多不好，并且不一定是在白天，尽管光学卫星获得的图像有色彩鲜艳、易于辨识地物等优点，仍不能满足溢油监测全天候的要求)。星载 SAR 成功发射之后，由于微波的波束较长，穿透性较好，受天气影响小，微波遥感技术监测海表面溢油已被国内外科学家所关注，同时从探测的物理机制和方法上也证明了其探测海面油膜的可行性。微波遥感是利用某种传感器接收地面的各种地物发射或反射的电磁波信号，以识别和分析各种地物目标、提取所需信息的一种技术手段，遥感目标与电磁波的作用产生具有空间、时间、频率、相位和极化等参数的调制信号，从而使回波载有信息，通过标定和信号处理技术，把这些信息变换成特征信号，如散射系数、多普勒谱等。人们力图将特征信号与被测目标的物理量之间建立严格的对应关系，通过建立数学模型推知遥感目标的物理特性和运动特性，从而达到辨识目标和识别目标的目的，这就是微波遥感技术的全过程(Pedersen et al.，2014)。

作为微波遥感的代表，合成孔径雷达(SAR)在地球科学遥感领域具有独特的对地观测优势，它与真实孔径雷达的不同之处主要是信号处理部分，真实孔径雷达的距离分辨率受发射脉冲宽度的限制，当要求非常高的距离分辨率时，必须发射非常窄的脉冲，同时，随着距离的增加发射信号的能量也必须增大；方位分辨率取决于天线孔径、作用距离及工作波长，当波长一定，方位向孔径越长，斜距越小，方位分辨率越高。对于机载和星载雷达来说，由于条件限制，不可能获得非常窄的脉冲宽度和很大的天线孔径，因此难以获得很高的分辨率，SAR 克服了这些困难，它利用脉冲压缩技术获得远距离分辨率解决距离分辨率与探测距离之间的矛盾，利用综合孔径原理提高方位分辨率，从而获得大面积高分辨率雷达图像。雷达以接收目标后向，以散射信号作为探测依据。海面上毛细波增大了海表面的粗糙度，使得雷达回波信号较强，在遥感影像上相应的海面表现为亮色特征，而油污扩散所形成的油膜由于黏滞力的作用抑制海表面毛细波的产生，油膜起到平滑海表面的效果，因此回波信号强度减小，被油膜覆盖的海面在雷达影像上表现为暗色特征。ERS.1 SAR 于 1991 年成功发射之后，卫星 SAR 监测海洋溢油作为一种行之有效的方法越来越受重视。此后，搭载合成孔径雷达的 ERS.2、Radarsat.1 和 ENVISAT-1 卫星相继发射成功，SAR 监测海洋溢油能力得到提高。我国在卫星遥感监测海洋溢油研究中也取得了一定的成果，中国海洋石油总公司研发了海上石油设施溢油卫星遥感监测系统，并成功用于一些溢油事故的监测。

2. 水下油污监测技术

水下油污探测相对于海面溢油监测更加困难，现有的海面溢油监测技术大多无法用于水下的油污探测。主要的探测方法包括声学探测、激光荧光以及化学分析方法等。

鉴于水下溢油对环境的危害和清理的困难，国外在水下溢油监测方面开展了相关工作。2002 年，国际海事组织(International Maritime Organization，IMO)举办了一次关于重油监测、模拟和回收技术的研讨会。美国海岸警卫队(United States Coast Guard，USCG)、国家海洋大气管理局(National Oceanic Atmospheric Administration，NOAA)和海岸带应急研究中心(Coastal Research and Response Center，CRRC)发起共同解决下沉油探测、监测、模拟和回收的合作，资助有关重油应急处理方面的研究。为了更好地协调和指导重油研究，2006 年 CRRC 邀请了来自学术界、工业界、政府和非政府组织举办了专题讨论会，对重油应急响应和回收方面的工作进行了评价。NOAA 对发生在墨西哥湾的"Tank Barge DBL152"事故各个时期的重油监测方法进行介绍。Mads N. Madsen 和 Jacqueline Michel 汇总了历史上主要的重油事故，列举迄今为止重油应急采用的主要监测技术，分析各种技术的优缺点。美国海岸警卫队的研究与开发中心实施了一项数年的项目，计划开发一套处置重油的技术方法。

法国突发性水污染研发中心 (Centre of Documentation, Research and Experimentation on Accidental Water Pollution，CEDRE)和美国海岸警卫队分别开展研究，评估并开发了沉底油监测系统，包括声呐系统、质谱仪、荧光计及激光谱线扫描系统。美国海岸警卫队研发中心对沉底油的检测和回收进行了研究。在此基础上，2008 年美国海岸警卫队在 Ohmsett(The National Oil Spill Response Test Facility)测试了 4 种技术，即 RESON 多波束声呐、SAIC 激光线阵扫描仪、EIC 荧光偏振和 WHOI 实时质谱仪，分别测试其定位和识别 3 种重油的能力(Hansen et al.，2009)。2010 年 4 月，历史上最严重的溢油事故——墨西哥湾溢油事故，更是一次各种水下溢油应急监测技术的练兵场，随后大量报告对此次事故的溢油应急监测、评估等做了详细介绍(Staples and Touzi，2014)。2011 年美国海岸研究与发展中心(Coast Guard Research and Development Center)在 Ohmsett 进行了水下溢油检测和模拟系统试验，技术包括多光束雷达、多通道荧光仪和宽带扫描仪以获得颗粒物的折射率，实验内容包括实时获取数据(在 1 小时之内)、在海流速度达到 5 n mile[①]时不同类型溢油的校正；2013 年 12 月进行了利用多光束雷达和宽带扫描仪的试验，定量实验结果仍在分析中；未来计划设计和开发溢油模拟系统(Balsley et al.，2014)。化学分析方法通过采样，检测水体或沉积物组分，确定溢油的存在和溢油量（Ryerson et al.，2011）。

---

① 1 n mile＝1.852 km。

1.3.2　深水溢油预测技术

由于早期的海上油气开采主要集中于浅水海域，最早的溢油模型也是由浅水模型开始的。Winiarski 和 Frick(1976)首先提出用 Lagrange 方法模拟羽流，后来 Lee 和 Cheung(1990)在他们提出的 JETLAG 模型中也使用了 Lagrange 方法，从此 Lagrange 方法盛行至今。此外，基于 Frick(1984)提出的投影区域卷吸的假设，JETLAG 模型也将强迫卷吸过程包含其中。Yapa 和 Zheng(1997)将 Lagrange 方法的应用由羽流模拟扩展到水下井喷过程中多相羽流(包括油、气和水)的模拟，开发了一个用于模拟海底油/气泄漏事故的油/气羽流模型，同时，Zheng 和 Yapa(1998)将该模型与解析数据、实验室数据和实地实验的数据进行了对比。随后，Yapa 等(1999)又进一步将该模型并入到一个远场溢油模型中，并将模拟结果与两个实地油/气泄漏实验数据进行对比。

深水溢油与浅水溢油的一个重要区别在于，在深水环境中必须考虑水合物的形成过程。随着海洋石油的开采不断向深水区推进，浅水模型已经不能满足实际的需要。起初，Yapa 和 Zheng(1997)的模型将羽流看作各成分间互不转化的混合流体(包括油滴和气泡)，气体被包裹在羽流元中，其密度符合理想气体特性，并指出气泡的上升速度大于羽流速度，但他们忽略了气泡溢出速度对羽流的影响，而且在气体特性方面深水区与浅水区也会有很大不同，他们的模型并没考虑气体的溶解过程和水体流动对油/气羽流中气体的分离作用，因而不适用于深水溢油模拟。后来，Zheng 和 Yapa(2000)及 Yapa 等(2001)将水合物的形成和分解过程加入到 Yapa 和 Zheng(1997)的模型中，虽然这个工作只是一个中期成果，并不完善，但已经可以对一些深水井喷过程进行模拟。在深水溢油模拟方面，虽然 Barbosa 等(1996)和 Topham(1984a，1984b)曾将 Vysniauskas 和 Bishnoi(1983)根据经验提出的水合物的形成过程加入到羽流模型中，对深水井喷过程进行模拟，但他们都没有与实验数据做过对比，无法证明模型的有效性。Spaulding 等(2000)提出了模拟水合物形成的深水模型，但关于如何计算水合物的形成，报告中并没有详细介绍。直到 2002 年，Zheng 和 Yapa(2002)对深水油/气泄漏过程中的气体溶解进行了模拟，开始了较全面的深水溢油模拟研究。在深水油/气泄漏过程中，气体的溶解会造成大量的气态物质损失，能够影响羽流的浮性，因而对喷流/羽流中的油/气特性影响很大。Zheng 和 Yapa(2002)针对多种水深研究了气体的特性，包括浅水中的理想气体以及深水中的非理想气体，同时还考虑了气泡的各种形状(球形和非球形)。他们将气体溶解的计算结果与实验观测数据进行对比，并详细探讨了气体的溶解对喷流/羽流中的油/气特性的影响。随后，Zheng 等(2003)在 Yapa 和 Zheng(1997)建立的三维模型的基础上，开发了一个深水油/气井喷模型(comprehensive deepwater oil and gas，CDOG)，考虑了在深水环境中高压低温条件下气体的相变因素。CDOG 模型综合考虑了气体的相变、相关的热力学变化及其对喷流/羽流动力过程的影响，并将水合物的形成和分解、气体的溶解、气体的非理想特性以及强水平流导致的油气分离过程，与喷流/羽流的水动力学和热力学相结合。同时，Chen 和 Yapa(2003)将 CDOG 的模拟结果与在挪威海的实地观测数据进行对比，两者具有很好的一致性。后来，为了能够更加直观地了解深水油/气溢出的情况，Chen 和 Yapa(2004)利用 CDOG 模型绘制了多相(油/气/水合物)羽流的三维成像,为水下溢油模拟的业务化运行奠定基础。在深水溢油模拟中,水合物的相关研究一度成为水下溢油模拟的研究热点,但由于缺乏事故现场的实测数据,溢油过程中水合物的形成速率以及水合物对溢油行为的影响至今尚无定论。

近几年,国内也有一些学者开展了水下溢油数值模拟研究,如汪守东和沈永明(2006)、王晶等(2007)、高清军等(2007)、廖国祥等(2011;2012)、亓俊良和李建伟等(2013)。中国海油率先建立了深水溢油模型,同时结合实验室数据和现场观测数据进行了更充分的模型验证(Chen et al.,2015a,2015b)。

1.3.3　深水溢油处置技术

着眼近期的严重溢油事故,如墨西哥湾 Macondo 平台爆炸发生溢油事故,国际石油和天然气联合会(OGP)组建了全球工业应急专项小组,考察石油工业界如何能够进一步提高对于海底井控事故的预防、响应能力。海底油井响应工程(The Subsea Well Response Project, SWRP)就是其中之一,SWRP 于 2011 年在 OGP 的建议下,由 BP、Chevron、ConocoPhillips、ExxonMobil、Petrobras、Shell、Statoil 和 Total 等 9 家油气公司联合创立的非盈利机构,共同努力加强工业界对于海底井控事故的应急响应能力。壳牌公司是该工程的操作者,由操作委员会监控,而操作委员会由其他的参与公司各出一位代表组成,该工程操作不受挪威壳牌公司总部管辖。此外,美国和挪威等主要海洋石油开采国,也纷纷开展针对深水溢油的应急处置技术,包括深海溢油源封堵技术、消油剂应用技术、原位和海面溢油回收技术,体现了新技术开发、技术集成和传统技术革新三个特点。

1. 溢油源封堵与水下消油剂应用整合

在深海井口实施溢油源封堵并使用消油剂,主要依靠遥控机器人 ROV 来完成。2010年墨西哥湾溢油事故中 BP 公司曾利用盖帽技术,即底部隔水管总成技术(lower marine riser package,LMRP;又称为切管盖帽技术),成功封堵溢油源。2013 年,SWRP 交付了先进的盖帽和消油剂设备,供国际石油和天然气工业使用。

(1)SWRP 设计和开发了具有一系列设备的盖帽工具包,以实施油井封闭;

(2)SWRP 设计和开发了用于海底消油剂注入的硬件设备;

(3)SWRP 与英国溢油应急有限公司 OSRL 合作,以国际化部署机制促使该设备可得到更广泛的使用;

(4)SWRP 完成了研究,以确定全球控制系统的可行性。

鉴于海底溢油源封堵,某些情况下需要通过救援井才能彻底完成。因此,美国政府新政策要求深水钻井应建立海上应急救援系统,包括救援井钻进系统,深水钻井的海床防喷器通用连接系统、海底漏油乳化处理剂喷洒系统等(郭永峰等,2011)。消油剂喷洒方式等技术细节仍在研究中(Nedwed,2014),除此之外,美国 API 还针对深海溢油、消油剂、生物降解及毒性展开研究(Broje et al.,2014)。

2. 深海溢油原位回收技术的开发

作为墨西哥湾深水溢油事故的第一种有效收油方式，管中管技术（riser insertion tube tool，RITT）在 9 天内共收集原油 2580 m³。管中管技术是将直径较小的一根细管插入隔水管，管周围橡胶模可有效密封隔水管，利用氮气诱导，将隔水管内的油气引至水面收油船，详见 5.3 节。

3. 海面溢油应急技术的革新

深海溢油上升到海面，在海面清污技术中机械回收仍是首选。针对传统的机械回收装置，如围油栏、撇油器、油水分离器、吸油材料等，不少国际溢油应急公司都在不断开发新产品，其中，挪威清洁海洋协会服务公司（NOFO）开发了公海溢油回收系统、高速连续回收系统，对常规围油栏、撇油器进行改进，设计了围油栏撇油器一体化回收系统（详见 5.4.1 节）；加拿大极端溢油技术公司（EST）发明了撇油船的专利，通过溢油回收塔系统的月池装置的革新，实现了大浪和急流海洋环境中快速有效处理溢油。此外，我国研究者开展了基于多功能溢油回收船的"线面式"溢油回收技术研究（弯昭锋等，2013；王世刚等，2012），提出采用双体围油栏以提高对溢油拦截效率。

其次，消油剂应用开发一直备受关注。其中喷洒方式不断改进，如喷洒臂从船舶尾部改装到首部，以避免由于首波的影响将油层推到消油剂喷洒范围之外（聂嘉宜和刘红，1991）；喷洒臂和喷嘴的最佳结构和布置等。2009~2013 年挪威 NOFO 资助了消油剂 BV-Spray 的研究，目标是开发、建立和试验一个幅宽 50m 的消油剂应用系统。该系统主要部件包括一个防水管，用来确定消油剂应用系统幅宽。此外，该公司提供了轻便的 AFEDO 喷嘴，产生 10~14 m 的左右舷喷雾羽，尤其适合在 VOOs（vessels of opportunity）船上使用。

此外，国内在深水溢油处置方面也开展了相关研究。2015 年交通运输部研制"深水溢油事故处置机器人"，填补了我国在水下溢油事故无人化处置领域的空白，项目海试在南海顺利完成，充分验证了水下机器人和钻抽一体化设备在深海作业的性能，为水下溢油事故无人化处置技术的应用和产业化发展积累了经验；同时中国海洋石油总公司已经完成了消油剂水下应用技术的研究，对消油剂水下应急效果进行了评估（赵宇鹏等，2014），深水消油剂喷洒设备目前正在研制过程中。

下面各章将详细介绍深水溢油应急技术。

参 考 文 献

安伟, 李广茹, 赵宇鹏, 等. 2011. 海上石油设施溢油风险评估及防范对策研究. 第十五届中国海洋(岸)工程学术讨论会.

范春彦, 韩晓明, 汤伟华. 2003. AHP 中专家判断信息的提取及指标权重的综合确定法. 空军工程大学学报(自然科学版), (2):1-4.

高清军, 褚云峰, 林建国. 2007. 海底管线溢油的数值模拟. 大连海事大学学报, 33(S2): 169-171.

郭永峰, 唐长全, 纪少君. 2011. 墨西哥湾漏油事件引发美国强化深水钻井应急措施. 石油机械, 39(8):

26.

金伟良, 张恩勇, 邵剑文, 等. 2004. 海底管道失效原因分析及其对策. 科技通报, 20(6):529-533.

蒋希文. 2006. 钻井事故与复杂问题. 北京: 石油工业出版社.

李国强. 2014. 南海油气资源勘探开发的政策调适. 国际问题研究, (6):104-115.

李清平. 2006. 我国海洋深水油气开发面临的挑战. 中国海上油气, (2):130-133.

廖国祥, 高振会, 杨建强. 2012. 深海溢油输移扩散模型研究. 海洋环境科学, 31(5):718-723.

廖国祥, 杨建强, 高振会, 等. 2011. 深海环境中溢油输移扩散的初步数值模拟. 海洋通报, 30(6): 707-712.

廖谟圣. 2006. 2000~2005 年国外深水和超深水钻井采油平台简况与思考. 中国海洋平台, 21(3): 1-8.

廖谟圣. 2007. 2005 年末全球油气勘采进展及至 2010 年预测. 中国海洋平台, 22(1): 1-7.

牟林, 赵前. 2011. 海洋溢油污染应急技术. 北京: 科学出版社.

聂嘉宜, 刘红. 1991. 国外溢油应急技术的发展. 交通环保, (5):21-28.

牛华伟, 郑军, 曾广东. 2012. 深水油气勘探开发——进展及启示. 海洋石油, 32(4):1-6.

亓俊良, 李建伟, 安伟, 等. 2013. 深水区水下溢油行为及归宿研究. 海洋开发与管理, 30(8): 77-84.

单日波. 2012. 我国深水海洋油气田开发现状分析. 中国造船, 53(supp. 1): 274-278.

弯昭锋, 彭宏恺, 廖飞云. 2013. 基于多功能溢油回收船的线面式溢油回收技术研究. 船海工程，(3): 184-186.

王晶, 李志军, Goncharov V K 等. 2007. 渤海海底管线溢油污染预测模型. 海洋环境科学, 26(1): 10-13.

王丽勤, 侯金林, 庞然, 等. 2011. 深水油气田开发工程中的基础应用探讨. 海洋石油, 31(4): 87-92.

王世刚, 杨前明, 郭建伟, 等. 2012. 船携式海面溢油回收机液压控制系统设计与实现方法. 现代制造技术与装备, 208(3):1-2.

汪守东, 沈永明. 2006. 海底管线溢油数学模型研究. 大连理工大学学报, 46(S1): 191-197.

吴时国, 赵汗青, 伍向阳, 等. 2007. 深水钻井安全的地质风险评价技术研究. 海洋科学, 31(4):77-80.

谢彬, 曾恒一, 安维杰. 2006. 深水油气田开发工程技术及其在中国海域的应用. 中国海洋油气国际峰会 2006 论文集.

徐进. 2013. 海上固定雷达组网式溢油监测技术研究. 大连海事大学博士学位论文.

殷志明, 周建良, 蒋世全, 等. 2011. 深水钻井作业风险分析及应对策略. 中国造船, (A02):103-108.

张位平. 2013. 深海油气勘探最新进展及成果. 第七届深水中国会议.

赵宇鹏, 钱国栋, 于顺. 2014. 消油剂在水面和水下使用效果试验方法评述. 船海工程. 43(5):112-115.

钟广见, 曾繁彩, 冯常茂. 2009. 深水油气勘探现状和发展趋势. 南海地质研究, (0):69-77.

API. 2010. API RP 65-2-2010 Isolating Potential Flow Zones during Well Construction (First Edition).

Balsley A, Hansen K, Fitzpatrick M. 2014. Detection of oil within the water column. 2014 International Oil Spill Conference, 2014(1): 2206-2017.

Barbosa J R, Bradbury L J S, Silva Freire A P. 1996. On the numerical calculation of bubble plumes, including an experimental investigation of its mean properties. Presented at the 1996 Society of Petroleum Engineers(SPE)Eastern Regional Meeting, Columbus, Ohio, October 23-25.

Broje V, Gala W, Nedwed T, et al. 2014. A consensus on the state of the knowledge and research recommendations on the fate and effects of deep water releases of oil, dispersants and dispersed oil.

2014 International Oil Spill Conference Proceedings , 2014(1): 225-237.

Chen F H, Yapa P D. 2003. A model for simulating deepwater oil and gas blowouts - part II: comparison of numerical simulations with "Deepspill" field experiments. Journal of Hydraulic Research, IAHR, 41(4): 353-365.

Chen F H, Yapa P D. 2004. Three-dimensional visualization of multi-phase(oil/gas/hydrate)plumes . Journal of Environmental Modelling and Software, 19: 751-760.

Chen H B, An W, You Y X, et al. 2015a. Modeling underwater transport of oil spilled from deepwater area in the South China Sea. Chinese Journal of Oceanology and Limnology, 33(5): 1-19.

Chen H B, An W, You Y X, et al. 2015b. Numerical study of underwater fate of oil spilled from deepwater blowout. Ocean Engineering, 110:227-243.

CONCAWE. 2009. Performance of European cross-country oil pipelines: Statistical summary of reported spillages in 2009 and science 1971. Report No. 3/11. http://www. concawe. be.

Durham L S. 2010. Deepwater Exploration Still Beckons. http://www. aapg. org/Publications/News/ Explorer/ Emphasis/ArticleID/2782/Deepwater-Exploration-Still-Beckons#prettyphoto 3150/0/.

Frick W F. 1984. Non-empirical closure of the plume equations. Atmospheric Environment, 18(4): 653-662.

Hansen K A, Fitzpatrick M, Herring P R, et al. 2009. Heavy oil detection(Prototypes)final report. USA: USCG.

Lee J H W, Cheung V. 1990. Generalized lagrangian model for buoyant jets in current. Journal of Environmental Engineering, 116(6): 1085-1106.

Moon T. 2014. Deepwater drilling rig fleet faces short-term slowdown, long-term growth. 2014 Worldwide Survey of Deepwater Drilling Rigs. Offshore Magazine, 74(8).

Muhlauer W K. 1996. Pipeline risk management manual. Gulf Publishing Company:19-121.

Müller J F. 2014. Global deepwater developments: real supply additions or just fighting decline? http://www. offshore-mag. com/articles/print/volume-74/issue-9/deepwater -update/global-deepwater-developments-real-supply –additions -or-just- fighting -decline-p1. html.

Nedwed T. 2014. Overview of the American Petroleum Institute(API)Joint industry task force subsea Dispersant Injection Project. International Oil Spill Conference Proceedings , (1): 252-265.

Nelson K, DeJesus M, Chakhmakhchev A, et al. 2013. Deepwater operators look to new frontiers. http://www. offshore-mag.com/articles/print/volume-73/issue-5/international-report/deepwater-operators-look-to-new-fronti ers.

Pedersen T, Perez J, Heseen JV. 2014. A model based approach to radar oil spill detection. 2014 International Oil Spill Conference, 2014(1): 2228-2241.

Ryerson T B., Camilli R, Kessler J D, et al. 2011. Chemical data quantify deepwater horizon hydrocarbon flow rate and environmental distribution.

Shankar C, Debarata B. 2006. Design of a material handling equipment selection model using analytic hierarchy process. The International Journal of Advanced Manufacturing Technology, 28:11-12.

Shankar C, Sammilan D. 2006. Design of an analytic hierarchy process based expert system for non-traditional machining process selection. The International Journal of Advanced Manufacturing

Technology, 31: 5-6.

Spaulding M L, Bishnoi P R, Anderson E, et al. 2000. An Integrated model for pridiction of oil transport from a deep water blowout. Proceedings of the 23rd Arctic and Marine Oil Spill Program(AMOP)Technical Seminar, Vancouver, British Columbia, Canada, 2: 611-635.

Staples G, Touzi R. 2014. The application of RADARSAT-2 quad-polarized data for oil slick characterization. 2014 International Oil Spill Conference, 2014(1): 2242-2252. 300300

Topham D R. 1984a. The formation of gas hydrates on bubbles of hydrocarbon gases rising in seawater. Chemical Engineering Science, 39(5): 821-828.

Topham D R. 1984b. The modelling of hydrocarbon bubble plumes to include gas hydrate formation. Chemical Engineering Science, 39(11): 1613-1622.

Vikas K, Shyam S T. 2005. Fuzzy application to the analytic hierarchy process for robot selection. Fuzzy Optimization and Decision Making, 4(3):209-234.

Vysniauskas A, Bishnoi P R. 1983. A kinetic study of methane hydrate formation. Chemical Engineering Science, 38(7): 1061-1972.

Winiarski L D, Frick W E. 1976. Cooling tower plume model. Report EPA-600/3-76-100, U. S. Envir. Protection Agency, Corvallis, Oreg.

Yapa P D, Zheng L. 1997. Simulation of oil spills from underwater accidents I: model development. Journal of Hydraulic Research, IAHR, 35(5): 673-687.

Yapa P D, Zheng L, Chen F H. 2001. A model for deepwater oil/gas blowouts. Marine Pollution Bulletin, UK, 43: 234-241.

Yapa P D, Zheng L, Nakata K. 1999. Modeling underwater oil/gas jets and plumes. Journal of Hydraulic Engineering, ASCE, 125(5): 481-491.

Zheng L, Yapa P D. 1998. Simulation of oil spills from underwater accidents II: model verification. Journal of Hydraulic Research, IAHR, 36(1): 117-134.

Zheng L, Yapa P D. 2000. Modeling a deepwater oil/gas spill under conditions of gas hydrate formation and decomposition. Proceedings of the 23rd Arctic and Marine Oil Spill Program(AMOP)Technical Seminar, Vancouver, BC, 541-560.

Zheng L, Yapa P D. 2002. Modeling gas dissolution in deepwater oil/gas spills. Journal of Marine Systems, 299-309.

Zheng L, Yapa P D, Chen F H. 2003. A model for simulating deepwater oil and gas blowouts-part I: theory and model formulation. Journal of Hydraulic Research, IAHR, 41(4): 339-351.

第 2 章 深水溢油监测技术

2.1 海面油污监测技术

海面油膜的快速发现对于海上溢油污染防控和溢油事故调查具有重要指导作用。溢油监测可以快速、准确地获取污染发生位置、油污面积、溢油量和漂移方向等相关信息，为海上溢油污染预防和溢油现场作业提供技术支持。本节对卫星遥感、航空遥感、船载和岸基雷达、无人机溢油监测、溢油跟踪浮标分别进行简要介绍。

2.1.1 卫星遥感

卫星遥感监测海洋溢油始于 20 世纪 70 年代，各种遥感卫星的相继升空，为监测海洋溢油提供了有效的手段。各国科学家对溢油卫星遥感监测技术进行了深入研究，并开发了相应的溢油遥感监测业务化系统。

卫星遥感是以人造地球卫星作为遥感平台的各种遥感技术的统称。卫星遥感具有大范围海域同步覆盖监测的优点，可以降低单位面积海域的监测成本，同时大范围监测有利于整体把握宏观的溢油状况。此外，目前卫星遥感的分辨率不断得到提高，分辨率已达到亚米级。卫星遥感的优势使其在溢油监测中得到广泛应用，其中雷达卫星以全天时、全天候、不受恶劣天气影响而受到青睐。

目前主要的雷达卫星及其性能参数如表 2.1 所示。

表 2.1 目前主要的雷达卫星及其性能参数表

卫星型号	波段	极化方式	分辨率/m	重复轨道周期/天	重访周期/天	图像幅宽/km	发射时间(年.月)
Radarsat-2（加拿大）	C	HH/HV/VH/VV	3～100	24	1	20～500	2007.12
TerraSAR-X（德国）	X	HH/HV/VH/VV	1～18	11	2	5～100	2007.06
Cosmo-SkyMed（4 颗雷达卫星星座，意大利）	X	HH, HV, VH, VV, HH/HV+VV/VH	1～100	16(4)	1	10～200	2007.12

虽然卫星遥感技术在溢油监测中得到广泛应用，但卫星遥感溢油监测也存在一些限制和不足。目前卫星遥感最大的不足是重复观测周期较长，不利于对溢油事故的及时监测。此时，需要航空遥感等机动灵活监测手段的参与，以便及时获取溢油动态变化信息。

卫星遥感具有覆盖范围广、监测时间长的优点，但也有数据处理时间长、资源匮乏、机动灵活性低以及光学卫星易受雨、雾、黑夜影响等缺点。

2.1.2　航空遥感

航空遥感又称为机载遥感，是指利用飞机、飞艇等作为传感器运载工具在空中进行的遥感技术，是由航空摄影侦察发展而来的一种多功能综合性探测技术。飞机是航空遥感的主要平台，它具有分辨率高、机动灵活等特点。在现代海上溢油监测中，通过机载侧视雷达(SLAR)、红外/紫外扫描仪(IR/UV 扫描仪)、微波辐射计(MWR)、航空摄像机以及与这些仪器相匹配的具有实时图像处理功能的传感器控制系统，可以在空中同步、连续监测海洋溢油，因此成为海洋环境监测的重要手段之一，是目前发达国家进行海洋监视、监测的必要工具。

航空遥感可以实现海上溢油的实时动态监测，但是由于溢油事故发生时海况一般较为恶劣，给飞机的安全作业带来风险；此外，飞机飞行高度的限制使其无法有效获取大范围海域的溢油信息；飞机续航时间一般较短，再考虑返程时间，飞机实际飞行距离和监测范围有限，对于发生在离海岸较远的事故无能为力。综上，航空遥感受天气条件及飞行高度、续航能力等因素影响，大范围远离岸线海域动态监测能力欠缺，需要与卫星遥感等手段配合使用，才能达到最佳监测效果。

2.1.3　船载和岸基雷达

船载及岸基溢油监测雷达通过发射雷达信号并接收雷达回波来实现对溢油的实时监测，是一种融合微波、数字信号处理、图像处理、海图、网络等多种先进技术的高科技设备。船载及岸基雷达之所以能检测到海面浮油，是因为油膜使海面变得平滑，从而产生较低的雷达回波，在雷达显示器上呈现为黑补丁一样的黑色区域。

1. 船载雷达

国内在溢油监测雷达技术方面的研究起步较晚，虽然已经有高校、研究所等机构开展了相关的研究工作，但是总体来讲还处于研制试验阶段，目前还没有推出实际应用的产品。

国外对溢油监测雷达技术的研究已经取得令人瞩目的成就。欧美一些国家(特别是北欧一些海事技术发达的国家)早在20世纪80年代就开始了溢油监测雷达方面的研究工作，已经研制出成熟的溢油监测雷达系统，以荷兰 SEADARQ 公司和挪威 MIROS 公司为代表。他们开发的溢油监测雷达设备除具备监测油膜的功能以外，还可以对海况进行准确测量，通过分析流场和波浪谱，对油膜的未来运动趋势作出预报，在国际上得到广泛的应用和认可，见图 2.1。

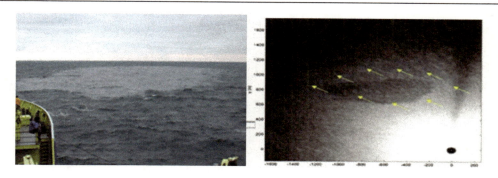

图 2.1　现场情况与 SEADARQ 系统显示对比

　　船载雷达可以提供一定程度的远距离遥感监测，且没有周期限制，不受天气限制，不需要高端、复杂的系统。船载雷达可以到油污或疑似区域进行现场监测，但船载雷达不够灵活机动、图像分辨率也较低且由于视距限制也不能对远海和复杂气候下的溢油进行及时监测，所以应用较少。

2. 岸基雷达

　　岸基雷达与船载雷达基于相同的工作原理：油膜对海面毛细波的阻尼作用使雷达回波信号减弱，进而可以进行油膜的识别及海面油膜漂移速度和面积的估算。岸基溢油监测雷达可安放在港口、平台、信号塔等固定平台上，也可以安置在车辆等移动岸基上进行移动监测，见图 2.2。

图 2.2　岸基 SEADARQ 雷达监测系统

2.1.4　无人机监测

　　随着中国石油进口量的增加和海洋石油开采力度不断加大，对于海洋溢油的实时监测显得尤为重要。海上溢油发生后的最初几小时是防止污染扩散以及控制危害的最佳时机，利用无人机对航线、石油开采重要海域进行实时监测，一旦发生原油泄漏，借助机载的多光谱成像仪及雷达对海面进行巡查。同时，对于逐渐隐蔽化的夜间排污作业行为，无人直升机搭载多光谱成像仪及雷达能够通过违法排污船只排放物体的温度、色值等信息确定排污行为。

目前，发达国家普遍采用高空卫星监控和低空航空监控相结合的方法进行溢油监测，利用卫星遥感进行大范围海洋溢油监测，利用低空航空监测验证卫星遥感的监测结果，并对溢油区进行定点、详细的监测。鉴于无人机在监测成本、灵活机动性及操作便利性等方面具有明显的优势，在一段时间内位置相对稳定，可运用无人机设定固定的巡航线路进行监测。

据介绍，无人机由无线遥控设备或由程序控制操纵，不需要飞行员在机舱内进行驾驶，飞行过程由电子设备控制自动进行。无人机的巡航速度超过 100 km/h，用巡逻船进行全辖区巡航需要 12~15 天，而用无人机只需 10 个小时，能抵御 8 级大风，拍摄的高清视频和照片可以实时传送至监控中心。船舶防污染及溢油监测应该迅速及时反映具体情况，无人机系统恰恰能满足快速应急监测的要求，适合于常态化的海上污染巡航监视监测。

2.1.5　溢油跟踪浮标

海上溢油事故发生后，及时准确地跟踪溢油的位置和漂移方向是非常重要的。溢油跟踪浮标是一种相对廉价、全天候、实时的动态跟踪监测手段，可以实现对溢油的连续跟踪定位。跟踪浮标由信号定位接收天线、接收机、浮标、通信系统组成。采用随油膜漂移方式，通过导航定位系统和无线通信技术实现油膜实时定位。溢油发生后，跟踪浮标立即从船上、码头、飞机上投放到厚油膜层中随油膜一起漂移，其上的定位信号接收机模块负责接收定位卫星的定位数据，通过无线数据通信系统接收浮标的位置及相关信息，实现对油膜位置、漂移速度、轨迹及方向的实时跟踪。

溢油跟踪浮标可以采用 GPS 或北斗卫星导航定位系统。目前，我国已经开展了海上浮标溢油跟踪定位技术的研究，并进行了相关海试试验。通过试验测试，海上溢油跟踪浮标的技术性能以及对海上溢油油膜的跟踪能力等均达到海上实际使用的要求。

2.2　水下油污探测技术

水下环境给溢油监测增加了难度，如水下能见度低、低温环境、设备与水的接触、水下溢油受流的影响而运移扩散等。目前主要的水下溢油监测技术有目视监测、采样分析、声呐探测、激光荧光雷达、荧光偏振及化学探测方法等。

2.2.1　目　视　监　测

当水深和透明度适合的情况下，可以利用船舶或飞机目视跟踪水下油污的运动。在清洁的浅水区可以目视观察，通过照相机或摄像机记录，但水草、海藻等植被可能被误认为油，需要有经验的人员加以判断，见图 2.3。同时，在深水区和含沙量多的水域中应

图 2.3　目视观测到的浅水区水下油斑

用受到限制。加拿大湖泊溢油事故中，利用水下显像管从小船上搜寻湿地附近湖底的油。此外，浅水区能见度高的情况下，可以派潜水员下水观测。

　　能见度大于 0.5 m 时可以采用水下摄像机，通过遥控设备或安装在潜水员头盔上的摄像机进行观察，但视野范围仅 1 m。DBL-152 漏油中应用水下遥控摄像机定量估计了油污聚积的频率和尺寸，但是因能见度低，探测范围有限 (1 m)，水下遥控摄像机也无法确定油的准确位置。此外，对目视、视频录像来说，水下漏油多种多样的形态和所处位置的多变性也是一个主要问题。

2.2.2　采 样 分 析

1. 吸附材料

　　将吸附材料扔到水体中，之后捞起查看有无油品黏附，可用于固定位置的时间序列观测。典型代表是 Snare sampler 网状采样器，由锚、绕在绳子上 1 m 长的网状吸附材料和浮子组成。此外，V-SORS (vessel-submerged oil recovery system) 由 8 ft 长的碳钢管，直径 6~8 inch，连接 6~8 ft 长的链子，装配成马勒形状，见图 2.4，也是油检测的一种方法。上述两种方法的缺陷：容易受强流和复杂海况影响而丢失或毁坏，应用成本相对较高。

图 2.4　V-SORS 吸附材料

2. 沉积物采样

通过对海底沉积物采样分析样品成分，判定水下油污是否存在。该方法仅对油聚集区内有效，当油污比较分散，采样范围小而不能发挥效用，同时当油污运动时，也无法使用该方法。

2.2.3　声呐探测技术

声学方法可以相对快速实现海底油污的探测。侧扫声呐通常设有 GPS 和水道测量软件系统接口，可以生成海底地貌图，主要用于识别沉底油的自然聚积区。多波束声呐系统通过探测粗糙度的对比度，具备区分油与海底地形的潜能。

1. 声学探测的原理

声呐探测技术主要基于声学回波特性差异来鉴别，由于水体、一般沉积物和含油沉积物的密度、声波传导具有一定差异，含油沉积物与一般沉积物表现出的声波反射信号不同，可以通过声波信号分析或者声呐图像识别等手段判定溢油分布区域，其原理见图 2.5。

声呐收发机将发射机的电子信号转变成声波脉冲，将海底目标的回波转变成电子信号。脉冲在水中的传播速度约 1500 m/s，取决于压力（水深）、温度（1℃变化 4 m/s）及盐度（1%变化 1 m/s）。当声波脉冲遇到目标时，部分能量反射回收发机，部分能量继续传播。向前传播的能量与反射回的能量的比例是水/沉积物界面阻抗变化、界面粗糙度及沉积物非均一性的结果。沉积物非均一性包括埋在沉积物中的目标向前反射能量而非后向散射。目标的声学阻抗取决于密度、黏度及声波在其中的传播速度。阻抗对比度和粗糙度决定水/沉积物界面的散射机制。沉积物的非均一性决定沉积物内部的散射机制。回波信号的强度依赖于声学频率、入射波掠射角（相对海床平面）等，也依赖于设备参数，如频率、收发机带宽等。

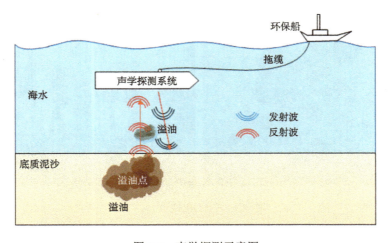

图 2.5　声学探测示意图

2. 数据处理

声呐系统需对声呐接收的数据进行处理和解译，才能为溢油监测服务。通常由于特定的声呐设备、油与海底的目标差异，声呐数据处理方法各不相同，不同设备商提供的软件也不同。回波信号接收后基于用户定义的阈值生成图像，然后对图像进行处理，识别油和非油。如果信号水平超过用户定义的阈值，就标记显示在回波图中。标记距中心线的距离与脉冲从收发机到目标再返回所经历的时间成正比。因为水体中的声速已知，通过经历时间可以计算目标距收发机的距离。通过连续接收信号回波和时间，可以确定目标的距离变化及方向。

3. 优势和劣势

通常认为，侧扫声呐和多波束声呐可以绘制海底油的分布。其优点包括：

(1) 可在低能见度或不可见的情况下使用；

(2) 提供海底等深线可视化显示，辅助识别潜在的聚积区；

(3) 提供地理校准数据，可用于定位目标；

(4) 监测范围大；

(5) 系统可在短时间内启用；

(6) 成本相对较低，设备便携，可以安装在船只上（有最小功率要求）；

(7) 脉冲速率决定其快速获取数据；

(8) 多波束声呐可在不同频段工作。高频模式可实现高分辨率，低频模式分辨率低，但幅宽大。

声呐的不足之处在于图像需要解译。受溢油发生频率所限，通常声呐设备不会专门设计快速识别海底油斑的软件，图像分析工作需要 1 天多的时间来识别海底油，并且要进行确认。声呐信号通常会受到生物作用的干扰，如植被（尤其是藻类）和动物等。

此外，需要对操作人员进行训练，以便较快地对图像解译识别，同时调查中要获取足够的沉积物样本，以便进行准确的解译。窄幅的声呐系统难以进行海底连续覆盖探测，其声学脚印相对较小且依赖于水深。只有当油的大致位置确定后，才可用于确认油的存在。

同时，有些声呐系统不能区分混合油的沉积物和水底沉积物，因为二者具有类似的声学特征，河流和港口容易出现这种情况。因此，必须进行采样或现场观察以确认声呐制图结果，声呐反映海底的粗糙或光滑情况，被沉积物覆盖的油可能被忽略。

4. 应用

在 2007~2009 年美国海岸警卫队研发中心的 Hansen 在 OHMSETT（oil and hazardous material simulated test tank）中对多种原型设备及 RESON 和 EIC 进行了测试。研究指出，多波束成像雷达对于大范围油污监测最有效，但是对于分布散落的污油分辨率不够，其中激光系统和较窄波束的声呐系统更适用于小范围确定油量。

美国国家海洋大气管理局（NOAA）和海军救捞局指出，侧扫声呐在 M/T Athos 事故中可以用于估计油淤积面积。在 DBL-152 燃料油驳船漏油中，侧扫声呐提供了油污的空间分布及其他海底特征（如管线）。然而，其有效性随着漏油的扩散和海况的恶化而降低。此外，侧扫声呐周转时间长，油的位置也需要验证。RoxAnn 是一种海床分类声呐系统，在 DBL-152 漏油中也尝试进行了油污的定位，通过区分不同的海底类型，结果表明因受到较窄探测刈幅（相比于水下油分布不均匀和搜索范围）的影响，应用受限。

1）RESON 7125 SeaBat System

RESON 7125 SeaBat System 是双频多波束声呐系统，用于测量垂直航迹方向大范围的水深，工作频段为 200 kHz 和 400 kHz 两种，见图 2.6。测试中，声呐与用于水文调查和疏浚作业的 RESON PDS2000 软件相连接，该系统可安装在海面船舶、ROV 或 AUV 上。该系统在 Ohmsett 实验水池进行了测试与验证。

图 2.6　RESON 7125 SeaBat 系统安装在 Ohmsett 实验水池

声学方法进行溢油探测的依据是油比沙的反射率低，声呐图像中反射率低的表现为阴影，反射率高则为亮区。试验中识别出所有的油样本，油样本表现为亮背景下的暗斑区，具有相比典型海床沉积物声波反射低的特点。图 2.7 中给出 RESON 7125 测试结果，其中图（a）为声呐获取的原始数据；图（b）为处理数据的放大图；图（c）为多波束回声测深器获取的水深；图（d）为自动检测结果；图（e）为将检测目标的轮廓叠加到强度图像中。该试验表明通过声呐图像可以识别海底油污。

2）CodaOctopus EchoScope4D

CodaOctopus EchoScope4D 成像声呐，质量约 45 磅（20.5 kg），工作频率 375 kHz，在 50°×50° 的网格内可以产生 128×128 的波束，测距范围 1~100 m，与目标信号强度有关，距离分辨率 4 cm。CodaOctopus EchoScope4D 通常配备导航系统，以便确定位置和方位。类似于 RESON 系统，该声呐也是通过回波信号的强度区分岩石、底质和油。对几乎所有的入射角度和频率，油与沙的对比都约为 15 dB，见图 2.8。

CodaOctopus EchoScope 声呐调查速度可达 3~5 kn，因此可以快速覆盖大范围海域，5~8 小时内覆盖 1 n mile×1 n mile 海域，幅宽 100 m，幅宽间 20%的重叠度。调查中可以采用 UIS 水下探测系统软件进行图像拼接。

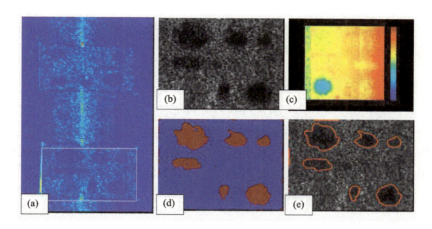

图 2.7　RESON 7125 SeaBat 系统测试结果

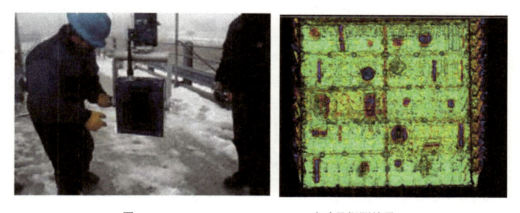

图 2.8　CodaOctopus EchoScope4D 声呐及探测结果

2.2.4　激光荧光雷达

1. 激光荧光雷达原理

激光荧光雷达是一种主动传感器，其原理是石油中特定化合物吸收紫外线后变成激发状态，发射荧光。原油及精炼的石油产品主要由饱和芳香烃碳水化合物、酯类和沥青质组成，多环芳烃(PAHs)是由包含强不饱和链的稠环组成的化合物。因为 PAHs 的结构在光的作用下发出荧光，通过发射荧光，油基化合物吸收的光能返回到周围环境，使分子回归原始基态。尽管分子结构不同，烷类(饱和碳水化合物)在暴露于聚焦光源的情况下也可以发出荧光。

各种强度和波长的光都可用于激发多环芳烃和烷烃分子达到荧光激发状态。然而，大量研究表明高能量的紫外线，波长 200~400 nm 是最有效的激发源，可以产生最强的荧光发射。多环芳烃化合物在紫外线的作用下可以发生明显的荧光现象，发射的波长位于可见光波段 400~600 nm（紫色至橘色）。特定的发射波长可用于识别多环芳烃化合物。同样，烷烃分子也会在紫外线的作用下发出荧光，但是其发出的光波长不在可见光范围内（320~400 nm），因此识别油不可行。

2. 激光荧光雷达追踪水下悬浮油

机载激光荧光雷达飞行高度 100~500 m，可以迅速获取水表面以下几米内悬浮油污染的密度分布并绘制成图。高光谱激光荧光雷达由激光诱导荧光（LIF）与荧光谱特征（SFS）相结合组成。激光荧光雷达系统包括专家系统、GPS 接收器、测距仪（rangefinder）及数码相机。专家系统包括实时处理和后处理功能，对获得的激光荧光谱进行分析。GPS 记录每个激光荧光谱的位置信息，测距仪用于计算激光焦点的位置，校正激光荧光谱密度为高度的函数。其他设备包括惯导单元、数据存储器、可视化显示器及通信装置。

图 2.9　机载高光谱激光荧光雷达

2004 年，法国海岸的控制溢油试验对海面油污成像并估算油量。2005 年，美国应用该激光荧光雷达系统探测悬浮在水面下的重油。2008 年，机载多波段激光荧光雷达引入到业务化应用中，可检测岸上、水面和水下几米内油污。激光荧光雷达未来的发展是实现机上数据处理，并实时返回指挥中心。

2.2.5　荧光偏振

1. 荧光偏振原理

海洋环境中除油之外，还有很多其他的荧光物质，如水草和藻类中的叶绿素。荧光偏振方法可以区分油和其他荧光物质。荧光偏振测量基于物质旋转运动的评估，荧光偏振可以看作是分子运动和荧光受激发周期的比较。荧光分子受平面偏振光激发时，如果分子在受激发时期（对于荧光素约持续 4 ns）保持静止，发射出来的光也是偏振光，发射光与激发光具有相同的偏振方向，称为完全偏振；如果在受激发时期，分子旋转或翻转偏离这一平面，则发射偏振光与激发偏振光具有不同的方向，这一现象被称为消偏振。

2. EIC 荧光偏振系统

美国 EIC 实验室开发的水下激光遥感传感器（Oscar，见图 2.10），搭载到各种平台上，探测海床及水体中的油污。在美国海岸队的支持下，Oscar 的性能在国家溢油应急实施测试监测重油中得到验证。近期，Oscar 被应用到冰层下，检验对于冰期溢油监测的可用性，还被 BP 挑选为墨西哥湾溢油事故后供选择使用的应急技术，这是从 100 000 多个提议中挑选出的 30 种重要技术之一。

图 2.10　　EIC 荧光偏振系统——水下激光遥感传感器（Oscar）

荧光方法的优势：非接触式，可通过光纤探针遥测，对多环芳烃的存在非常敏感，易于实现设备小型化。荧光偏振通过增加偏振信息，提高了荧光技术对油的反应。特别对于黏度大的重油来说，受偏振光激发时会出现明显的荧光偏振。

荧光方法的不足之处：除了受自然存在的荧光物质干扰外，环境光或反射光也会影响效果。例如，在 SAIC 激光线阵扫描系统（LLSS）码头测试中，白色光线以及聚乙烯袋上的白色字体同油一样可以看到。在 Ohmstt 进行的 LLSS 测试中，水池的喷漆反射激光，目前尚不清楚自然环境中的因素是否也会导致相同的问题。此外，浑浊水体可能有相反的作用，导致不能探测到油。

2.2.6　化 学 监 测

化学监测方法通过识别水体组分确定油的存在。现场化学分析技术包括质谱分析和紫外荧光计。质谱仪非常适合对海洋环境中溶解的碳氢化合物进行现场分析。长链烃（高分子质量）是重油的主要成分，然而大部分重油也多少会含有少量的短链烃。发生溢油时，这些轻烃容易进入水体，因此可以利用质谱仪来探测到这些低分子质量烃。

紫外荧光计设备可以安装在浮标、船或远程操控的设备上。紫外荧光计能够探测水中的芳香烃化合物（如苯、甲苯、二甲苯和萘），而绝大部分重油都含有这些物质。其原理是：重油中芳香烃化合物受到紫外线激发后，会通过发射荧光（主要位于可见光波段）的方式来释放出这部分能量，因此，通过接收激发的荧光可进行油污探测。

质谱分析仪(见图 2.11)与紫外荧光计可以检测多种有机物组分,区分不同化学物质,并且可以提供实时数据,但是两者对水体中油的探测依赖于油在水体中的溶解量。目前尚不清楚油污沉入水下 1~2 小时后是否存在挥发性化合物,产生可探测的物质,这也意味着传感器必须很接近水底以及牢固控制,限制了传感器在水中的运动速度。

图 2.11　质谱分析仪

参 考 文 献

刘洋, 马龙, 姜海波, 等. 2012. 下沉油应急监测技术综述. 中国航海, 35(4): 96-100.

孙宇佳, 刘晓东, 张方生, 等. 2009. 浅水高分辨率测深侧扫声呐系统及其海上应用. 海洋工程, 27(4): 96-102.

An J B, Liu Z X. 2012. The experiment of detecting underwater oil by 532nm Lidar. Symposium on Photonics & Optoelectronics: 1-4.

BP. 2010. Deepwater horizon containment and response. Harnessing Capabilities and Lessons Learned.

Camilli R, Bingham B, Reddy C M, et al. 2009. Method for rapid localization of seafloor petroleum contamination using concurrent mass spectrometry and acoustic positioning. Marine Pollution Bulletin, (58): 1505-1513.

Coastal Research and Response Center(CRRC). 2007. Submerged oil-state of the practice and research needs. USA: CRRC.

Counterspil Research Inc. 2011. A review of countermeasures technologies for viscous oils that submerge. USA.

Fitzpatrick M, Ashburn I O. 2011. Deepwater horizon response submerged and sunken oil symposium. USA: USCG.

Hansen K A, Fitzpatrick M, Herring P R, et al. 2009. Heavy oil detection(prototypes) final report. USA: USCG.

Hansen K, et al. 2009. Preliminary results for oil on the bottom detection technologies. USA: USCG.

Kurt A, Hansen K, Bill H, Leo G, et al. 2011. Designing a submerged oil recovery seystem. 2011 International Oil Spill Conference.

Michel J. 2006. Assessment and recovery of submerged oil:Current State Analysis. USA: USCG.

NOAA, ENTRIX, Inc. 2009. Pre-assessment data report tank barge DBL 152 oil discharge in federal waters, Gulf of Mexico JR2. USA: NOAA.

Redman R, Chris P, Erik B, et al. 2008. A comparison of methods for locating, tracking and quantifying submerged oil used during the T/B DBL 152 incident. 2008 International Oil Spill Conference.

Rymell M. 2009. RP595 sunken and submerged oils-behavior and response. UK: the Maritime and Coastguard Agency, BM T Cordah I imited.

U. S. Coast Guard Research and Development Center. 2006. Scenario-based cost benefit report for the heavy oil detection cost-benefit analysis. USA: USCG.

第 3 章　深水溢油数值模拟技术

3.1　水下溢油模拟

3.1.1　水下溢油模拟基本概念

1. 对流体运动描述方法

流体力学中对流体运动的描述方法有两种：一种是 Euler 方法，该方法着眼于固定的空间点，设法描述空间中每一个点的流体运动随时间变化的变化。由于利用 Euler 方法得到的是场，得到的流体运动方程更容易求解，更有利于流体运动的理论研究，因而在流体力学研究中 Euler 方法得到了广泛应用；另一种是 Lagrange 方法，与 Euler 方法不同的是，该方法着眼于流体质点，设法描述每个流体质点的位置随时间变化的规律。Lagrange 方法最早由 Winiarski 和 Frick（1976）提出，采用 Lagrange 方法可以更加方便地对流体中每个质点的位置和状态进行追踪和描述，从 20 世纪 90 年代开始，随着 JETLAG 模型（Lee and Cheung, 1990）的提出，Lagrange 方法逐渐成为水下溢油模拟研究的主流方法。Lagrange 溢油模型将羽流看作是由一系列相互独立的控制元组成，每一个控制元可以用它的质量、位置、宽度、长度、平均速度、污染物浓度、温度和盐度来描述，并且这些特征可以随着控制元的移动而改变。

2. 水下溢油过程影响因素

对海底溢油过程进行模拟需要同时考虑油、气、水和水合物（在高压低温的深水区，天然气与水结合形成一种固态的冰状物），以及它们之间的相互作用。一般地，海底溢油过程可分为两个阶段。

1）羽流动力学阶段

在这个阶段需要考虑油、气、水和水合物的质量守恒过程、水动力学过程和热力学过程。通常采用 Lagrange 方法，对控制元的位置和状态进行追踪和描述。具体地，需要考虑流体的质量守恒、因水合物的形成和自由气体的溶解造成的气体质量损失、因水合物的分解和溶解造成的水合物的质量损失、动量守恒过程、热量守恒过程、盐度守恒过程，此外，气体体积的变化和卷吸作用，也是需要考虑的重要过程。

2）对流和扩散阶段

在这个阶段，羽流动力学过程可以被忽略，而只需考虑油、气和水合物三者的运动和相互作用。通常采用随机走动法，将油、气和水合物看作是一个由大量粒子组成的集合。其中，每个粒子所包含的物质(油滴、气泡或水合物颗粒)及尺寸互不相同，这些粒子都可以在三维空间中运动，并且其质量、体积等其他特征也随时间变化而变化。

以上两个阶段都要考虑水合物的相关热力学过程、水合物的形成和分解、油气分离、气体从羽流的气泡中向水中溶解以及水合物的分解。最近的研究表明，乳化过程(Xie et al., 2007)以及在富含沉积物的水体中油与沉积物的相互作用(Bandara et al., 2011)也是需要考虑的重要过程。

3. 水下溢油分类

根据溢油点所处水深的不同，海底溢油可分为两种：浅水溢油(水深<300 m)和深水溢油(水深>300 m)，在两种情况下溢出的污染物在水下以及上升到海面后的表现都有所不同。

1)浅水溢油

从海底油井中喷发出的物质主要包含两种流体：原油(或浓缩物)和天然气。两者的比例由流体的性质和开采储层决定。在井口位置，气体物质会以非常高的初始速度喷出，并带动井口附近的海水运动。在浅水中，油和气体从井口上升到海面的过程可分为三个区域：

(1)喷射区：在这一阶段，喷出流体的动能很大，主要来源于井口喷出的气体，溢油也会因此而分裂成大量的油滴。由于井口周围海水的缓冲作用，从井口喷出的物质所携带的动能在离井口几米的范围内会大幅度减小，此后，溢油过程进入下一阶段。

(2)浮力羽流区：在这个区域，溢出物质的运动主要靠自身浮力来驱动，并且随着水深的减小，气体也因海水压强的减小而膨胀。在羽流中，气体的上升速度仍然很快，并且会夹带着其周围大量的油/水混合物上升到海面。

(3)海面交互区：羽流的上升运动逐渐转为随着横流水平运动。受海面平流的影响，流动会向下弯曲形成抛物面影响力，这种表面影响力将携带着溢油顺流而下，并散布到海面，一直影响到1~1.5倍油膜宽度的地方。在海面，溢油还会进入到向外的径向流中，并很快扩散为油膜，受海水平流的影响，这些油膜的轮廓在海面将会呈现出双曲线形，其顶点指向海流的上游。气态物质从羽流中心溢出可以造成表面的扰动，并在羽流与海面的交界处产生大量的气泡。

2)深水溢油

深水区的溢油模拟更加复杂。在浅水溢油过程中油膜的初始尺度主要取决于溢出气体的运动，此时，气体的作用是将油滴从水下快速地抽吸至海面。由于海水流速小于羽流的上升速度，因而对油的移动影响不大。深水溢油则不同，在高压低温环境下，天然气与水会结合成一种固态的冰状物-水合物(Maini and Bishop, 1981；Sloan, 1990)，当水合物到达水深较浅的低压水域后会分解并将气体释放。水合物形成时，气体的体积会大幅度减小，这使得羽流的上升几乎完全失去气体浮力的驱动，以至于油滴只能在自身浮力作用下缓慢上升。此时，油滴的运动受水平流动的影响比较明显，这使得大小不同的油滴相互分离，较大粒径的油滴将首先到达海面，而较小粒径的油滴在到达海面之前会向海流的下游漂移到更远的地方。此外，海洋的扩散过程也会影响油滴在水下的时间，进而加剧了油滴的分离程度。

对于浅水溢油，从水下井口喷出的气态物质可以近似作为理想气体，但 McCain（1990）指出，当井喷发生在较深的水域时便不再如此，依赖于压力和温度的气体可压缩性因素必须在压强与体积关系中得到体现。在较浅或中等深度的水域中，气泡在水下的时间很短，气泡在上升过程中向周围水体中的溶解量通常可以被忽略。但在深水中，气泡在水下的时间较长，并且深水的压强也会对气体的溶解造成影响（Fogg and Gerrard，1991）。气体溶解的一个重要结果是使羽流的浮力通量大幅度减小。

油或气体从深水井口中喷出后通常会分散成大小不同的油滴或气泡，油滴或气泡尺寸视溢出条件而定，一般为 1~10 mm。其中，较大的油滴可以更快地上升到海面，而较小的油滴的运动会受水平流的影响，并发生明显的侧向位移。油滴尺寸不同，上升到海面的位置也不相同，并且相隔一定距离。细小的油滴上升到海面一般需要几周甚至几个月的时间，如果考虑下降流的影响，较小的油滴停留在水下的时间还会更长。油在海面的分布情况取决于油滴分布区域的大小以及水流的变化情况，这与浅水区的情况大不相同，此时，上升着的羽流中向外的径向水流也会影响溢油在海面的分布（Fanneløp and Sjøen，1980）。水下井喷过程中，由于喷流内部湍流强烈，夹带的气体会分裂成各种尺寸的气泡，在深水溢油中，大量的气泡会溶解到水中而无法上升到海面（Zheng and Yapa，2002）。气泡的移动速度要快于相同尺寸的油滴，因而气体可以从羽流中脱离出来形成油气分离，在运动方向上也会有少许不同（Chen and Yapa，2004）。

3.1.2　水下溢油物理化学过程

除了水合物的形成和分解过程之外，气体的溶解、油气分离、油的乳化、油的扩散、油与水体中沉积物的作用、油的悬浮等物理化学过程也是近几年水下溢油模拟研究的关注对象。Johansen（2000）考虑了气体的溶解过程，开发了一个较为全面的深水油/气泄漏多相积分羽流模型（DeepBlow），可以模拟水合物的形成和分解、气体的溶解以及油气分离过程。DeepBlow 模型考虑水（地层水和海水）、油（分散的油滴）、天然气（自由气泡、溶解于海水的气体和包含在水合物中的气体），是一个可以模拟深水井喷的 Lagrange 羽流模型。此模型主要用于深水石油勘探和开发过程中的环境风险评估和溢油应急计划，并得到了一些实验室试验和大尺度实地试验（Deepspill）的支持（Johansen，2003）。在研究中，他们还将模型结果与 1996 年 6 月挪威水域（100 m 深度）的实测数据进行对比，指出：考虑气体溶解时，模拟结果可以与实测数据保持很好的一致性；在 100~250 m 的浅水中，气体的溶解过程和气泡从倾斜的羽流中分离的过程，是限制羽流上升的两个主要过程，并且这两个过程都是可以自动实施的；在 700~1500 m 的深水中，水合物的形成是限制羽流上升的主要因素。但 DeepBlow 模型忽略了水合物的形成和分解的反应速率，另外，DeepBlow 模型是基于刚性圆形气泡间的相互关系计算物质传输系数，也没有给出气体溶解的计算细节。

在有强横流的作用下溢油羽流轨迹会发生倾斜，此时考虑气体的分离过程是非常重要的。Chen 和 Yapa(2004)利用 Lagrange 控制体，模拟了气体从一个倾斜的深水油/气喷流/羽流中脱离的过程，他们的模拟结果与试验数据具有很好的一致性。横流使喷流/羽流发生倾斜，而气体的上升速度通常大于油，因而可以从倾斜的羽流中分离而出。气体的分离可以降低羽流的平均浮力水平，其最终结果是使喷流/羽流混合向远场湍流混合的转化位置发生明显变化，从而导致水下油滴和海面油膜轨迹的巨大变化。Xie 等(2007)对油的乳化作用进行了详细考察，他们将扰动能量最小化作为是否有乳化过程发生的标准判断，对海上溢油发生后乳化过程的水分吸收和黏性变化进行了模拟。在研究中，他们还基于某种稳定性指标，对乳化物的稳定性进行评估，并模拟了亚稳定和不稳定乳化物的反乳化过程。另外，他们还指出，蒸发作用对乳化也有影响。Dasanayaka 和 Yapa(2009)利用 CDOG 模型考察了多个因素对油污的输运和归宿的影响，考察的因素包括：羽流动力阶段的作用、羽流转化点的选择和气态物质的分离。研究指出，除非喷流在井口处的初始速度非常慢，羽流动力过程对溢油的上升时间和到达海面的位置都有显著影响，因而单一的对流扩散模型是无法准确模拟深水油/气泄漏过程的。Bandara 等(2011)考察了溢油发生在近海富含沉积物的水体中时油与水中的沉积物之间的相互作用，并对溢油的输运过程进行了研究。在近海富含沉积物的水体中，油滴和沉积物相互碰撞可以形成聚合体，同时，在毛细作用和表面活性离子的共同作用下，溶解的油也可以被吸收到沉积物中，因此，油和沉积物间的相互作用是近岸溢油输运的一个重要过程(Payne et al., 1987; Owens et al., 1994; Lee, 2002; Muschenheim and Lee, 2002; Sterling et al., 2004)。将油与沉积物间的相互作用看作溢油的转移过程，是溢油处理时需要考虑的一个重要方面。该模型模拟了油和沉积物的输运、油-沉积物聚合体的形成、沉积物对油的吸收以及沉积物的聚合，模拟结果与实验室数据表现出较好的一致性。模拟结果表明，65%的油会参与聚合体的形成，而当油滴和沉积物尺寸较小时(直径小于 0.1 mm)，会形成更多的聚合体，而被吸收到沉积物中的溶解油相对较少，比聚合体少 4~5 个量级。

溢油事故现场观测数据表明，在海底发生溢油事故后，会有大量的油污以雾团的形式长期悬浮于水下某一深度，只有经过很长一段时间后，或在某些偶然因素作用下，这些溢油才能浮出海面，目前，对于这部分溢油形成机制的探讨并不多。针对 2010 年墨西哥湾溢油事故，相关领域的学者对深海悬浮油的机制进行了模拟研究。例如，Socolofsky 等(2011)结合该溢油事故的观测数据和一些实验室数据对悬浮油的形成机制进行了研究，他们指出，海水的非线性层化结构是悬浮油形成的一个重要原因。在海水层化占优势(相对于海水的平流强度)的海水中发生海底井喷事故时，大量细微的油滴(直径小于 300μm)由于上升速度较小(小于 6 mm/s)，很容易悬浮于水下。在墨西哥湾溢油事故的案例中，油团的悬浮水深大致在 800 m 和 1200 m 之间。Bandara 和 Yapa(2011)对溢油喷射过程中油滴/气泡的粒径分布进行了深入研究，他们指出，油气喷出井口进入海水后，会以喷流的形式变化和运动，该喷流内部湍流运动强烈，喷流中的油滴/气泡快速地分裂和融合，使油滴/气泡的粒径分布处于剧烈变化中，在喷出井口一段距离(约 2 m)后，油滴/气泡快速分裂和融合的状态基本停止，油滴/气泡的粒径分布变化也趋于稳定，此时的粒径分布特征决定了油滴总体的运动状态和气泡的溶解速率，从而对油/气在水下的输运和归宿造成影响。Yapa 等(2012)利用 CDOG 模型进行了相关的模拟研究，他们指出，在浮力羽流阶段，油滴的大小对羽流行为的影响不大，但在浮力羽流结束后油滴的行为对油滴尺寸非常敏感，这使不同尺寸的油滴浮出海面的时间和地点都不尽相同。研究表明，油滴尺寸和海水的垂向流动是造成溢油长期处于水下的主要原因，直径在 100μm 以下的油滴至少需要 15 天才能浮出水面，如果遇到下降流，则会需要更长的时间。由此可知，油滴在水下的浮动状态与油滴大小有密切关系，因而在深水溢油过程中，油滴尺寸分布对溢油行为和归宿有重要影响。

3.1.3　水下溢油行为

1. 上升速度

油气上升速度影响粒子上升时间，进而影响了其运移路径和水平扩散范围，因此上升速度对模拟油气行为及归宿具有重要的作用。很多学者利用斯托克斯定律或雷诺定律研究粒子在液体中的上浮速度(Clift et al.，1978)，但此公式仅适用于球形粒子，并且深水区油滴和气泡在上升过程中多以球形、椭球形、球帽形存在，此公式不适合于深水区油滴气泡上升速度的计算。Zheng(2000)等在斯托克斯定律的基础上对公式进行了改进，并利用试验数据与计算公式进行了对比，验证结果吻合较好。

粒子上升速度的影响因素较多，主要包括粒子粒径、海水特性等。消油剂作用后的油滴粒径分布主要在 100 μm~8 mm，不同粒径的粒子上浮速度见表 3.1 和图 3.1(Yapa et al.，2012)。由图表可知，粒径是影响粒子上升速度的主要因素，粒径大的粒子受到的浮力越大，上升速度越大，但由于粒子倾向于非球形以及受到粒子拖拽力影响，上升速度不会无限制增加，上升速度与粒径分布不呈线性关系。

表 3.1　不同粒径对应上浮速度

序号(i)	粒径/μm	上浮速度 v/(m/s)	V_{i+1}/V_i
1	100	0.000 649 6	—
2	200	0.002 22	3.42
3	300	0.005 21	2.35
4	400	0.008 16	1.57
5	500	0.011 67	1.43
6	600	0.015 15	1.30
7	700	0.018 44	1.22
8	800	0.021 48	1.16
9	900	0.025 24	1.18
10	1 000	0.029 06	1.15
11	2 000	0.065 84	2.27
12	3 000	0.092 16	1.40

续表

序号(i)	粒径/μm	上浮速度 v/(m/s)	V_{i+1}/V_i
13	4 000	0.108 99	1.18
14	5 000	0.124 83	1.15
15	6 000	0.132 76	1.06
16	7 000	0.131 04	0.99
17	8 000	0.129 48	0.99

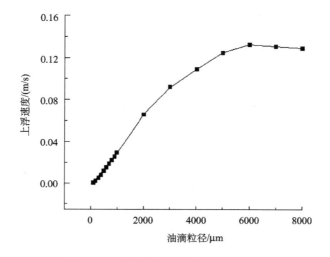

图 3.1　油滴粒径分布对上升速度的影响

2. 油气分离

粒子在上升过程中由于上升速度不同，与环境流体之间产生一个滑脱速度，且在横流的作用下羽流发生弯曲而导致油气分离。油气分离不仅改变了羽流的动量和浮力大小，而且改变了羽流中性浮力层的高度，进而影响粒子的上升轨迹。图 3.2 是油气分离对粒子轨迹影响分析（Chen and Yapa，2004），从图中可以看出，油气分离对粒子轨迹影响特别大，是否考虑油气分离对粒子的中心轨迹及边界线影响大不相同，若考虑油气分离情况下中性浮力层位置在水深 347 m，需要的时间为 318 s；相反不考虑油气分离情况下中性浮力层位置在水深 266 m，需要的时间为 278 s。此外，油气分离还会降低羽流的上升速度，因此考虑油气分离的情况下到达中性浮力层的时间相对较长。

油气分离的影响因素主要包括相邻粒径粒子间的速度比（V_{i+1}/V_i）、横流、初始动量等。表 3.1 最后一列为相邻粒径油滴之间的速度比，粒径小的油滴之间具有较大的速度比，粒径大的油滴之间速度比相对较小。此外，相邻粒径粒子速度比越大，油气分离越易产生。横流可以使羽流发生弯曲，是粒子发生水平运动的主要驱动力，横流越大时水平位移量相对越大，油气分离越容易发生。

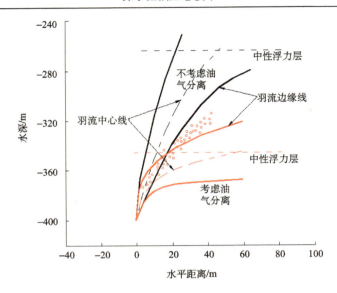

图 3.2　油气分离对轨迹的影响(Chen and Yapa，2004)

3. 卷吸过程

当喷出的油气以羽流的形式在水中上升时，羽流将和水体发生作用，导致水体进入羽流体内，这一过程被称为卷吸。卷吸包括剪切卷吸和对流卷吸。剪切卷吸是由溢油和水流之间的剪切应力引起，即使在静止的水体中仍然存在。对流卷吸是由水流的对流作用进入羽流体内引起的。卷吸对羽流的行为和过程，尤其是羽流的体积、浓度和速度有着重要影响。卷吸过程的直接后果是将周围较重(相对于油的密度)的海水裹入羽流中，从而增加羽流的密度和体积，减小羽流的动量，从而降低羽流的上升速度。

如果不考虑卷吸作用，羽流的体积及其中污染物的浓度变化将主要由污染物的溶解和扩散导致，这样羽流在上升过程中体积和浓度的变化也会非常小，与试验结果不相符。前人研究结果表明，卷吸作用可以使羽流半径增加约 100 倍，如果忽略卷吸过程，羽流体积将会是考虑卷吸情况的 1/3000，羽流中的污染物浓度将增大到考虑卷吸情况的 10 000 倍，而羽流的最终上升速度将会增大 100 倍。这样，不考虑卷吸过程油气将不会进入远场阶段而直接上升至海面，因此不符合试验数据。

4. 水合物

深水区的水下溢油过程中，在高压低温的环境下，天然气与水容易结合成一种固态的冰状物——水合物。当水合物上升到达相对低压、高温的环境下会分解成气体，并同时伴随着水合物的溶解过程。水合物的形成、分解及溶解过程能直接影响到粒子粒径分布、中性浮力层以及扩散范围。

水合物合成时，气体的体积会大幅度减小，粒径减小，密度增加，这使羽流几乎完全失去原有气体浮力的驱动，从而大大降低了羽流的上升速度，以致粒子只能在自身浮力的作用下缓慢上升。在上文中知道水合物溶解影响气泡的粒径大小，进而影响溢油漂移轨迹。

　　图 3.3 表明水合物过程也会影响中性浮力层的高度（Yapa et al.，2001），考虑水合物过程会抬升中性浮力层的高度，不考虑水合物过程中性浮力层的高度相对较低。水合物的合成和分解与压强、温度紧密相关。研究学者在蒙特里湾对甲烷合成水合物的条件进行了研究，图 3.4 为甲烷的相态平衡曲线和温度变化曲线，在水深大于 520 m 的海域可形成水合物，上升到 520 m 的海域水合物会分解成甲烷和水（Yapa et al.，2001）。

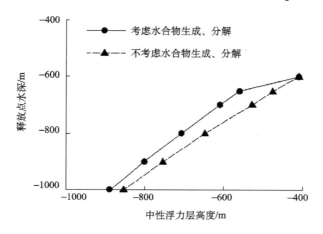

图 3.3　水合物对中性浮力层影响

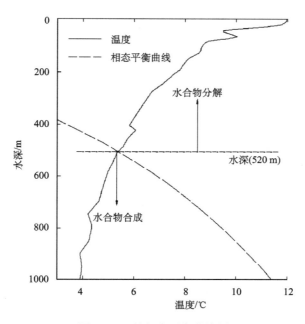

图 3.4　甲烷相态平衡曲线图

5. 油气溶解

一般认为油不溶于水，实际上是溶解度极低。国内外对石油烷烃类成分的溶解度做过一些研究工作，发现其溶解度与烷烃的含碳量有关，见表 3.2。溢油在上浮过程中，大部分低分子量芳香烃组分溶解在水中，其中以苯类烃最明显。溢油中单个组分的溶解度受控于油/水分配系数，而不单纯受纯组分溶解度的制约。由于溢油的溶解度很低，一般情况下可不予考虑。

表 3.2　烷烃在 25℃ 淡水和海水中的溶解度

烷烃	在淡水中的溶解度/ppb[①]	在海水中的溶解度/ppb
十二烷烃	3.7	2.9
十四烷烃	2.2	1.7
十六烷烃	0.9	0.4
十八烷烃	2.1	0.8
二十烷烃	1.9	0.8
二十六烷烃	1.7	0.1

① 1 ppb=10^{-6}；资料来源：亓俊良等，2013。

在深水区水下溢油过程中有大量的气体溶解于水中，气体的溶解对羽流的行为和归宿有重要影响。气体的溶解性受压强、温度和盐度的影响，研究气体溶解过程有利于准确预测油气溢出海面的位置和时间。图 3.5 为 5 MPa 和 4 MPa 压强下甲烷溶解量（Zheng et al.，2003），从图中可以看出，压强有助于气体的溶解，压强越大，溶解量越高。

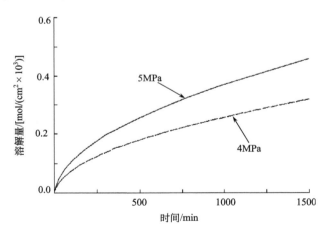

图 3.5　压强对甲烷溶解量影响

6. 粒径分布

粒径分布对油气运移和浓度分布具有重要的作用，很多学者已开始对粒径分布进行研究。Johansen(2003)通过"deepspill"实验发现 95%的油滴粒径小于 7.5 mm，中值粒径为 5 mm；Yapa(2001)认为油气粒径分布主要在 1~10 mm。经过试验研究，油滴粒径主要位于 1~8 mm，气泡粒径主要位于 1~9 mm，油滴和气泡粒径分布见图 3.6(Yapa et al.，2012)。

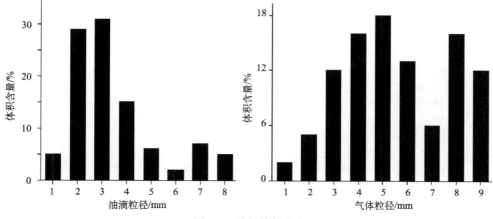

图 3.6　油气粒径分布

　　影响油气粒径分布的因素较多，主要有粒子破碎与合成、水合物，压强、溶解、消油剂。油气受湍流、剪切力以及浮力等作用，粒子会发生破碎，相反也会由于这些作用粒子之间碰撞发生粒子合成，经过粒子破碎和合成作用后粒径分布逐渐趋于动态平衡；粒子破碎和合成主要发生在近场阶段的初期，但决定了粒子在整个运动过程中粒径分布格局。数量平衡模型能够成功模拟这一因素的影响机制，利用水槽实验对该模型进行对比验证，可较好地模拟粒子在上升过程中粒径变化趋势，模拟值与实测粒径对比见图 3.7(Badara and Yapa et al.，2011)。

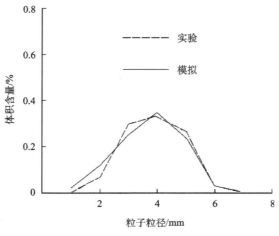

图 3.7　数量平衡模型粒径验证对比

　　压强和溶解对气泡粒径的影响相对较大，但对于油滴粒径影响可忽略不计。气泡在上升过程中所受到的压强减小导致粒径变大，但气体在海水中的溶解度较高会导致气泡粒径减小。由于溶解作用大于压强作用，最终导致粒径会减小，压强和溶解对气泡粒径的影响见图3.8。

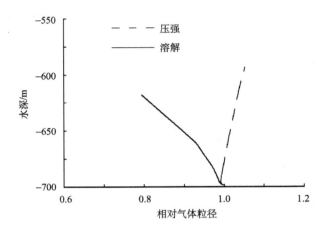

图 3.8 压强、溶解对气体粒径变化的影响

气泡粒径和水合物有一定的关系。在高压低温的环境下，气体转化成水合物，水合物的密度大于气泡密度，被水合物包裹的气泡由于受到压力粒径减小和水合物溶解的影响，气泡粒径进一步减小。当气泡完全转化为水合物后，水合物仅在溶解的条件下气泡粒径减小速率变慢。在"deepspill"实验中以初始粒径 5 mm 的气泡为研究对象，研究了水合物对粒径的影响，粒径变化趋势见图3.9。此外，消油剂的使用会使油滴发生破碎导致油滴粒径减小，使用消油剂后粒径分布见图 3.10（Yapa et al.，2012），粒径范围在100~900 μm 的油滴含量占 40%。

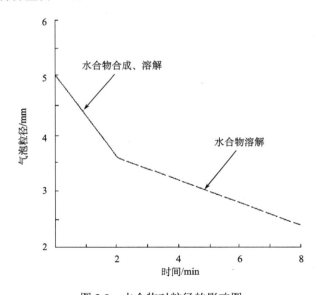

图 3.9 水合物对粒径的影响图

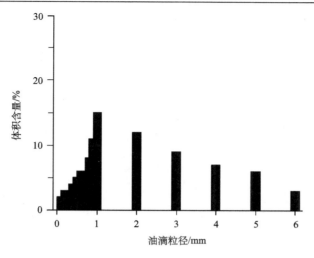

图 3.10　消油剂作用后粒径分布图(Yapa et al.，2012)

3.2　深水水动力预报技术

3.2.1　资　料　分　析

以南海为研究对象，收集南海海域水深、岸线资料，沿岸和岛屿验潮资料，实测水位资料，并进行处理分析，形成了基础资料集。另外还开展了基于 18 年卫星测高数据的潮汐信息提取工作，以弥补外海潮汐资料稀缺问题。

1. 水深、岸线资料

收集南海海域海图 47 幅，其中南海南部海区收集了 11 幅，南海中部海区收集了 6 幅，南海北部海域收集了 30 幅，并提取了各幅海图的水深资料和岸线数据。各海图覆盖海区见图 3.11。同时还收集了其他水深资料，包括 ETOPO2(2-minute gridded global relief data collection)、ETOPO5(5-minute gridded global relief data collection)、GEBCO(general bathymetric chart of the oceans)、DUT10 模式水深等。对水深资料进行整理及融合，为潮波模式研制提供基础数据。

2. 验潮资料及卫星高度计资料

收集了南海海域 218 个验潮站的潮汐调和常数，站位见图 3.11，用于模式检验及同化模拟。同时经过南海 T/P-J 卫星有 7 条上升轨道(轨道号分别为 179、1、77、153、229、51、127)；有 10 条下降轨道(轨道号分别为 242、64、140、216、38、114、190、12、88、164)。利用最小二乘法(王永刚等，2004)计算得到各分潮调和常数 H 和 G。为了检验提取结果的可靠性，分别开展交叉点 T/P-J 调和常数的比较和与地面台站的比较。图 3.12 为提取结果与沿岸及岛屿验潮站的比较，可见提取结果与验潮站资料具有较好的一致性。

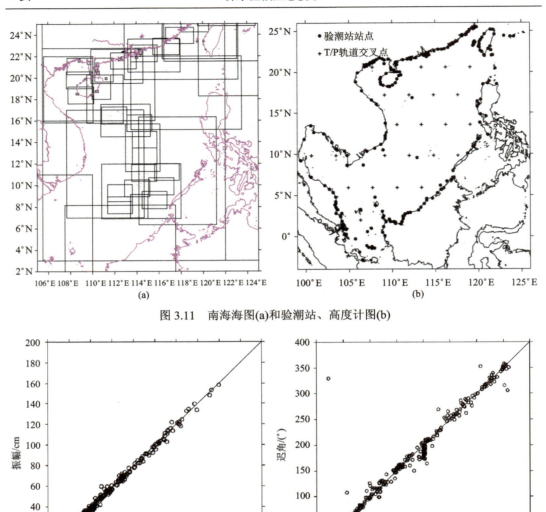

图 3.11 南海海图(a)和验潮站、高度计图(b)

图 3.12 M_2 分潮与地面站点振幅(a)、迟角(b)比较

3.2.2 潮波模式研制

1. 潮波模型

南海地形复杂，岛礁众多，水深变化剧烈，最大水深超过了 5000 m。由于地形影响，南海的潮波系统较为复杂，潮能耗散也较强，同时南海还是内潮多发区，在深水处仅考虑底摩擦耗散不能充分体现潮能耗散的实际情况。故在传统二维潮波方程中加入了内潮耗散项。采用的潮波方程为

$$\frac{\partial \zeta}{\partial t}+\frac{\partial (Hu)}{\partial x}+\frac{\partial (Hv)}{\partial y}=0 \tag{3.1}$$

$$\frac{\partial u}{\partial t}+u\frac{\partial u}{\partial x}+v\frac{\partial u}{\partial y}-fv+g\frac{\partial (\zeta-\bar{\zeta})}{\partial x}+\frac{c_d\sqrt{u^2+v^2}u}{H}-A\left(\frac{\partial^2 u}{\partial x^2}+\frac{\partial^2 u}{\partial y^2}\right)+\frac{1}{2H}\kappa h^2 Nu=0 \tag{3.2}$$

$$\frac{\partial v}{\partial t}+u\frac{\partial v}{\partial x}+v\frac{\partial v}{\partial y}+fu+g\frac{\partial (\zeta-\bar{\zeta})}{\partial y}+\frac{c_d\sqrt{u^2+v^2}v}{H}-A\left(\frac{\partial^2 v}{\partial x^2}+\frac{\partial^2 v}{\partial y^2}\right)+\frac{1}{2H}\kappa h^2 Nv=0 \tag{3.3}$$

式中，t 代表时间；x, y 是 Cartesian 坐标，分别取向东和向北为正；u 和 v 分别代表 x, y 方向的流速分量；ζ 表示未扰动海面以上的水位高度；H 为总水深；g 是重力加速度；$f=2\Omega\sin\varphi$ 是 Coriolis 参数；Ω 为地球自转角速度；φ 为地理纬度；A 为水平涡动黏性系数，大小取为 5000 m²/s；c_d 为底摩擦系数；$\bar{\zeta}$ 为考虑地潮效应调整后的平衡潮高：

$$\bar{\zeta}=\bar{H}\cos\left[\omega t+(p\lambda+\omega S)\right] \tag{3.4}$$

式中，p 为族号，对全日潮 $p=1$，对半日潮 $p=2$；$S=-8\mathrm{h}$ 为北京标准时区号；$\bar{H}$ 为各分潮经地潮校正后的平衡潮振幅，$\bar{H}_{\mathrm{M}_2}=0.168\cos^2\varphi$，$\bar{H}_{\mathrm{S}_2}=0.078\cos^2\varphi$，$\bar{H}_{\mathrm{K}_1}=0.104\sin 2\varphi$，$\bar{H}_{\mathrm{O}_1}=0.070\sin 2\varphi$；$\lambda$ 和 φ 分别为经度和纬度。

$\dfrac{1}{2H}\kappa h^2 N\mathbf{u}$ 为内潮耗散项；κ 为内潮耗散系数；h^2 按下式计算：

$$h_{i,j}^2=(H_{i,j}-H_{i+1,j})^2+(H_{i,j}-H_{i-1,j})^2+(H_{i,j}-H_{i,j+1})^2+(H_{i,j}-H_{i,j-1})^2 \tag{3.5}$$

N 为浮力频率，$N=\sqrt{-\dfrac{g}{\rho_0}\dfrac{\partial\rho}{\partial z}}$，其中的 ρ 由 WOA2001 温盐数据集计算得到，ρ_0 为垂向平均密度。

计算网格采用 Arakawa C 网格(图 3.13)，差分格式采用半隐半显差分格式，在时间上采用交替运算步骤。

图 3.13　Arakawa C 网格点配置图

潮波方程的差分格式如下。

第一步：从时刻 $2n$ 到 $2n+1$

$$\frac{\zeta_{i,j}^{2n+1}-\zeta_{i,j}^{2n}}{\Delta t}+\frac{H_{ui,j}u_{i,j}^{2n}-H_{ui-1,j}u_{i-1,j}^{2n}}{\Delta x}+\frac{H_{vi,j}v_{i,j}^{2n}-H_{vi,j-1}v_{i,j-1}^{2n}}{\Delta y}=0 \tag{3.6}$$

$$\frac{v_{i,j}^{2n+1}-v_{i,j}^{2n}}{\Delta t}+\overline{u}_{i,j}^{2n}\frac{v_{i+1,j}^{2n}-v_{i-1,j}^{2n}}{2\Delta x}+v_{i,j}^{2n}\frac{v_{i,j+1}^{2n}-v_{i,j-1}^{2n}}{2\Delta y}$$
$$+f\overline{u}_{i,j}^{2n}+g\frac{\left(\zeta-\overline{\zeta}\right)_{i,j+1}^{2n+1}-\left(\zeta-\overline{\zeta}\right)_{i,j}^{2n+1}}{\Delta y}$$
$$+\left(\frac{c_{dvi,j}}{H_{vi,j}}s_{i,j}^{2n}+\frac{\kappa_{vi,j}}{2H_{vi,j}}h_{vi,j}^{2}N_{vi,j}\right)\left[\alpha v_{i,j}^{2n+1}+(1-\alpha)v_{i,j}^{2n}\right]$$
$$-A_{vi,j}\left(\frac{v_{i+1,j}^{2n}-2v_{i,j}^{2n}+v_{i-1,j}^{2n}}{\Delta x^{2}}+\frac{v_{i,j+1}^{2n}-2v_{i,j}^{2n}+v_{i,j-1}^{2n}}{\Delta y^{2}}\right)=0 \tag{3.7}$$

$$\frac{u_{i,j}^{2n+1}-u_{i,j}^{2n}}{\Delta t}+u_{i,j}^{2n}\frac{u_{i+1,j}^{2n}-u_{i-1,j}^{2n}}{2\Delta x}+\overline{v}_{i,j}^{2n+1}\frac{u_{i,j+1}^{2n}-u_{i,j-1}^{2n}}{2\Delta y}$$
$$-f\overline{v}_{i,j}^{2n+1}+g\frac{\left(\zeta-\overline{\zeta}\right)_{i+1,j}^{2n+1}-\left(\zeta-\overline{\zeta}\right)_{i,j}^{2n+1}}{\Delta x}$$
$$+\left(\frac{c_{dui,j}}{H_{ui,j}}r_{i,j}^{2n}+\frac{\kappa_{ui,j}}{2H_{ui,j}}h_{ui,j}^{2}N_{ui,j}\right)\left[\alpha u_{i,j}^{2n+1}+(1-\alpha)u_{i,j}^{2n}\right]$$
$$-A_{ui,j}\left(\frac{u_{i+1,j}^{2n}-2u_{i,j}^{2n}+u_{i-1,j}^{2n}}{\Delta x^{2}}+\frac{u_{i,j+1}^{2n}-2u_{i,j}^{2n}+u_{i,j-1}^{2n}}{\Delta y^{2}}\right)=0 \tag{3.8}$$

第二步：从时刻 $2n+1$ 到 $2n+2$

$$\frac{\zeta_{i,j}^{2n+2}-\zeta_{i,j}^{2n+1}}{\Delta t}+\frac{H_{ui,j}u_{i,j}^{2n+1}-H_{ui-1,j}u_{i-1,j}^{2n+1}}{\Delta x}+\frac{H_{vi,j}v_{i,j}^{2n+1}-H_{vi,j-1}v_{i,j-1}^{2n+1}}{\Delta y}=0 \tag{3.9}$$

$$\frac{u_{i,j}^{2n+2}-u_{i,j}^{2n+1}}{\Delta t}+u_{i,j}^{2n+1}\frac{u_{i+1,j}^{2n+1}-u_{i-1,j}^{2n+1}}{2\Delta x}+\overline{v}_{i,j}^{2n+1}\frac{u_{i,j+1}^{2n+1}-u_{i,j-1}^{2n+1}}{2\Delta y}$$
$$-f\overline{v}_{i,j}^{2n+1}+g\frac{\left(\zeta-\overline{\zeta}\right)_{i+1,j}^{2n+2}-\left(\zeta-\overline{\zeta}\right)_{i,j}^{2n+2}}{\Delta x}$$
$$+\left(\frac{c_{dui,j}}{H_{ui,j}}r_{i,j}^{2n+1}+\frac{\kappa_{ui,j}}{2H_{ui,j}}h_{ui,j}^{2}N_{ui,j}\right)\left[\alpha u_{i,j}^{2n+2}+(1-\alpha)u_{i,j}^{2n+1}\right]$$
$$-A_{ui,j}\left(\frac{u_{i+1,j}^{2n+1}-2u_{i,j}^{2n+1}+u_{i-1,j}^{2n+1}}{\Delta x^{2}}+\frac{u_{i,j+1}^{2n+1}-2u_{i,j}^{2n+1}+u_{i,j-1}^{2n+1}}{\Delta y^{2}}\right)=0 \tag{3.10}$$

$$\frac{v_{i,j}^{2n+2} - v_{i,j}^{2n+1}}{\Delta t} + \overline{u}_{i,j}^{2n+2} \frac{v_{i+1,j}^{2n+1} - v_{i-1,j}^{2n+1}}{2\Delta x} + v_{i,j}^{2n+1} \frac{v_{i,j+1}^{2n+1} - v_{i,j-1}^{2n+1}}{2\Delta y}$$

$$+ f\overline{u}_{i,j}^{2n+2} + g\frac{\left(\zeta - \overline{\zeta}\right)_{i,j+1}^{2n+2} - \left(\zeta - \overline{\zeta}\right)_{i,j}^{2n+2}}{\Delta y} \tag{3.11}$$

$$+ \left(\frac{c_{dvi,j}}{H_{vi,j}} s_{i,j}^{2n+1} + \frac{\kappa_{vi,j}}{2H_{vi,j}} h_{vi,j}^2 N_{vi,j}\right)\left[\alpha v_{i,j}^{2n+2} + (1-\alpha)v_{i,j}^{2n+1}\right]$$

$$- A_{vi,j}\left(\frac{v_{i+1,j}^{2n+1} - 2v_{i,j}^{2n+1} + v_{i-1,j}^{2n+1}}{\Delta x^2} + \frac{v_{i,j+1}^{2n+1} - 2v_{i,j}^{2n+1} + v_{i,j-1}^{2n+1}}{\Delta y^2}\right) = 0$$

式中，

$$\overline{u}_{i,j} = \frac{1}{4}\left(u_{i,j} + u_{i,j+1} + u_{i-1,j} + u_{i-1,j+1}\right), \quad s_{i,j} = \sqrt{\left(\overline{u}_{i,j}\right)^2 + \left(v_{i,j}\right)^2},$$

$$\overline{v}_{i,j} = \frac{1}{4}\left(v_{i,j} + v_{i+1,j} + v_{i,j-1} + v_{i+1,j-1}\right), \quad r_{i,j} = \sqrt{\left(u_{i,j}\right)^2 + \left(\overline{v}_{i,j}\right)^2},$$

$$H_{vi,j} = \frac{1}{2}\left(H_{i,j} + H_{i,j+1}\right), \quad h_{vi,j} = \frac{1}{2}\left(h_{i,j} + h_{i,j+1}\right), \quad N_{vi,j} = \frac{1}{2}\left(N_{i,j} + N_{i,j+1}\right),$$

$$c_{dvi,j} = \frac{1}{2}\left(c_{di,j} + c_{di,j+1}\right), \quad A_{vi,j} = \frac{1}{2}\left(A_{i,j} + A_{i,j+1}\right), \quad \kappa_{vi,j} = \frac{1}{2}\left(\kappa_{i,j} + \kappa_{i,j+1}\right),$$

$$H_{ui,j} = \frac{1}{2}\left(H_{i,j} + H_{i+1,j}\right), \quad h_{ui,j} = \frac{1}{2}\left(h_{i,j} + h_{i+1,j}\right), \quad N_{ui,j} = \frac{1}{2}\left(N_{i,j} + N_{i+1,j}\right),$$

$$c_{dui,j} = \frac{1}{2}\left(c_{di,j} + c_{di+1,j}\right), \quad A_{ui,j} = \frac{1}{2}\left(A_{i,j} + A_{i+1,j}\right), \quad \kappa_{ui,j} = \frac{1}{2}\left(\kappa_{i,j} + \kappa_{i+1,j}\right)。$$

2. 伴随方程导出和步骤

利用拉格朗日乘子法来导出伴随方程，首先要构造代价函数：

$$J\left(\zeta\right) = \frac{1}{2}K_\zeta \int \left(\zeta - \zeta_{\text{obs}}\right)^2 \mathrm{d}\sigma \tag{3.12}$$

式中，ζ_{obs} 为观测值；K_ζ 为权重系数，有观测值的点 K_ζ 取为 1，否则取为 0。

然后，再构造拉格朗日函数：

$$L\left(\zeta,u,v,\lambda,\mu,\upsilon\right) = J\left(\zeta\right) + \int \left[\left(\frac{\partial \zeta}{\partial t} + \frac{\partial (Hu)}{\partial x} + \frac{\partial (Hv)}{\partial y}\right)\right.$$

$$+ \mu\left(\frac{\partial u}{\partial t} + u\frac{\partial u}{\partial x} + v\frac{\partial u}{\partial y} - fv + g\frac{\partial \left(\zeta - \overline{\zeta}\right)}{\partial x} + \frac{c_d \sqrt{u^2+v^2}\,u}{H} - A\left(\frac{\partial^2 u}{\partial x^2} + \frac{\partial^2 u}{\partial y^2}\right) + \frac{1}{2H}\kappa h^2 Nu\right)$$

$$+ \upsilon\left(\frac{\partial v}{\partial t} + u\frac{\partial v}{\partial x} + v\frac{\partial v}{\partial y} + fu + g\frac{\partial \left(\zeta - \overline{\zeta}\right)}{\partial y} + \frac{c_d \sqrt{u^2+v^2}\,v}{H} - A\left(\frac{\partial^2 v}{\partial x^2} + \frac{\partial^2 v}{\partial y^2}\right) + \frac{1}{2H}\kappa h^2 Nv\right)\right]\mathrm{d}\sigma$$

$$\tag{3.13}$$

式中，λ,μ,υ 分别为 ζ,u,v 的伴随变量。

为了使代价函数达到最小，我们要求：

$$\frac{\partial L}{\partial \lambda} = 0 , \quad \frac{\partial L}{\partial \mu} = 0 , \quad \frac{\partial L}{\partial \upsilon} = 0 , \tag{3.14}$$

$$\frac{\partial L}{\partial \zeta} = 0 , \quad \frac{\partial L}{\partial u} = 0 , \quad \frac{\partial L}{\partial v} = 0 , \tag{3.15}$$

$$\frac{\partial L}{\partial c_d} = 0 , \quad \frac{\partial L}{\partial \kappa} = 0 \tag{3.16}$$

经过推导，由方程组(3.14)得到的是原来的潮波方程，由方程组(3.15)得到的是伴随方程：

$$\frac{\partial \lambda}{\partial t} + g\frac{\partial \mu}{\partial x} + g\frac{\partial \upsilon}{\partial y} + u\frac{\partial \lambda}{\partial x} + v\frac{\partial \lambda}{\partial y} + \left(\frac{c_d\sqrt{u^2+v^2}}{H^2} + \frac{\kappa h^2 N}{2H^2} \right)(\mu u + \upsilon v) = K_\zeta \left(\zeta - \zeta_{\mathrm{obs}} \right) \tag{3.17}$$

$$\frac{\partial \mu}{\partial t} - \mu\frac{\partial u}{\partial x} - \upsilon\frac{\partial v}{\partial x} + \frac{\partial \mu u}{\partial x} + \frac{\partial \mu v}{\partial y} - \left(f + \frac{c_d uv}{H\sqrt{u^2+v^2}} \right)\upsilon + H\frac{\partial \lambda}{\partial x}$$
$$-\left(c_d\frac{2u^2+v^2}{H\sqrt{u^2+v^2}} + \frac{1}{2H}\kappa h^2 N \right)\mu + A\left(\frac{\partial^2 \mu}{\partial x^2} + \frac{\partial^2 \mu}{\partial y^2} \right) = 0 \tag{3.18}$$

$$\frac{\partial \upsilon}{\partial t} - \mu\frac{\partial u}{\partial y} - \upsilon\frac{\partial v}{\partial y} + \frac{\partial \upsilon u}{\partial x} + \frac{\partial \upsilon v}{\partial y} + \left(f - \frac{c_d uv}{H\sqrt{u^2+v^2}} \right)\mu + H\frac{\partial \lambda}{\partial y}$$
$$-\left(c_d\frac{u^2+2v^2}{H\sqrt{u^2+v^2}} + \frac{1}{2H}\kappa h^2 N \right)\upsilon + A\left(\frac{\partial^2 \upsilon}{\partial x^2} + \frac{\partial^2 \upsilon}{\partial y^2} \right) = 0 \tag{3.19}$$

由方程组(3.16)可得到代价函数关于底摩擦系数 c_d 和内潮耗散系数 κ 的梯度关系式：

$$\frac{\partial J}{\partial c_d} + \int \left[\mu\frac{\sqrt{u^2+v^2}\,u}{H} + \upsilon\frac{\sqrt{u^2+v^2}\,v}{H} \right] \mathrm{d}\sigma = 0 \tag{3.20}$$

$$\frac{\partial J}{\partial \kappa} + \int \left[\frac{1}{2H}h^2 N(\mu u + \upsilon v) \right] \mathrm{d}\sigma = 0 \tag{3.21}$$

式(3.20)和式(3.21)用来校正潮波模型中的底摩擦系数 c_d 和内潮耗散系数 κ：

$$c_{\mathrm{dnew}} = c_{\mathrm{dold}} - \alpha_{c_d}\frac{\partial J}{\partial c_d} \tag{3.22}$$

$$\kappa_{\mathrm{new}} = \kappa_{\mathrm{old}} - \alpha_\kappa\frac{\partial J}{\partial \kappa} \tag{3.23}$$

式中，α 为下降步长。

伴随方程式(3.17)～方程式(3.19)的差分格式与潮波方程式(3.1)和方程式(3.2)类似，只是时间上要反向积分。伴随方程的差分格式如下。

第一步：从时刻 $2n$ 到 $2n-1$

$$\frac{\lambda_{i,j}^{2n} - \lambda_{i,j}^{2n}}{\Delta t} + g\frac{\mu_{i,j}^{2n} - \mu_{i-1,j}^{2n}}{\Delta x} + g\frac{\upsilon_{i,j}^{2n} - \upsilon_{i,j-1}^{2n}}{\Delta y} + u_{i,j}^{2n-1}\frac{\lambda_{i,j}^{2n} - \lambda_{i-1,j}^{2n}}{\Delta x}$$

$$+v_{i,j}^{2n-1}\frac{\lambda_{i,j}^{2n} - \lambda_{i,j-1}^{2n}}{\Delta y} + \left(\frac{c_{dui,j}r_{i,j}^{2n-1}}{H_{ui,j}^2} + \frac{\kappa_{ui,j}h_{ui,j}^2 N_{ui,j}}{2H_{ui,j}^2}\right)\mu_{i,j}^{2n}u_{i,j}^{2n-1} \qquad (3.24)$$

$$+\left(\frac{c_{dvi,j}s_{i,j}^{2n-1}}{H_{vi,j}^2} + \frac{\kappa_{vi,j}h_{vi,j}^2 N_{vi,j}}{2H_{vi,j}^2}\right)\upsilon_{i,j}^{2n}v_{i,j}^{2n-1} = K_\zeta\left(\zeta_{i,j}^{2n} - \zeta_{\text{obs}i,j}^{2n}\right)$$

$$\frac{\upsilon_{i,j}^{2n} - \upsilon_{i,j}^{2n-1}}{\Delta t} - \bar{\mu}_{i,j}^{2n}\frac{u_{i,j+1}^{2n-1} - u_{i,j-1}^{2n-1}}{2\Delta y} - \upsilon_{i,j}^{2n}\frac{v_{i,j+1}^{2n-1} - v_{i,j-1}^{2n-1}}{2\Delta y} + \frac{\upsilon_{i+1,j}^{2n}\bar{u}_{i+1,j}^{2n-1} - \upsilon_{i-1,j}^{2n}\bar{u}_{i-1,j}^{2n-1}}{2\Delta x}$$

$$+\frac{\upsilon_{i,j+1}^{2n}v_{i,j+1}^{2n-1} - \upsilon_{i,j-1}^{2n}v_{i,j-1}^{2n-1}}{2\Delta y} + \left(f - \frac{c_{dvi,j}}{H_{vi,j}}\frac{\bar{u}_{i,j}^{2n-1}v_{i,j}^{2n-1}}{s_{i,j}^{2n-1}}\right)\bar{\mu}_{i,j}^{2n} + H_{vi,j}\frac{\lambda_{i,j+1}^{2n-1} - \lambda_{i,j}^{2n-1}}{\Delta y}$$

$$+A_{vi,j}\left(\frac{\upsilon_{i+1,j}^{2n} - 2\upsilon_{i,j}^{2n} + \upsilon_{i-1,j}^{2n}}{\Delta x^2} + \frac{\upsilon_{i,j+1}^{2n} - 2\upsilon_{i,j}^{2n} + \upsilon_{i,j-1}^{2n}}{\Delta y^2}\right) \qquad (3.25)$$

$$-\left(\frac{c_{dvi,j}}{H_{vi,j}}\frac{e_{i,j}^{2n-1}}{s_{i,j}^{2n-1}} + \frac{\kappa_{vi,j}}{2H_{vi,j}}h_{vi,j}^2 N_{vi,j}\right)\left[\alpha\upsilon_{i,j}^{2n} + (1-\alpha)\upsilon_{i,j}^{2n-1}\right] = 0$$

$$\frac{\mu_{i,j}^{2n} - \mu_{i,j}^{2n-1}}{\Delta t} - \mu_{i,j}^{2n}\frac{u_{i+1,j}^{2n-1} - u_{i-1,j}^{2n-1}}{2\Delta x} - \bar{\upsilon}_{i,j}^{2n-1}\frac{v_{i+1,j}^{2n-1} - v_{i-1,j}^{2n-1}}{2\Delta x} + \frac{\mu_{i+1,j}^{2n}u_{i+1,j}^{2n-1} - \mu_{i-1,j}^{2n}u_{i-1,j}^{2n-1}}{2\Delta x}$$

$$+\frac{\mu_{i,j+1}^{2n}\bar{v}_{i,j+1}^{2n-1} - \mu_{i,j-1}^{2n}\bar{v}_{i,j-1}^{2n-1}}{2\Delta y} - \left(f + \frac{c_{dui,j}}{H_{ui,j}}\frac{u_{i,j}^{2n-1}\bar{v}_{i,j}^{2n-1}}{r_{i,j}^{2n-1}}\right)\bar{\upsilon}_{i,j}^{2n-1} + H_{ui,j}\frac{\lambda_{i+1,j}^{2n-1} - \lambda_{i,j}^{2n-1}}{\Delta x}$$

$$+A_{ui,j}\left(\frac{\mu_{i+1,j}^{2n} - 2\mu_{i,j}^{2n} + \mu_{i-1,j}^{2n}}{\Delta x^2} + \frac{\mu_{i,j+1}^{2n} - 2\mu_{i,j}^{2n} + \mu_{i,j-1}^{2n}}{\Delta y^2}\right) \qquad (3.26)$$

$$-\left(\frac{c_{dui,j}}{H_{ui,j}}\frac{d_{i,j}^{2n-1}}{r_{i,j}^{2n-1}} + \frac{\kappa_{ui,j}}{2H_{ui,j}}h_{ui,j}^2 N_{ui,j}\right)\left[\alpha\mu_{i,j}^{2n} + (1-\alpha)\mu_{i,j}^{2n-1}\right] = 0$$

第二步：从时刻 $2n-1$ 到 $2n-2$

$$\frac{\lambda_{i,j}^{2n-1} - \lambda_{i,j}^{2n-2}}{\Delta t} + g\frac{\mu_{i,j}^{2n-1} - \mu_{i-1,j}^{2n-1}}{\Delta x} + g\frac{\upsilon_{i,j}^{2n-1} - \upsilon_{i,j-1}^{2n-1}}{\Delta y} + u_{i,j}^{2n-1}\frac{\lambda_{i,j}^{2n-1} - \lambda_{i-1,j}^{2n-1}}{\Delta x}$$

$$+v_{i,j}^{2n-1}\frac{\lambda_{i,j}^{2n-1} - \lambda_{i,j-1}^{2n-1}}{\Delta y} + \left(\frac{c_{dui,j}r_{i,j}^{2n-2}}{H_{ui,j}^2} + \frac{\kappa_{ui,j}h_{ui,j}^2 N_{ui,j}}{2H_{ui,j}^2}\right)\mu_{i,j}^{2n-1}u_{i,j}^{2n-2} \qquad (3.27)$$

$$+\left(\frac{c_{dvi,j}s_{i,j}^{2n-2}}{H_{vi,j}^2} + \frac{\kappa_{vi,j}h_{vi,j}^2 N_{vi,j}}{2H_{vi,j}^2}\right)\upsilon_{i,j}^{2n-1}v_{i,j}^{2n-2} = K_\zeta\left(\zeta_{i,j}^{2n-1} - \zeta_{\text{obs}i,j}^{2n-1}\right)$$

$$\frac{\mu_{i,j}^{2n-1}-\mu_{i,j}^{2n-2}}{\Delta t}-\mu_{i,j}^{2n-1}\frac{u_{i+1,j}^{2n-2}-u_{i-1,j}^{2n-2}}{2\Delta x}-\bar{v}_{i,j}^{2n-1}\frac{v_{i+1,j}^{2n-2}-v_{i-1,j}^{2n-2}}{2\Delta x}+\frac{\mu_{i+1,j}^{2n-1}u_{i+1,j}^{2n-2}-\mu_{i-1,j}^{2n-1}u_{i-1,j}^{2n-2}}{2\Delta x}$$

$$+\frac{\mu_{i,j+1}^{2n-1}\bar{v}_{i,j+1}^{2n-2}-\mu_{i,j-1}^{2n-1}\bar{v}_{i,j-1}^{2n-2}}{2\Delta y}-\left(f+\frac{c_{dui,j}}{H_{ui,j}}\frac{u_{i,j}^{2n-2}\bar{v}_{i,j}^{2n-2}}{r_{i,j}^{2n-2}}\right)\bar{v}_{i,j}^{2n-1}+H_{ui,j}\frac{\lambda_{i+1,j}^{2n-2}-\lambda_{i,j}^{2n-2}}{\Delta x}$$

$$+A_{ui,j}\left(\frac{\mu_{i+1,j}^{2n-1}-2\mu_{i,j}^{2n-1}+\mu_{i-1,j}^{2n-1}}{\Delta x^2}+\frac{\mu_{i,j+1}^{2n-1}-2\mu_{i,j}^{2n-1}+\mu_{i,j-1}^{2n-1}}{\Delta y^2}\right) \tag{3.28}$$

$$-\left(\frac{c_{dui,j}}{H_{ui,j}}\frac{d_{i,j}^{2n-2}}{r_{i,j}^{2n-2}}+\frac{\kappa_{ui,j}}{2H_{ui,j}}h_{ui,j}^2 N_{ui,j}\right)\left[\alpha\mu_{i,j}^{2n-1}+(1-\alpha)\mu_{i,j}^{2n-2}\right]=0$$

$$\frac{\upsilon_{i,j}^{2n-1}-\upsilon_{i,j}^{2n-2}}{\Delta t}-\bar{\mu}_{i,j}^{2n-2}\frac{u_{i,j+1}^{2n-2}-u_{i,j-1}^{2n-2}}{2\Delta y}-\upsilon_{i,j}^{2n-1}\frac{v_{i,j+1}^{2n-2}-v_{i,j-1}^{2n-2}}{2\Delta y}+\frac{\upsilon_{i+1,j}^{2n-1}\bar{u}_{i+1,j}^{2n-2}-\upsilon_{i-1,j}^{2n-1}\bar{u}_{i-1,j}^{2n-2}}{2\Delta x}$$

$$+\frac{\upsilon_{i,j+1}^{2n-1}v_{i,j+1}^{2n-2}-\upsilon_{i,j-1}^{2n-1}v_{i,j-1}^{2n-2}}{2\Delta y}+\left(f-\frac{c_{dvi,j}}{H_{vi,j}}\frac{\bar{u}_{i,j}^{2n-2}v_{i,j}^{2n-2}}{s_{i,j}^{2n-2}}\right)\bar{\mu}_{i,j}^{2n-2}x+H_{ui,j}\frac{\lambda_{i+1,j}^{2n-2}-\lambda_{i,j}^{2n-2}}{\Delta x}$$

$$+A_{vi,j}\left(\frac{\upsilon_{i+1,j}^{2n-1}-2\upsilon_{i,j}^{2n-1}+\upsilon_{i-1,j}^{2n-1}}{\Delta x^2}+\frac{\upsilon_{i,j+1}^{2n-1}-2\upsilon_{i,j}^{2n-1}+\upsilon_{i,j-1}^{2n-4}}{\Delta y^2}\right) \tag{3.29}$$

$$-\left(\frac{c_{dvi,j}}{H_{vi,j}}\frac{e_{i,j}^{2n-2}}{s_{i,j}^{2n-2}}+\frac{\kappa_{vi,j}}{2H_{vi,j}}h_{vi,j}^2 N_{vi,j}\right)\left[\alpha\upsilon_{i,j}^{2n-1}+(1-\alpha)\upsilon_{i,j}^{2n-2}\right]=0$$

式中

$$\bar{\mu}_{i,j}=\frac{1}{4}\left(\mu_{i,j}+\mu_{i,j+1}+\mu_{i-1,j}+\mu_{i-1,j+1}\right),\quad e_{i,j}=\left(\bar{u}_{i,j}\right)^2+2\left(v_{i,j}\right)^2$$

$$\bar{\upsilon}_{i,j}=\frac{1}{4}\left(\upsilon_{i,j}+\upsilon_{i+1,j}+\upsilon_{i,j-1}+\upsilon_{i+1,j-1}\right),\quad d_{i,j}=2\left(u_{i,j}\right)^2+\left(\bar{v}_{i,j}\right)^2$$

3. 同化试验

南海北部陆架区、北部湾、泰国湾及陆架区水深较浅，大都在 200 m 以内，南海中央海盆水深较大，最深可达 5000 m 以上。考虑开边界条件设置的合理性，计算区域范围为 99°~126°E、4°~26°N。

初始条件为 $t=0$ 时，$\zeta=u=v=0$。

闭边界条件为法向速度为零，即 $\vec{V}_n=0$。

开边界处给定水位，计算公式为

$$\zeta=\sum_{i=1}^{4}H_i\cos(\omega_i t-g_i)$$

式中，i 取 1~4，分别代表 M$_2$、S$_2$、K$_1$ 和 O$_1$ 分潮；H_i 和 g_i 分别代表开边界处分潮的振幅和迟角（北京时）；ω_i 为分潮的角频率。开边界上的调和常数一般由全球大洋潮汐模式插值得到，选取丹麦科技大学的 DTU10 模式来计算我们的开边界条件。

通过数值试验对比分析（ETOPO2、ETOPO5、GEBCO 和 DUT10 模式水深），研究区域地形资料最终选取 ETOPO2 结合当地海图水深资料得到。

M_2、S_2、K_1、O_1 4 个分潮的周期分别为

$$T_{M_2}=12.4206\,\text{h},\qquad T_{S_2}=12.0000\,\text{h}$$
$$T_{K_1}=23.9345\,\text{h},\qquad T_{O_1}=25.8193\,\text{h}$$

各分潮的角频率根据公式 $\omega=2\pi/T$ 得出。

采用了 63 个验潮站和 24 个 T/P 卫星高度计轨道交叉点处的调和常数作为观测值，利用伴随同化方法，对南海潮波进行伴随同化数值模拟。潮波模式中需要优化的参数为底摩擦系数和内潮耗散系数，底摩擦系数的初始值取为 0.0025。

在内潮耗散项 $\dfrac{1}{2H}\kappa h^2 N\mathbf{u}$ 中，κ 为内潮耗散系数，初始值取为 $2\pi/10^6$。

N 为浮力频率，$N=\sqrt{-\dfrac{g}{\rho_0}\dfrac{\partial\rho}{\partial z}}$，其中的 ρ 由 WOA2001 温盐数据集计算得到；ρ_0 为垂向平均密度；$\dfrac{\partial\rho}{\partial z}$ 取从海底往上数 5 层的垂向平均值。

利用伴随同化方法，需要优化的参数是底摩擦系数和内潮耗散系数。在同化模拟过程中，是同时优化两个参数还是只优化其中一种参数，还是先优化一种参数再优化另一种参数，才能使得模拟结果与观测值最接近，设计了 7 组数值实验来进行对比分析，见表 3.3。

表 3.3　实验方案设置

项目	内潮耗散项	κ	C_d	优化方式
实验 1	无	无	常数	无
实验 2	有	常数	常数	无
实验 3	有	常数	优化	只优化 C_d
实验 4	有	优化	常数	只优化 κ
实验 5	有	优化	优化	同时优化 C_d 和 κ
实验 6	有	优化	优化	先优化 C_d，再优化 κ
实验 7	有	优化	优化	先优化 κ，再优化 C_d

注：κ：内潮耗散系数；C_d：底摩擦系数。

由于设计了 7 个实验，实验较多，除了实验 1 和实验 2 未进行同化，耗费机时较短外，另外 5 个实验均采用了伴随同化方法，耗费机时较长，故首先针对 M_2 分潮来进行 7 个实验数值模拟结果的对比。表 3.2 给出了 7 个实验模拟结果与验潮站和 T/P 卫星轨道交叉点处调和常数的对比，实验 1~7 的模拟结果与观测值的均方根偏差分别为　29.78 cm、24.08 cm、12.64 cm、12.56 cm、10.19 cm、10.63 cm 和 10.15 cm。由此可以得到如下结论：

(1) 加了内潮耗散项 (实验 2~实验 7) 模拟结果要优于未加内潮耗散项 (实验 1) 的模拟结果；

(2) 加了内潮耗散项且对内潮耗散系数进行优化 (实验 4~实验 7) 的模拟结果优于加了内潮耗散项但未对内潮耗散系数进行优化 (实验 2~实验 3) 的模拟结果；

(3)进行同化(实验 3~实验 7)的模拟结果明显优于未进行同化(实验 1~实验 2)的模拟结果;

(4)对内潮耗散系数和底摩擦系数都进行优化(实验 5~实验 7)的结果要优于单独优化其中一种参数(实验 3~实验 4)的结果。

总体而言,先优化内潮耗散系数再优化底摩擦系数(实验 7)结果最优。

表 3.4　各实验与验潮站和 T/P 卫星轨道交叉点调和常数的偏差对比

	项目	实验 1	实验 2	实验 3	实验 4	实验 5	实验 6	实验 7
M_2	振幅绝均差/cm	15.77	13.57	7.60	5.07	4.24	4.51	4.33
	迟角绝均差/(°)	23.66	17.41	11.35	13.98	10.53	9.83	10.46
	均方根偏差/cm	29.78	24.08	12.64	12.56	10.19	10.63	10.15
	拟合程度/%	63.04	75.82	93.34	93.43	95.68	95.29	95.70

表 3.5 和表 3.6 分别列出了实验 1~7 与验潮站处调和常数的振幅差和迟角差,表 3.5 和表 3.6 分别列出了实验 1~7 与 T/P 轨道交叉点处调和常数的振幅差和迟角差。表中的站号 1~63 为 63 个验潮站站点位置。站号 64~87 分别对应 24 个 T/P 轨道交叉点位置。这里只分析实验 7 的结果。实验 7 模拟结果与验潮站调和常数的振幅差绝对值大于 10 cm 的有 2(诏安湾)、25(加茂河外)、32(曼谷沙洲)、34(万伦)、35(宋卡)和 63(台中)号站,迟角差绝对值大于 30°的有 15(鸿基)、26(竹岛)、27(河山)、29(戈公岛)、32(曼谷沙洲)和 33(巴蜀)号站,这些差值较大的点基本都集中在泰国湾,尤其是泰国湾湾顶的 32 号站点,模拟的振幅和迟角与观测相差都很大。实验 7 模拟结果与 T/P 卫星轨道交叉点处调和常数的振幅差绝对值大于 10 cm 的只有 65 号站点,迟角差绝对值大于 10°的有 66、68、69 和 71 号站点,这些站点基本都位于巽他陆架浅水区。图 3.14~图 3.17 分别给出了实验 1~7 模拟得到的同潮图,由图可见误差相近的实验同潮图也类似。

表 3.5　各实验与验潮站调和常数的振幅差　(单位:cm)

站号	观测值	实验 1	实验 2	实验 3	实验 4	实验 5	实验 6	实验 7
1	184.00	12.66	4.77	−5.91	−8.98	−9.39	−5.13	−9.08
2	76.00	2.32	−5.27	−13.24	−15.24	−14.06	−12.45	−14.28
3	41.00	17.07	9.73	0.08	−1.27	0.04	0.57	−0.05
4	28.00	11.63	10.93	5.56	0.02	−0.59	1.62	−0.42
5	37.00	5.18	4.67	−0.49	−6.19	−6.73	−4.61	−6.49
6	38.00	15.45	14.96	9.37	2.27	2.01	4.08	2.52
7	68.00	17.43	16.22	6.35	−4.02	−5.09	−3.57	−4.27
8	78.00	21.08	19.66	8.30	−3.57	−4.92	−3.39	−3.86
9	20.00	16.44	14.47	8.06	5.40	3.85	4.46	4.12
10	18.00	12.14	11.04	7.32	2.48	2.19	2.56	2.35
11	18.00	10.56	9.09	2.66	0.44	−0.75	−1.30	−0.59
12	24.00	25.16	22.38	7.86	7.40	3.93	2.20	4.26

站号	观测值	实验 1	实验 2	实验 3	实验 4	实验 5	实验 6	实验 7
13	44.00	37.39	33.39	9.48	8.45	3.25	0.86	3.35
14	18.00	18.87	17.41	8.21	6.03	4.51	4.08	4.27
15	6.00	5.31	4.40	6.42	1.06	1.95	3.04	2.14
16	30.00	28.81	25.33	7.67	7.70	3.06	0.86	3.66
17	18.00	24.02	21.88	9.21	9.24	6.16	4.70	6.37
18	18.00	10.53	9.39	4.27	0.68	0.05	0.18	−0.04
19	17.00	9.15	8.08	5.51	0.10	0.26	0.94	0.24
20	18.00	9.82	8.46	6.32	0.35	0.16	0.91	0.45
21	18.00	10.71	9.21	7.38	0.72	0.53	1.54	0.85
22	18.00	11.53	9.87	8.38	0.97	0.82	2.17	1.13
23	79.00	43.45	35.65	9.92	1.38	−2.79	−6.48	−3.07
24	79.00	43.71	36.47	4.10	4.38	−1.15	−9.28	−1.37
25	15.00	25.92	24.01	10.00	14.25	11.05	6.85	10.96
26	11.00	22.01	21.41	4.03	15.98	8.57	3.59	8.76
27	10.00	19.41	18.93	2.29	14.49	7.54	2.23	7.76
28	7.00	−0.01	0.14	1.27	−1.43	−3.56	−0.37	−3.68
29	12.00	16.93	15.71	6.54	8.26	2.97	3.45	2.79
30	15.00	27.58	25.41	13.03	14.07	8.06	8.24	7.84
31	24.00	4.23	2.47	−2.39	−6.10	−6.38	−6.04	−6.47
32	55.00	−5.14	−7.06	−32.65	−17.29	−31.78	−34.77	−32.23
33	6.00	19.71	18.43	12.54	11.98	9.43	9.51	9.31
34	18.00	−15.67	−16.15	−12.24	−13.74	−16.31	−14.04	−16.04
35	23.00	50.40	47.19	23.82	29.63	17.40	16.65	17.13
36	18.00	19.83	18.33	7.34	9.79	3.19	3.28	3.12
37	27.00	13.84	11.46	5.79	−0.05	−2.52	−0.49	−2.38
38	55.00	39.30	33.39	12.19	8.08	5.47	0.79	5.81
39	58.00	35.80	29.92	7.87	5.33	3.74	−2.84	4.02
40	18.00	3.47	2.07	−4.60	−3.43	−3.56	−6.42	−3.58
41	9.00	16.88	15.19	13.75	8.05	7.49	8.70	7.63
42	21.00	8.25	6.42	2.99	−1.26	−1.19	−1.74	−0.95
43	49.00	17.27	13.13	3.90	−4.45	−3.61	−5.98	−3.13
44	91.00	42.20	34.00	12.89	−0.50	2.89	−5.15	3.87
45	149.00	48.79	38.63	18.65	−5.68	7.64	−7.93	9.15
46	171.00	34.31	23.88	4.88	−21.77	−7.44	−22.88	−6.42
47	110.00	16.44	8.65	−11.65	−23.83	−19.14	−28.42	−18.45
48	37.00	19.90	15.80	12.81	−1.22	−0.47	1.33	−0.01

续表

站号	观测值	实验 1	实验 2	实验 3	实验 4	实验 5	实验 6	实验 7
49	15.00	13.99	12.57	15.46	4.22	3.45	7.87	3.87
50	27.00	12.17	10.58	10.55	0.26	−0.08	2.25	0.38
51	23.00	13.54	12.15	11.58	2.83	2.55	4.20	2.97
52	24.00	15.32	11.78	11.08	1.82	0.98	1.72	1.83
53	21.00	9.00	8.30	5.75	1.86	1.69	1.50	1.96
54	24.00	14.20	11.46	9.14	3.40	2.76	2.78	3.38
55	20.00	4.61	3.99	1.23	−0.85	−1.06	−1.55	−0.87
56	17.00	5.85	5.48	2.68	1.11	0.93	0.38	1.08
57	12.00	7.40	7.30	4.48	3.77	3.61	2.99	3.71
58	8.00	4.91	5.45	2.85	3.88	3.72	3.29	3.71
59	18.00	9.81	8.51	7.57	0.80	0.64	1.76	0.96
60	87.00	9.57	4.54	−11.51	−7.47	−9.10	−11.36	−7.99
61	15.00	12.40	11.03	8.92	2.09	1.83	4.67	1.74
62	60.00	27.98	22.18	4.63	4.53	3.73	3.36	3.79
63	148.00	46.47	40.40	18.44	18.17	15.99	16.80	16.81

表 3.6 各实验与验潮站调和常数的迟角差 [单位：(°)]

站号	观测值	实验 1	实验 2	实验 3	实验 4	实验 5	实验 6	实验 7
1	352.00	−17.23	−15.24	−0.17	1.28	1.17	3.60	1.20
2	14.00	−28.62	−26.09	−0.72	2.75	2.65	6.43	2.98
3	22.00	−41.70	−39.86	−9.88	−4.98	−4.69	−0.02	−3.88
4	255.00	17.77	8.17	−2.96	−12.30	−11.60	−12.75	−11.38
5	252.00	22.68	13.38	3.70	−5.58	−4.95	−5.82	−4.56
6	265.00	16.94	8.03	0.48	−9.20	−8.74	−8.96	−8.17
7	294.00	13.30	4.72	2.93	−9.78	−7.93	−6.40	−6.50
8	312.00	8.30	-0.20	0.09	−14.57	−11.62	−9.54	−10.02
9	264.00	10.90	4.51	16.78	0.85	5.16	8.89	8.98
10	310.00	10.81	1.82	−1.59	−11.27	−11.14	−9.48	−10.11
11	61.00	35.28	25.20	22.25	10.53	10.17	12.66	11.48
12	150.00	44.02	34.15	29.06	22.09	19.79	20.67	21.95
13	177.00	37.36	26.86	22.02	11.62	10.44	11.50	12.04
14	179.00	39.42	29.18	16.16	14.88	9.38	7.75	11.44
15	144.00	−40.66	−48.06	−29.38	−61.45	−47.09	−37.43	−48.34
16	31.00	30.65	20.66	22.37	7.27	8.01	11.63	9.90

续表

站号	观测值	实验 1	实验 2	实验 3	实验 4	实验 5	实验 6	实验 7
17	41.00	10.29	0.24	−5.80	−12.72	−15.32	−14.73	−13.20
18	351.00	26.73	17.16	4.58	4.47	−0.55	−1.83	1.01
19	330.00	21.29	12.19	3.54	−0.72	−3.42	−2.97	−2.48
20	321.00	8.14	−0.51	−1.00	−13.04	−12.60	−7.65	−12.05
21	321.00	11.39	2.97	2.76	−8.94	−8.67	−3.24	−8.14
22	329.00	6.83	−1.62	−2.18	−13.43	−13.39	−7.85	−12.89
23	63.00	15.14	7.20	2.03	−0.26	−2.69	−1.21	−2.21
24	81.00	23.07	14.96	10.82	5.97	4.66	7.55	5.00
25	97.00	44.89	35.94	32.55	23.63	25.08	27.34	25.34
26	135.00	58.21	46.16	9.29	28.71	43.75	9.26	44.33
27	119.00	87.27	74.58	29.26	56.14	74.80	31.49	75.29
28	29.00	51.49	45.42	21.02	42.55	7.97	19.65	10.35
29	51.00	56.14	46.83	39.92	34.47	29.68	34.46	30.92
30	125.00	4.12	−5.06	−6.57	−17.56	−18.01	−11.88	−16.85
31	159.00	25.39	16.89	9.18	7.54	0.34	5.04	1.19
32	170.00	123.61	115.28	113.05	105.39	101.03	107.82	101.98
33	168.00	−17.36	−26.25	−16.34	−40.31	−32.29	−22.29	−31.18
34	358.00	110.23	126.66	−22.39	160.62	1.04	−33.62	2.61
35	321.00	9.31	0.31	−0.67	−11.63	−9.77	−5.58	−8.77
36	261.00	42.55	34.46	17.51	27.15	21.72	16.40	22.42
37	243.00	14.33	6.48	−7.87	0.43	−0.10	−8.65	0.58
38	270.00	6.52	−1.45	−11.81	−8.84	−3.91	−12.22	−3.61
39	274.00	10.34	2.63	−8.39	−4.25	0.25	−8.19	0.41
40	267.00	−3.74	−10.86	−24.62	−16.57	−13.95	−22.09	−13.78
41	85.00	18.35	11.49	−9.68	8.97	13.49	−6.75	13.20
42	117.00	8.33	0.73	−15.95	−4.49	2.14	−14.87	1.79
43	109.00	6.73	−0.64	−12.79	−6.46	−1.22	−12.32	−1.48
44	117.00	7.85	0.20	−3.99	−7.42	−4.49	−5.71	−4.56
45	131.00	30.74	21.91	3.74	7.37	−3.25	−0.87	−2.82
46	143.00	21.78	12.80	0.11	−2.29	−5.07	−5.55	−4.51
47	114.00	10.05	2.54	−1.15	−4.44	−1.34	−2.37	−1.64
48	93.00	5.58	−1.81	−17.43	−5.53	1.31	−15.42	0.63
49	341.00	8.00	−0.07	3.41	−14.49	−15.95	−2.26	−15.32
50	322.00	15.14	7.89	10.36	−4.61	−4.96	4.62	−4.56
51	314.00	19.07	12.10	14.30	0.29	0.16	8.89	0.50

站号	观测值	实验1	实验2	实验3	实验4	实验5	实验6	实验7
52	314.00	−4.80	−10.01	−10.26	−15.11	−15.21	−10.27	−14.95
53	304.00	15.51	8.98	9.65	−0.41	0.20	4.99	0.55
54	303.00	3.50	0.00	−1.45	−3.53	−3.42	−1.84	−2.84
55	290.00	20.55	13.38	12.17	2.51	3.24	4.90	3.77
56	287.00	23.42	15.94	14.62	4.79	5.57	6.93	6.13
57	263.00	45.04	37.04	34.95	25.56	26.45	26.49	27.11
58	264.00	31.17	22.84	16.17	12.32	13.38	8.16	14.23
59	319.00	14.70	6.67	7.89	−5.55	−5.54	2.37	−5.05
60	326.00	−18.66	−16.53	−1.24	4.01	3.26	3.26	4.36
61	236.00	−8.25	−11.53	−18.63	−14.51	−14.02	−15.14	−14.49
62	312.00	−22.27	−20.13	−8.23	2.22	1.02	−2.10	2.46
63	327.00	−14.12	−13.17	−4.85	−2.28	−2.15	−1.83	−1.55

表 3.7　各实验与 T/P 卫星轨道交叉点调和常数的振幅差　　　　（单位：cm）

站号	观测值	实验1	实验2	实验3	实验4	实验5	实验6	实验7
64	14.70	9.54	8.07	1.69	2.32	2.70	−0.54	2.62
65	60.10	41.94	35.63	18.70	8.97	10.38	4.86	11.16
66	13.70	5.53	4.36	3.12	−1.62	−3.15	−0.35	−3.13
67	16.80	10.30	8.38	7.18	0.40	−0.71	1.53	−0.73
68	14.90	8.94	7.30	9.72	−0.35	−0.79	3.27	−0.50
69	17.60	10.96	9.63	10.03	1.66	1.37	3.57	1.72
70	10.70	−3.58	−4.10	−4.46	−6.70	−6.04	−5.68	−6.01
71	5.80	−4.31	−3.79	−1.12	−3.53	−5.39	−2.19	−5.49
72	17.60	11.56	9.43	9.76	−0.45	0.01	3.01	−0.09
73	18.10	9.37	8.06	7.11	0.31	0.15	1.35	0.47
74	18.90	9.45	8.35	6.91	1.09	0.92	1.61	1.23
75	20.10	8.77	7.91	5.94	1.24	1.07	1.21	1.36
76	17.40	9.77	8.53	6.42	0.81	0.63	1.26	0.92
77	16.70	8.93	7.99	5.66	1.30	1.13	1.34	1.38
78	16.70	7.30	6.68	4.08	1.12	0.94	0.76	1.14
79	16.90	7.02	6.45	3.70	1.51	1.32	0.87	1.50
80	18.70	9.19	8.00	4.89	−0.40	−0.41	0.12	−0.37
81	16.50	9.44	8.65	5.52	1.75	1.51	1.66	1.69
82	15.30	6.15	5.80	2.85	0.64	0.39	0.38	0.52
83	12.80	3.89	3.96	1.28	0.54	0.31	0.16	0.38
84	14.30	5.24	4.57	1.58	−1.51	−1.51	−1.18	−1.74
85	30.40	12.39	11.88	6.61	1.55	1.04	1.96	1.35
86	14.60	5.22	5.32	2.72	0.65	0.29	1.34	0.32
87	17.80	−2.06	−1.74	−1.89	−4.93	−5.37	−2.97	−5.29

表 3.8　各实验与 T/P 卫星轨道交叉点调和常数的迟角差　[单位：(°)]

站号	观测值	实验 1	实验 2	实验 3	实验 4	实验 5	实验 6	实验 7
64	268.00	18.96	12.51	−2.09	8.32	8.70	1.42	8.45
65	112.00	17.71	9.88	3.92	1.85	5.99	1.96	5.90
66	214.00	1.34	−6.77	−12.83	−14.99	−14.23	−14.91	−12.80
67	66.00	17.45	10.75	−10.25	8.39	7.27	−7.94	7.40
68	351.00	7.45	−1.00	−1.15	−13.46	−14.38	−5.32	−14.10
69	329.00	10.29	2.56	4.82	−10.13	−10.62	−0.30	−10.16
70	341.00	32.59	23.08	4.87	13.82	4.93	0.84	5.70
71	17.00	72.01	69.22	17.21	74.50	−25.25	19.47	−14.91
72	341.00	13.99	5.69	2.88	−5.05	−6.15	−1.49	−5.70
73	321.00	13.85	5.58	6.40	−6.82	−6.78	0.44	−6.29
74	311.00	17.53	10.04	11.36	−1.43	−1.26	6.30	−0.80
75	307.00	15.86	8.71	9.81	−2.37	−2.03	4.31	−1.58
76	313.00	14.72	6.09	5.74	−6.57	−6.15	−1.17	−5.58
77	304.00	18.18	9.78	9.56	−2.81	−2.28	2.03	−1.69
78	300.00	16.09	8.02	7.45	−4.19	−3.51	−0.64	−2.92
79	295.00	16.52	9.13	8.03	−2.01	−1.25	0.60	−0.71
80	320.00	19.71	10.58	4.71	−2.59	−3.93	−2.67	−2.94
81	296.00	19.13	10.13	7.48	−3.60	−2.96	−1.33	−2.16
82	286.00	19.21	10.17	6.72	−3.67	−2.83	−3.03	−2.07
83	273.00	23.66	14.78	9.68	1.88	2.82	−0.18	3.59
84	156.00	37.12	27.26	11.60	12.85	6.57	4.96	7.87
85	279.00	17.48	8.73	4.17	−6.26	−5.28	−5.12	−4.19
86	251.00	22.43	14.06	5.10	−0.28	0.45	−2.76	0.99
87	208.00	17.90	13.33	2.74	3.92	3.98	1.98	3.91

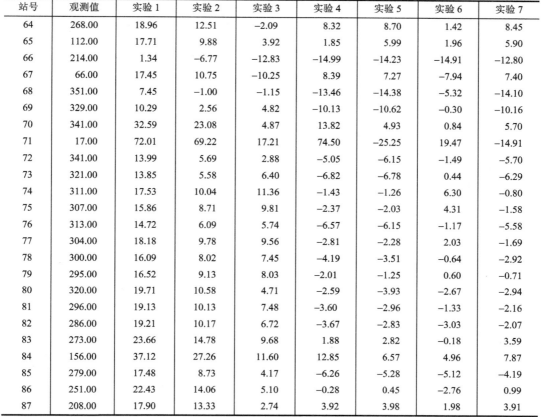

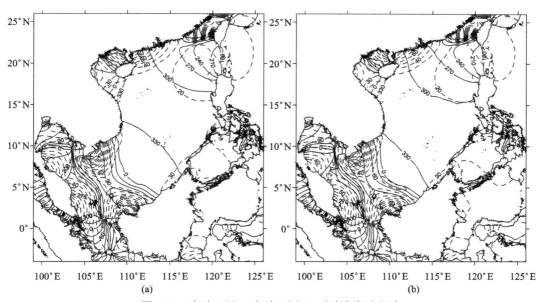

图 3.14　实验 1(a)、实验 2(b)M$_2$ 分潮振幅和迟角

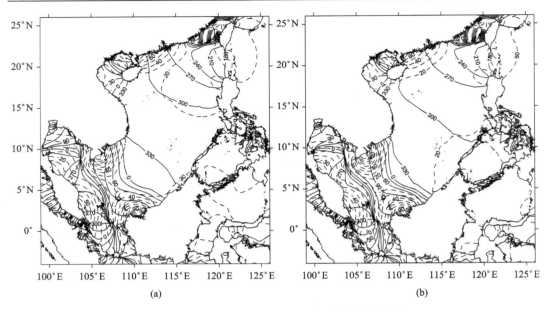

图 3.15 实验 3(a)、实验 4(b)M₂分潮振幅和迟角

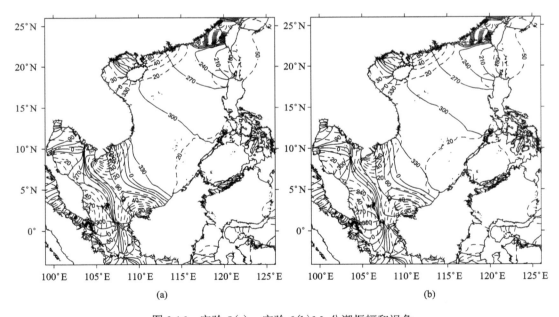

图 3.16 实验 5(a)、实验 6(b)M₂分潮振幅和迟角

4. 南海主要分潮调和常数

基于建立的南海潮波数值模式,利用反演得到的关键常数,采用 Nudging 同化方法,模拟了南海 8 个主要分潮,并通过调和分析得到了主要分潮的调和常数,见图 3.18~图 3.25。总体而言,模拟结果与 Fang 等(1999)的结果基本一致。

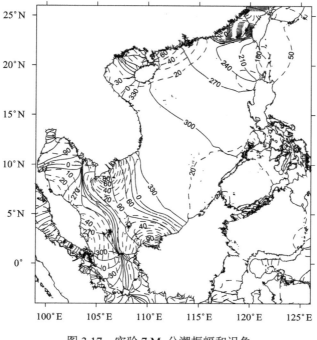

图 3.17　实验 7 M_2 分潮振幅和迟角

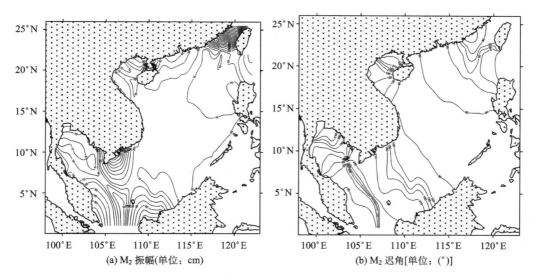

(a) M_2 振幅(单位：cm)　　　　　　　　(b) M_2 迟角[单位：(°)]

图 3.18　南海潮汐 M2 分潮同潮图

对于 M_2 分潮，潮波经吕宋海峡传入南海，部分潮波向北转入台湾海峡，大部向南海内部传播。在传播过程中，又有部分潮波转向西北进入北部湾，其主要部分则继续向西南传播，到达越南西南部附近海域时，部分潮波转向进入泰国湾，其余部分往南向異他陆架海域传播。M_2 分潮潮波进入台湾海峡后与来自东海的潮波相遇，此处的等振幅线非常密集，这是由于来自东海的 M_2 分潮振幅远大于来自南海的 M_2 分潮振幅，在台湾海峡西北口的振幅最大超过了 2 m。M_2 分潮在南海北部广东沿岸最大振幅出现在湛江附近，可达 0.8 m。在北部湾传播过程中，M_2 分潮同潮时线的走向基本与湾轴垂直，在湾内有一个退化了的无潮点，北部湾内 M_2 分潮的振幅很小，最大在湾顶才 0.4 m 左右。M_2 分潮在南海中部海域表现为驻波，同潮时线稀疏，振幅很小，基本在 0.2 m 以内。M_2 分潮在泰国湾存在两个潮波系统：一个无潮点位于泰国湾的顶端，同潮时线绕无潮点做逆时针方向旋转；另一个无潮点位于泰国湾湾口，呈顺时针旋转。湾口顺时针旋转的无潮点的位置与 Fang 等（1999）给出的类似，湾内逆时针旋转的无潮点的位置与 Fang 等（1999）给出的要靠南一些。M_2 分潮在泰国湾北口的振幅较大，在 1 m 左右。M_2 分潮在南海南部巽他陆架海域的潮波系统非常复杂。在该海区出现了两个小的旋转潮波系统。加里曼丹岛西北部达土角附近振幅较大，在 1.4 m 以上。

在南海大部分海区，S_2 分潮的分布与 M_2 分潮大体一致，只是振幅较 M_2 分潮要小很多。在南海南部大纳土纳岛附近是否存在一个 S_2 分潮的无潮点存在争议。在大纳土纳岛附近存在两个小的旋转潮波系统，一个逆时针旋转，一个顺时针旋转，且两个无潮点之间的迟角线较密集。

在南海，除了北部湾和泰国湾，K_1 分潮和 O_1 分潮的潮波均从东北向西南传播。在泰国湾，K_1 分潮和 O_1 分潮都有一个完整的逆时针方向旋转的潮波系统。在北部湾湾口，K_1 分潮和 O_1 分潮各有半个逆时针方向旋转的潮波系统。K_1 分潮和 O_1 分潮都是在北部湾湾顶的振幅最大，都超过了 0.8 m。北部湾是我国近海全日分潮波最大的海区，这在世界上也不多见。对于一般海区，通常 K_1 分潮的振幅大于 O_1 分潮的振幅，而在北部湾恰好相反。这是由于北部湾的自由振荡周期更接近 O_1 分潮周期，使 O_1 分潮潮波在北部湾产生共振，从而使得 O_1 分潮的振幅增强。

基于潮汐调和常数，分析了南海海域的潮汐类型。根据 $(H_{K_1} + H_{O_1})/H_{M_2}$ 的大小来判断潮汐类型：

$$0.0 < \frac{H_{K_1} + H_{O_1}}{H_{M_2}} \leqslant 0.5 \quad 规则半日潮$$

$$0.5 < \frac{H_{K_1} + H_{O_1}}{H_{M_2}} \leqslant 2.0 \quad 不规则半日潮$$

$$2.0 < \frac{H_{K_1} + H_{O_1}}{H_{M_2}} \leqslant 4.0 \quad 不规则全日潮$$

$$4.0 < \frac{H_{K_1} + H_{O_1}}{H_{M_2}} \quad 规则全日潮$$

式中，H_{M_2}，H_{K_1}，H_{O_1} 分别为 M_2，K_1，O_1 分潮的振幅调和常数。

图 3.26 为潮汐类型分布。南海潮汐类型以不规则全日潮为主，集中分布在南海中部。在吕宋海峡、广东沿岸、北部湾湾口、越南西南和达土角附近为不规则半日潮。台湾海峡大部分区域为规则半日潮，小部分区域为不规则半日潮。规则全日潮分布在北部湾湾顶、泰国湾大部分区域和卡里马塔海峡附近海域。另外，利用模拟得到多分潮潮汐调和常数，以及利用台站和高度计分析结果得到 Sa 和 Ssa 分潮调和常数。

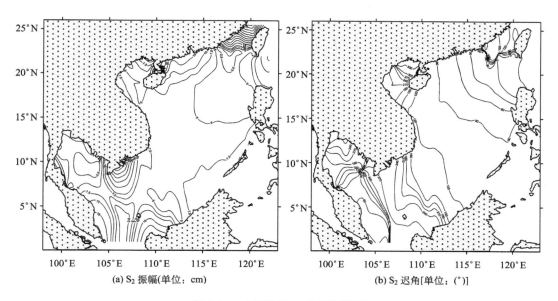

(a) S_2 振幅(单位：cm)　　　　　　　　　　(b) S_2 迟角[单位：(°)]

图 3.19　南海潮汐 S_2 分潮同潮图

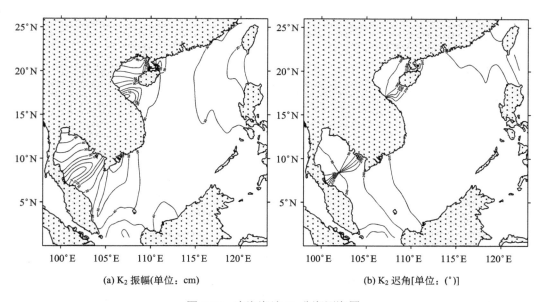

(a) K_2 振幅(单位：cm)　　　　　　　　　　(b) K_2 迟角[单位：(°)]

图 3.20　南海潮汐 K_1 分潮同潮图

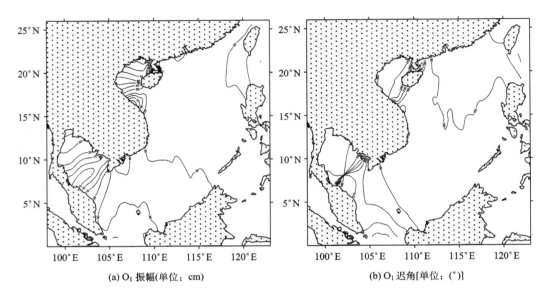

(a) O_1 振幅(单位：cm) (b) O_1 迟角[单位：(°)]

图 3.21 南海潮汐 O_1 分潮同潮图

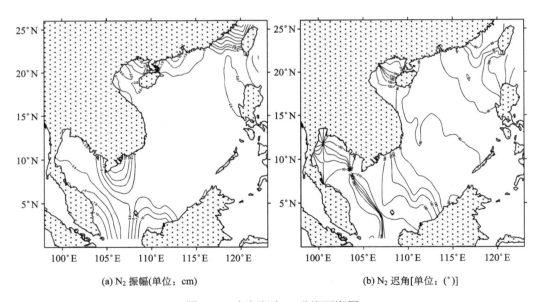

(a) N_2 振幅(单位：cm) (b) N_2 迟角[单位：(°)]

图 3.22 南海潮汐 N_2 分潮同潮图

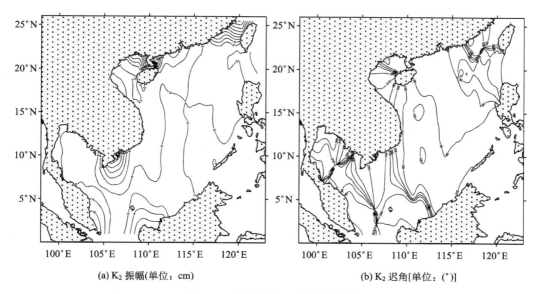

(a) K$_2$ 振幅(单位：cm)　　　　　　　　　(b) K$_2$ 迟角[单位：(°)]

图 3.23　南海潮汐 K$_2$ 分潮同潮图

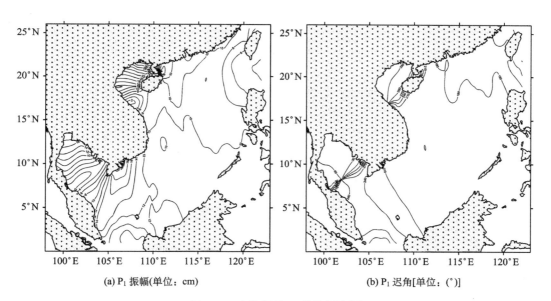

(a) P$_1$ 振幅(单位：cm)　　　　　　　　　(b) P$_1$ 迟角[单位：(°)]

图 3.24　南海潮汐 P$_1$ 分潮同潮图

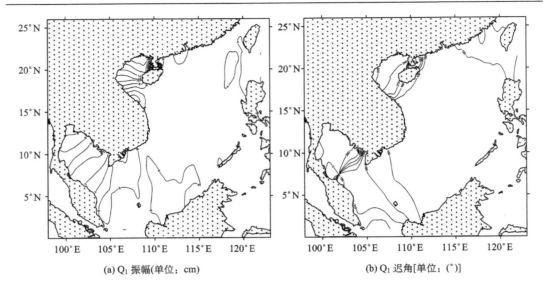

(a) Q₁ 振幅(单位：cm)　　　　　　　　　　(b) Q₁ 迟角[单位：(°)]

图 3.25　南海潮汐 Q₁ 分潮同潮图

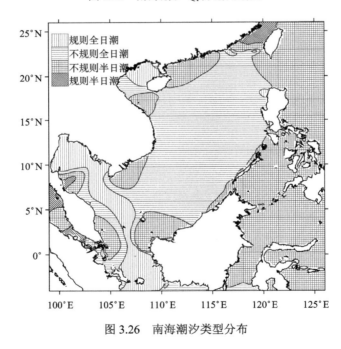

图 3.26　南海潮汐类型分布

3.2.3　海流模式研制

1. 基于 ROMS 模式的海流模式研制

ROMS(regional ocean modeling system)是一个三维、自由表面和地形跟踪的海洋数值模式，该模式由 Rutgers 大学与 UCLA(University of California)共同开发，目前已经被

广泛地应用于海洋研究的很多领域。ROMS 采用准确以及高效的物理和数值算法，可采用 MPI 或 OpenMP 并行算法，有效保证计算效率。ROMS 模式垂向采用 S 坐标，可以方便地使垂向分层在表层或者底层加密。

ROMS 模式方程组采用了静力近似和 Boussinesq 近似，其在笛卡儿坐标系下的基本方程组如下：

动量方程：

$$\frac{\partial u}{\partial t} + \vec{v}\nabla u - fv = -\frac{\partial \phi}{\partial x} - \frac{\partial}{\partial z}\left(\overline{u'w'} - v\frac{\partial u}{\partial z}\right) + F_u + D_u \tag{3.30}$$

$$\frac{\partial v}{\partial t} + \vec{v}\nabla v + fu = -\frac{\partial \phi}{\partial y} - \frac{\partial}{\partial z}\left(\overline{v'w'} - v\frac{\partial v}{\partial z}\right) + F_v + D_v \tag{3.31}$$

对于温度或盐度等标量 $C(x,y,z,t)$ 的对流扩散方程可以表示为

$$\frac{\partial C}{\partial t} + \vec{v}\nabla C = -\frac{\partial}{\partial z}\left(\overline{C'w'} - v_\theta\frac{\partial C}{\partial z}\right) + F_C + D_C \tag{3.32}$$

模式状态方程为

$$\rho = \rho(T,S,P) \tag{3.33}$$

在 Boussinesq 近似下，动量方程中除了浮力项外其他项中密度的变化可以被忽略，同时又在垂向静力近似下，有

$$\frac{\partial \phi}{\partial z} = -\frac{\rho g}{\rho_0} \tag{3.34}$$

不可压缩连续方程为

$$\frac{\partial u}{\partial x} + \frac{\partial v}{\partial y} + \frac{\partial w}{\partial z} = 0 \tag{3.35}$$

在上述控制方程组中，F 和 D 分别为外力项和水平扩散项；f 为科氏参数；u,v,w 分别为速度 $\vec{v}$ 在坐标 x, y 和 z 方向的分量；v 和 v_θ 分别为分子的黏性和扩散系数；ϕ 为动力压强，$\phi(x,y,z,t)=(P/\rho_0)$，这里 P 为总压强；ρ_0 为参考密度；$\rho_0 + \rho(x,y,z,t)$ 则为现场总密度；$S(x,y,z,t)$ 为盐度；$T(x,y,z,t)$ 为位势温度；g 为重力加速度。

2. 海流模式设置

基于 ROMS 海洋环流模式，构建了双重嵌套海流数值预报模式，模式主要预报变量为海流（流向和速度）、温度、盐度、密度和海表面高度。具体分为 5 个步骤（图 3.27 和图 3.28）。

第一，模式区域及网格设计，该网格设计与海浪模式相一致。

在印度洋及太平洋（30°E～290°E，30°S～66°N），模式水平网格分辨率为 1°/8×1°/8，计算网格点共计 2081×769 个，在研究海域（99°E~134.5°E，15°S~43°N），水平分辨率为 1°/32×1°/32，计算网格点共计 1137×1857 个。模式垂直方向为分不等距 30 层。模式地形水深数据由 ETOPO1 v1 数据与近岸实测、海图等数据融合而成。嵌套模式首先对大区域进行计算，在计算过程中输出小区域边界网格点上的物理海洋环境要素，作为高分辨率小区域模式的开边界条件。模式预报区域见图 3.29。

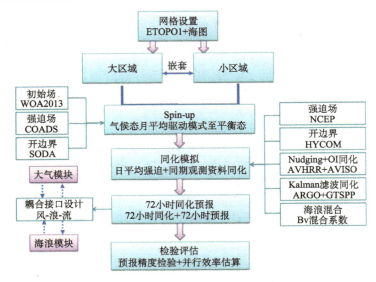

图 3.27　海流数值预报模式构建过程

阶段 1：网格设置 (ETOPO1+海图)	
粗分辨率大区域 (30°E~290°E, 30°S~66°N; 1/8°×1/8°)	高分辨率小区域 (99°E~134.5°E, 15°S~43°N; 1/8°×1/8°)
阶段 2：Spin-up (气候态月平均驱动模式至平衡态)	
初始场：WOA2013（Jan） 强迫场：COADS 开边界：SODA 混合：Bv、内波	
阶段 3：同化模拟 (1980~2014年实际强迫场驱动+同期观测资料同化)	
初始场：阶段2平衡态 强迫场：NCEP 开边界：SODA 海浪混合：Bv Kalman滤波同化：ARGO+GTSPP 改进Nudging同化：SST OI同化：MSLA	
阶段 4：72小时同化预报 (24小时同化+72小时预报)	
预报精度验证 并行效率估算	
阶段 5：耦合接口设计	
大气-海流-大气 海浪-海流-海浪	

图 3.28　模式启动及模拟和预报流程

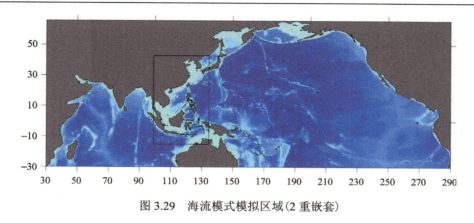

图 3.29　海流模式模拟区域(2 重嵌套)

第二，模式 spin-up 阶段。

采用 World Ocean Altas 2013(WOA2013)1 月气候平均温盐资料作为模式初始场，气候态月平均 COADS 的风应力及热通量、淡水通量资料作为模式强迫场，采用 SODA 资料在(30°E~290°E，30°S)断面的气候态月平均海流、体积通量、温度、盐度和水位资料作为模式开边界条件，采用海浪数值预报模式气候态月平均输出 Bv 作为垂向混合系数，对双重嵌套海流数值预报进行积分，直至模式达到平衡态。图 3.30 和图 3.31 为得到的冬季和夏季上次环流的模拟结果。由图可见，模式模拟的南海环流结构合理，冬季南海为海盆尺度的气旋式环流，夏季南海北部为气旋式环流，南部为一个反气旋式环流。

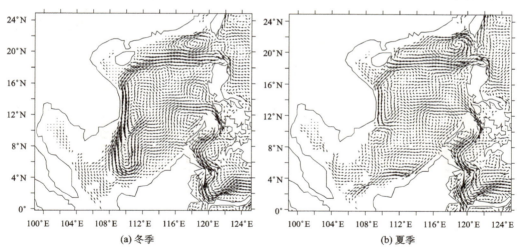

(a) 冬季　　　　　　　　　　　　　　(b) 夏季

图 3.30　ROMS 模拟 50 m 层冬季和夏季的环流结构

第三，后报同化模拟，形成再分析资料。

在模式达到平衡态后，采用 NCEP 资料 6 小时分辨率风场、热通量及淡水通量作为强迫场，HYCOM 在(30°E~290°E，30°S)断面的海流、体积通量、温度、盐度和水位的月平均资料作为模式开边界条件，对 1980~2014 年南海及周边海域海流、温盐等进行后报模拟。模式采用集合调整 Kalman 滤波方法，同化同期 ARGO 资料和 GTSPP 资料。

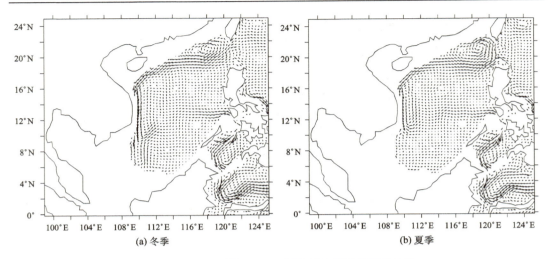

图 3.31　ROMS 模拟 200 m 层冬季和夏季的环流结构

　　模式海面温度直接采用 Nudging 同化，为了更加合理地刻画上混合层的温度结构，本研究通过引入与温度垂向梯度相关联的趋近系数来实现上混合层的温度优化调整。图 3.32 为观测 SST 和同化后模拟 SST，由图可见，通过同化 SST 资料，有效地保证了模式对上层海温的模拟能力。

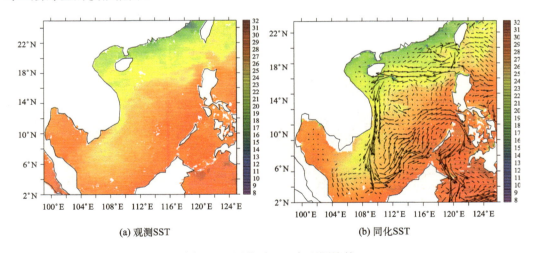

图 3.32　同化后 SST 与观测比较

　　第四，开展海流数值预报。

　　整个预报过程由 24 小时同化后报模拟与 72 小时预报模拟组成。具体的预报流程见图 3.33。

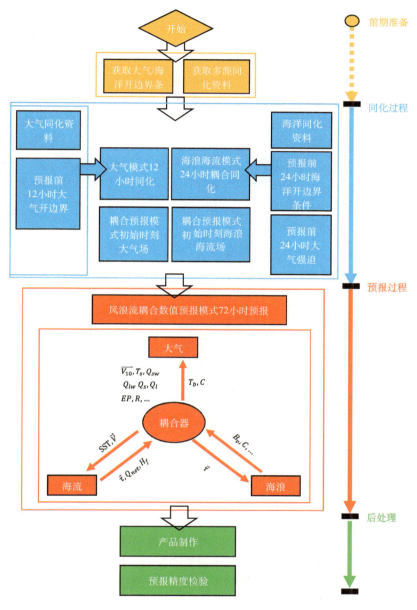

图 3.33　海流预报流程

3.3　深水溢油预测模型

近年来，国内外深水溢油模型开发迈出了实质性的一步，尤其是对深水油气混合物的输运和归宿做了大量研究。主要的溢油模型包括 CDOG（Zheng et al., 2003; Chen and Yapa, 2001）和 DEEPBLOW（Johansen, 2000），这两种模型成功地模拟了深水区水下溢油整个过程，其结果与实验数据进行了对比验证，验证效果较好，能够真实地反映溢油轨迹和扩散范围,为溢油应急工作提供决策支持。根据国内外现有技术和设备,借鉴典型溢油事故案例,采用数值模拟和实验室模拟相结合的方法,开展深水区水下溢油数值模拟研究。溢油模型开发主要是为应急响应和应急计划服务,然而对于应急人员比较关注的主要是以下几个问题:①油气何时到达海面以及海面位置;②油气上升轨迹以及扩散范围;③水体中油气浓度分布。

　　由于高压低温的深海环境条件,深水区溢油过程复杂程度远超过表面溢油,并根据国内外相关学者对深海环境的研究,深水区溢油可以分成三个阶段:射流阶段、浮力羽流阶段、对流扩散阶段;并且在溢油上升的过程中发生较复杂的过程,主要包含卷吸过程、水合物形成与分解、溢油的溶解、气体的溶解、对流扩散等过程。阶段与过程见图3.34。

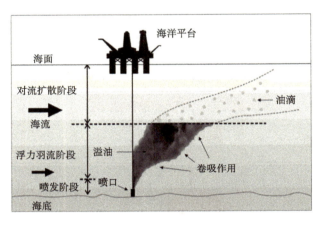

图 3.34　深水区水下溢油示意图

　　喷发阶段在距离喷口几米范围内,由于溢油一般以一定的初始速度喷射而出,喷出的溢油会具有较高的动能(如果有气体溢出,动能会更高),溢油会因此分裂成大量直径不等的小油滴,由这些小油滴和海水组成的油团在高动能状态下会继续运动一段距离。受到水环境的缓冲作用,溢油在运动几米后其初始动能很快损失殆尽,继而进入浮力羽流阶段。在浮力羽流阶段,溢油运动具有一定的“主动”性,其运动状态有别于水环境的流动状态,水环境通过浮力作用和卷吸作用间接地对溢油运动施加影响,这使油团持续抬升,体积不断扩大,其密度不断趋于水环境密度。在这一过程中油团也会将部分底层水夹带至较浅的水域。当油团上升到一定高度,油团整体的浮力水平接近中性,其运动的主动性不再明显,溢油过程进入对流扩散阶段。在对流扩散阶段,由于油团体积较大,油滴比较分散,大量的油滴在水环境的流动和浮力的直接作用下被动地漂移和扩散。水下溢油的这三个阶段没有明显界限,并且前两个阶段也包含对流扩散过程,只是在前两个阶段中喷流/羽流过程占主导地位,而对流扩散过程相对较弱,可以忽略。前两个阶段都是将溢油当作一个整体研究,可以用羽流动力模型模拟,第三个阶段需要用对流扩散模型进行模拟。需要指出的是,如果溢油发生在浅水区,溢油过程可能只需用羽流动力模型模拟即可。

该溢油模型由两个子模型组成,包括羽流动力模型和对流扩散模型,其中羽流动力模型用于模拟喷发阶段和浮力羽流阶段,将一定量的溢油视为一个整体油团,考虑油团与海水的相互作用;对流扩散模型用以模拟对流扩散阶段,将溢油离散为一定数量的"油粒子",每个粒子代表一个由大量油滴组成的集合,并具有一定的质量、体积、浓度、油滴直径等属性,这些油粒子在海流的作用下漂移扩散。

3.3.1　羽流动力模型

羽流动力模型采用 Lagrange 积分法模拟溢油的喷发阶段和浮力羽流阶段。如图 3.35 所示,将溢油持续时间平均分为若干等份,时间步长为 Δt,每一个时间步对应一小份溢油,将每一小份溢油看作一个圆柱形的控制单元体,控制单元体的半径为 b(m),厚度为 $h = |\vec{V}|\Delta t$ (m),$\vec{V}$ 为控制单元体的移动速度(m/s),控制单元体质量为 $m = \rho \pi b^2 h$ (kg),ρ 为控制单元体的密度(kg/m³)。控制单元体的底面法线平行于移动速度 $\vec{V}$,假设相邻两控制单元体之间互不影响。某一时刻所有控制单元体的中心连线即为该时刻的溢油轨迹。控制单元体的行为满足以下控制方程。

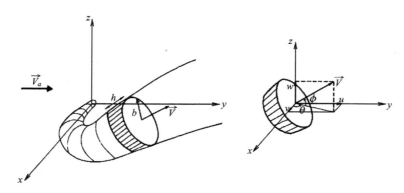

图 3.35　羽流动力模型的控制单元体示意图

1) 质量守恒方程

控制单元体在运动过程中会因卷吸作用而发生质量变化,此过程满足以下质量守恒方程:

$$\frac{\mathrm{d}m}{\mathrm{d}t} = \rho_a Q_e \tag{3.36}$$

式中,ρ_a 为水环境的密度(kg/m³);Q_e 为卷吸体积通量(m³/s)。

2) 动量守恒方程

溢油进入水环境后,会与周围水体相互作用导致动量变化,根据动量守恒可得到控制单元体的动量变化应满足以下关系:

$$\frac{\mathrm{d}\left(m\vec{V}\right)}{\mathrm{d}t} = \rho_a Q_e \vec{V}_a + m\frac{\Delta\rho}{\rho}g\vec{k} - \rho 2bhC_\mathrm{D}\left(\left|\vec{V}\right| - V_a'\right)^2 \frac{\vec{V}}{\left|\vec{V}\right|} \tag{3.37}$$

式中，$\vec{V}_a$ 为海流速度向量（m/s）；$\Delta\rho = \rho_a - \rho$ 为控制单元体与水环境的密度差（kg/m³）；$g = 9.81\,\mathrm{m/s}^2$ 为重力加速度；C_D 为拖曳系数；$V_a' = \vec{V}_a\vec{V}\big/\left|\vec{V}\right|$ 为 $\vec{V}_a$ 在 $\vec{V}$ 方向上的投影。方程 (3.37) 右端的 3 项分别表示由卷吸作用、浮力作用、水环境对控制单元体的拖曳作用引起的控制单元体的动量变化。暂不考虑水环境对控制单元体的拖曳作用，取拖曳系数 $C_\mathrm{D} = 0$。

3）热量、盐度和浓度守恒方程

溢油进入水环境后，会与周围水体发生物质交换，由此而导致的控制单元体的温度、盐度和浓度变化可用以下守恒方程描述：

$$\frac{\mathrm{d}\left(mI\right)}{\mathrm{d}t} = \rho_a Q_e I_a \tag{3.38}$$

式中，I 为一个标量，表示热含量（$I = C_p T$）、盐度（$I = S$）或油浓度（$I = C$）；C_p 为比热容 [J/(kg·K)]；T 为温度（K）；水比热容为 $C_p = 4216.3\,\mathrm{J/(kg\cdot K)}$，油的比热容约为水的一半。

4）状态方程

状态方程描述了控制单元体的密度与温度、盐度和浓度之间的关系。Neumann 和 Pierson（1996）给出了水密度的计算方法，Bobra 和 Chung（1986）则给出了多种油的密度计算公式。在溢油模型中，控制单元体中的物质是由油和水组成的混合物，控制单元体在成长过程中通过卷吸作用将周围海水不断纳入其中，导致控制单元体的温度、盐度和浓度发生变化，从而导致密度的改变。溢油模型考虑了控制单元体的温度和盐度变化对密度的影响，并采用 Bemporad（1994）的状态方程计算控制单元体的密度：

$$\rho = \rho_0 \left(1 - \beta_T \Delta T + \beta_S \Delta S\right) \tag{3.39}$$

式中，ρ_0 为参考密度值（kg/m³）；β_T 和 β_S 分别为热量膨胀系数（℃）和溶质的膨胀系数（‰），分别取值为 $5\times10^{-4}/℃$ 和 $8\times10^{-4}/‰$；ΔT 和 ΔS 分别为温度和盐度的变化量。

5）卷吸

溢油进入水环境后，卷吸作用是影响羽流的形态和行为的主要因素。卷吸作用是指羽流表面与水体之间相互作用，使周围海水进入羽流中。根据 Frick（1984）及 Lee 和 Cheung（1990）的研究，卷吸作用可分为两部分：剪切卷吸和强迫卷吸。其中，剪切卷吸是由于溢油的运动导致的油团与水环境之间的剪切应力引起的，即使水环境是静止的，剪切卷吸依然存在；强迫卷吸是在流动的水环境中水流迫使海水通过羽流的迎风面进入油团内部而引起，强迫卷吸存在的前提是水环境是流动的。据此，溢油模型将卷吸体积通量 Q_e 分为两部分计算：

$$\dot{Q}_e = Q_s + Q_f \tag{3.40}$$

式中，Q_s 为剪切卷吸体积通量($\mathrm{m^3/s}$)；Q_f 为强迫卷吸体积通量($\mathrm{m^3/s}$)。剪切卷吸体积通量（Q_s）采用 Fischer 等(1979)提出的公式进行计算：

$$Q_s = 2\pi bh\alpha \left| \|\vec{V}\| - V_a' \right| \tag{3.41}$$

式中，α 为卷吸系数。Schatzmann(1979; 1981)基于大量喷射流的研究，由动能方程和动量方程推导出了卷吸系数的计算公式，Lee 和 Cheung(1990)通过将该计算公式与喷射流实验数据进行对比，给出了卷吸系数的具体计算形式：

$$\alpha = \sqrt{2}\,\frac{0.057 + \dfrac{0.554\sin\phi}{F^2}}{1 + 5\dfrac{V_a'}{\left\|\vec{V}\right\| - V_a'}} \tag{3.42}$$

$$F = E\,\frac{\left\|\vec{V}\right\| - V_a'}{\sqrt{g\dfrac{\Delta\rho}{\rho_a}b}} \tag{3.43}$$

式中，ϕ 为控制单元体的速度矢量 $\vec{V}$ 与水平面的夹角；E 为一常数。Zheng 和 Yapa(1998)通过将浮力羽流动力模型的数值结果与基本喷射流的理论渐进解进行对比，得出 E 的推荐值为 2。

另外一方面，如果水环境是流动的，羽流与水环境之间还存在强迫卷吸，强迫卷吸体积通量（Q_f）可表达为

$$Q_f = \left| Q_{fx}\vec{i} + Q_{fy}\vec{j} + Q_{fz}\vec{k} \right| \tag{3.44}$$

式中，Q_{fx}、Q_{fy} 和 Q_{fz} 分别为强迫卷吸在 x、y 和 z 方向上的分量。Frick(1984)认为强迫卷吸由增长项、圆筒项和弯曲项三部分组成。其中，增长项是由溢油轨迹半径的增大导致；圆筒项由羽流侧面投影到水流上的面积导致；弯曲项是由溢油轨迹的弯曲导致。基于 Frick(1984)的研究，Lee 和 Cheung(1990)推导出同向水流中三维溢油强迫卷吸体积通量的表达式：

$$Q_{fx} = |u_a|\left[\pi b\Delta b \left|\cos\phi\cos\theta\right| + 2b\Delta s\sqrt{1 - \cos^2\phi\cos^2\theta} + \frac{\pi b^2}{2}\left|\Delta(\cos\phi\cos\theta)\right| \right]\Delta t \tag{3.45}$$

$$Q_{fy} = |v_a|\left[\pi b\Delta b \left|\cos\phi\sin\theta\right| + 2b\Delta s\sqrt{1 - \cos^2\phi\sin^2\theta} + \frac{\pi b^2}{2}\left|\Delta(\cos\phi\sin\theta)\right| \right]\Delta t \tag{3.46}$$

$$Q_{fz} = |w_a|\left[\pi b\Delta b \left|\sin\phi\right| + 2b\Delta s\left|\cos\phi\right| + \frac{\pi b^2}{2}\left|\Delta(\sin\phi)\right| \right]\Delta t \tag{3.47}$$

式中，u_a、v_a、w_a 分别为水流 $\vec{V}_a$ 在 x、y、z 方向的分量；θ 为控制单元体的速度矢量 $\vec{V}$ 在水平面上的投影与 x 轴的夹角；$\Delta s = \sqrt{\Delta x^2 + \Delta y^2 + \Delta z^2}$ 为控制单元体在一个时间步长内的位移大小；Δx、Δy、Δz 分别为控制单元的体位移矢量在 x、y、z 方向的分量。式(3.45)~式(3.47)等号右端括号中的三项分别为增长项、圆筒项和弯曲项的具体表达式。

3.3.2　对流扩散模型

油团上浮到一定高度后，由于卷吸了大量海水，其密度与水环境的密度已经非常接近，尤其在密度层化的水环境中，油团会夹带着来自于底层密度较大的水体，上浮到一定高度后油团的密度会等于甚至超过周围水体的密度，这使油团失去浮力的动力支持而无法继续抬升。然而，在实际溢油事故中并非如此。实际上，当油团发展到一定程度，油团内外的海水性质和湍流强度已经相差很小，羽流动力过程不再占主导地位，而水环境中的对流扩散过程开始主导溢油的运动,因而浮力羽流动力模型不再适用。取而代之，我们利用对流扩散模型继续模拟溢油的行为。对流扩散模型的控制方程(对流扩散方程)为

$$\frac{\partial C}{\partial t} + \vec{V} \times \nabla C = \nabla \times \left(\vec{K} \times \nabla C \right) + \sum_{i=1}^{m} S_i \qquad (3.48)$$

式中，C 为海水中的油浓度；$\vec{V}$ 为对流速度矢量；∇ 为梯度算子；$\vec{K} = (K_x, K_y, K_z)$ 为扩散系数，K_x、K_y、K_z 分别为 x、y、z 方向的扩散系数(m^2/s)，通常认为油在水平方向的扩散是各向同性的，合称为水平扩散系数 K_h，即 $K_x = K_y = K_h$；S_i 为源或汇，溢油模型将羽流动力模型结束时控制单元体的最终位置作为对流扩散模型的源的位置。

方程式(3.48)可以用多种数值方法求解，如有限差分法和有限元法，数值方法的主要困难在于稳定性问题，即数值离散过程中可能会引进与物理扩散无关的数值扩散，数值扩散很大时，会使模拟结果失真，不能描述真实的物理过程。另外，还有一些过程难以用对流扩散方程模拟，如比较典型的非 Fick 扩散问题。对于溢油模拟，更多的学者采用的是 Lagrange 粒子追踪法(也称为随机走动法)，该方法是将溢油离散为一定数量具有拉格朗日性质的"油粒子"，每个粒子具有一定的质量、体积、浓度等属性，粒子的平流过程主要受控于海浪、海流等环境动力过程的影响，可用确定性方法模拟，海洋湍流引起的扩散过程具有随机性，用随机运动来模拟。通过统计所有粒子的位置，可以确定溢油在海洋环境中的时空分布。Lagrange 粒子追踪法，很早就在海洋和大气研究中有过应用，Johansen(1984)和 Elliott(1986)首先将此方法应用于溢油模拟(用于溢油模拟时也称为油粒子法)。该方法不仅避免了数值离散方法本身带来的数值扩散问题，同时还可以准确重现海上油膜的破碎分离现象，能够准确地描述溢油的真实扩散过程。大量研究表明，将该方法用于溢油模拟是行之有效的。

溢油模型利用 Lagrange 粒子追踪法模拟溢油的对流扩散过程。具体地，油粒子在三维空间中的运动满足以下关系：

$$\frac{\mathrm{d}\vec{S}}{\mathrm{d}t} = \vec{V} + \vec{V}' + w_b \vec{k} \qquad (3.49)$$

式中，$\vec{S} = (x, y, z)$ 为油粒子的位移矢量，x, y, z 为粒子三维坐标；$\vec{V}$ 为油粒子的时均速度，可近似等于海流速度，在实际应用中可利用海洋数值模式计算得到；$\vec{V}'$ 为脉冲速度，是一个随机变量，代表湍流扩散作用；w_b 为油滴的浮力速度。脉冲速度按照公式(3.50)计算：

$$\vec{V}' = \sqrt{\frac{6}{\Delta t}} \left(R_x \sqrt{K_h}, R_y \sqrt{K_h}, R_z \sqrt{K_z} \right) \tag{3.50}$$

式中，R 为在区间 $[-1, 1]$ 内均匀分布的随机数。

油滴的浮力速度 w_b 由油滴的直径和密度以及海水的黏度和密度决定，可以根据油滴直径大小分两种情况计算（Yapa et al., 1999）。首先定义一个临界直径

$$d_c = 9.52 \left[\frac{\mu^2}{g \rho_a (\rho_a - \rho)} \right]^{1/3} \tag{3.51}$$

式中，μ 为海水的动力黏度，量级为 10^{-3}Ns/m^2；ρ 和 ρ_a 分别为油滴和海水的密度。当油滴直径 $d < d_c$ 时，根据 Stokes 定律计算浮力速度：

$$w_b = \frac{gd^2 (\rho_a - \rho)}{18\mu} \tag{3.52}$$

当油滴直径 $d \geqslant d_c$ 时，根据 Reynolds 定律计算浮力速度：

$$w_b = \left[\frac{8gd (\rho_a - \rho)}{3\rho_a} \right]^{1/2} \tag{3.53}$$

在具体计算中，将油粒子所在的控制单元体在浮力羽流阶段终结时的位置作为该油粒子在对流扩散阶段的初始位置。对于浮力羽流阶段终结的判断指标，Yapa 等(1999)在层化的水环境中进行溢油模拟时将油团与水环境的密度差，作为判断是否终结羽流动力模型的依据。Dasanayaka 和 Yapa(2009)对比了多个终结指标的模拟效果，包括油滴速度指标(油团的上浮速度等于单个油滴的浮力速度)、中性浮力水平指标(油团的密度等于水环境的密度)和零速度指标(油团上浮速度为零)，研究结果表明，油滴速度指标优于其他两个指标，并且基于平均油滴速度指标的溢油量估计更为准确。然而，在现场实验的模拟中，由于考虑了海水的层化情况，我们仍然采用中性浮力水平指标作为判断结束浮力羽流阶段的依据。

3.3.3　含气的溢油模拟

在深海气田(或油气田)开采过程中发生溢油事故时，通常会伴随气体(主要成分是甲烷)的泄漏。这种情况下进行溢油模拟，还需要考虑气体对溢油的影响。气体的膨胀通常会使溢油具有较高的初始喷射速度，而深水区高压低温的环境使气体与海水作用形成水合物，因而在羽流模型中需要同时考虑油、气体、水和水合物的行为及相互作用，需要考虑的物理化学过程还应包括水合物的形成和分解以及气体的溶解过程。为此，需要对原油的溢油模型进行必要的修改和调整，具体如下。

1)控制体的质量守恒

$$\frac{\mathrm{d}(m_o + m_w)}{\mathrm{d}t} = \rho_a Q_e - \sum_{i=1}^{k} f^i J^i \tau^i n_h \left(\frac{\mathrm{d}n}{\mathrm{d}t} \right)^i M_w \tag{3.54}$$

式中，t 为时间；m_o 为控制体中油的质量；m_w 为控制体中水的质量；ρ_a 为水密度；Q_e 为卷吸速率；k 为气泡种类的数量；f^i 为气泡在控制体中的比例；J^i 为气泡数通量；τ^i 为气泡穿过控制体的时间；n_h 为水合物的数量；$(\mathrm{d}n/\mathrm{d}t)^i$ 为由于水合物生成引起的气体消耗速率；M_w 为水的分子质量。因水合物的形成和自由气体的溶解造成的气体质量损失可表示为

$$\frac{\mathrm{d}m_b}{\mathrm{d}t} = \sum_{i=1}^{k} -f^i J^i \tau^i \left[\left(\frac{\mathrm{d}n}{\mathrm{d}t} \right)^i + \left(\frac{\mathrm{d}n_s}{\mathrm{d}t} \right)^i \right] M_g \tag{3.55}$$

式中，m_b 为控制体中气体质量；$(\mathrm{d}n_s/\mathrm{d}t)^i$ 为气体溶解的速率；m_w 为气体的分子质量。因水合物的分解和溶解造成的水合物的质量损失可表示为

$$\frac{\mathrm{d}m_h}{\mathrm{d}t} = \sum_{i=1}^{k} f^i J^i \tau^i \left[-\left(\frac{\mathrm{d}n}{\mathrm{d}t} \right)^i - \left(\frac{\mathrm{d}n_{\mathrm{dis}}}{\mathrm{d}t} \right)^i \right] M_g$$

式中，m_h 为水合物的质量；$(\mathrm{d}n_{\mathrm{dis}}/\mathrm{d}t)^i$ 为因水合物的溶解造成的水合物的损失速率。

2）控制体的动量守恒

$$\frac{\mathrm{d}}{\mathrm{d}t} \left[(m_o + m_w + m_b + m_h)u \right] = u_a \rho_a Q_e - u \rho_{\mathrm{com}} Q_g$$

$$\frac{\mathrm{d}}{\mathrm{d}t} \left[(m_o + m_w + m_b + m_h)v \right] = v_a \rho_a Q_e - v \rho_{\mathrm{com}} Q_g \tag{3.56}$$

$$\frac{\mathrm{d}}{\mathrm{d}t} \left[(m_o + m_w)w + (m_b + m_h)(w + w_b) \right]$$
$$= w_a \rho_a Q_e - w \rho_{\mathrm{com}} Q_g$$
$$+ (\rho_a - \rho_l) g \pi b^2 (1 - \beta \varepsilon) h + (\rho_a - \rho_{\mathrm{com}}) g \pi b^2 \beta \varepsilon h$$

式中，u、v 和 w 为速度在三个方向的分量；ρ_{com} 为气泡与水合物的混合密度；Q_g 为气体溢出控制体的体积通量；w_b 为气体的滑脱速度；ρ_l 为控制体的流体密度。

在气体脱离控制体进入周围水体的过程中，动量守恒过程应满足

$$m_p \frac{\mathrm{d}u_p}{\mathrm{d}t} = -C_m m_f \frac{\mathrm{d}u_p}{\mathrm{d}t} - C_D(Re^*) \rho_f \frac{1}{8} d^2 u_p^2 \tag{3.57}$$

式中，$m_p = (\pi/6)\rho_p d^3$ 为气泡质量；$m_f = (\pi/6)\rho_f d^3$ 为被气泡所代替的周围水体的质量；u_p 为气泡速度；对于刚性球状气泡 $C_m = 0.5$；Re^* 为雷诺数。

3）因压强和温度导致的气体体积变化

$$P_\infty \frac{4}{3} \pi r_b^3 = nZRT_\infty \tag{3.58}$$

式中，P_∞ 为周围水体的静压强；T_∞ 为周围水体的温度；n 为摩尔数；Z 为可压缩因子，$R = 8.31 \ \mathrm{J/(mol \cdot K)}$。

1. 水合物的形成和分解

深水区的水下溢油过程中，在高压、低温的环境下，天然气与水容易结合成一种固态的冰状物——水合物(Hydrate)。当水合物到达压力较低或水深较浅的水域后会分解并将气体释放。水合物的形成和分解能直接影响到羽流的上升速度、模型结果中的粒子尺寸、位置和速度。

水合物形成时，气体的体积会大幅度减小，这使得羽流的上升几乎完全失去气体浮力的驱动，从而大大降低了羽流的上升速度，以至于油滴只能在自身浮力的作用下缓慢上升。油气田溢油事故中的油气体积比例一般约为 1：100，因此，水合物的形成能使羽流的浮力减小到不考虑水合物的 1/100，这使得羽流的上升速度减小到不考虑水合物的 1/100。这些变化在模型结果中则表现为羽流模型与对流扩散模型的分界位置(或羽流的抬升高度)的变化，在深水溢油过程中(水深大于 600 m 的水域)，考虑水合物的羽流抬升高度比不考虑水合物的羽流抬升高度低 50 m 左右(羽流过程一般在 100~300 m)。

水合物的形成能影响气泡的归宿，若考虑水合物的形成，气泡尺寸在上升过程中将不会因周围海水压强的减小而增大，反而减小。对于一个半径为 1 cm 的气泡，需要几分钟的时间完全转化为水合物，但同样多的水合物却需要花费几个小时的时间才能完全分解。

天然气在 300 m 以下的水域都可以形成水合物，南海油气田的开采位置大都在1500 m 以下的水域，符合水合物的形成条件。气泡在静水中的上升速度平均为 0.25 m/s，一个半径为 1 cm 的气泡大约经过 200 s 会完全转变为水合物，这个气泡在水中最多上升50 m，也就是说，气泡会完全转化为水合物而无法到达水面。如果不考虑水合物的形成，气泡的尺寸会随着上升而增大，最终升到水面。

1) 水合物的生成

为模拟水合物的生成过程，假设一个由水合物外壳包围、内部包含气泡的球形颗粒(图 3.36)，忽略热力学过程，并提出以下 4 个假定条件：①气体分子通过水合物的扩散只发生在水合物颗粒表面；②质量迁移在某一时刻在任意截面上都是相等的；③水合物颗粒内外的压力是相等的；④水合物均匀地覆于气泡表面，并忽略水合物的脱落。

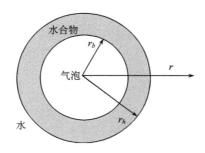

图 3.36 由水合物外壳包裹着的气泡

溶解在水中的气体分子扩散到水合物颗粒表面,在此与水分子结合形成水合物。水合物的生成速率为

$$\frac{\mathrm{d}n}{\mathrm{d}t} = K_f A \left(f_{\mathrm{dis}} - f_{\mathrm{eq}} \right) \tag{3.59}$$

式中,n 为水合物的物质的量;K_f 为水合物的生成速率常数;A 为水合物的生成表面积;f 为逸度或自由度,可等价地看作非理想气体的分压强,代表了体系在所处的状态下,分子逃逸的趋势,也就是物质迁移时的推动力或逸散能力。

在水合物的形成过程中,气体质量的迁移速率可表达为

$$-D_g 4\pi r_h^2 \psi_s \frac{\mathrm{d}C}{\mathrm{d}r}\bigg|_{r=r_h} = \frac{\mathrm{d}n}{\mathrm{d}t} \tag{3.60}$$

边界条件为

$$C(r_b) = C_0 \, , \quad C(r_h) = C_i \tag{3.61}$$

在水合物外壳内部

$$\frac{\mathrm{d}}{\mathrm{d}r}\left(r^2 \frac{\mathrm{d}C}{\mathrm{d}r} \right) = 0, \quad r_b \leqslant r \leqslant r_h \tag{3.62}$$

式中,C 为气体浓度;D_g 为有效扩散系数;ψ_s 为非球形气泡的形状参数,对于球形气泡,$\psi_s = 1$。

2) 水合物的分解

水合物的分解过程是一个吸热过程,其产物通常是甲烷和水,水合物的分解包含两个过程:

(1) 水合物表面的水合物结构体的破坏;

(2) 甲烷分子的脱离。

其中,过程(2)是紧接着过程(1)发生的。

为计算水合物的分解速率,首先给出两个假定:

(1) 甲烷在水合物表面的逸度值等于在气体中的值;

(2) 忽略热量迁移过程,水合物表面温度等于周围水体温度。

基于以上假设,水合物分解速率为

$$-\frac{\mathrm{d}n}{\mathrm{d}t} = K_d A_p \left(f_{\mathrm{eq}} - f_g \right) \tag{3.63}$$

式中,A_p 为水合物颗粒的表面积;K_d 为分解速率系数;f_{eq} 为气体在水合物颗粒表面温度下和三相均衡压强下的逸度;f_g 为气体在颗粒表面温度下和周围水压强下的逸度。

2. 油的溶解过程

一般认为油不溶于水,实际上是溶解度极低而已,溶解度在 ppb($\mu g/L = 10^{-6}$ g/L)量级。国外对石油烷烃类成分的溶解度做过一些研究工作,发现其溶解度与烷烃的含碳量有关。溢油在上浮过程中,大部分低分子量芳香烃组分溶解在水中,其中尤以苯类烃最

明显，溢油层下水中的苯含量一般大于 100 mg/L。溢油中单个组分的溶解度受控于油/水分配系数，而不单纯受纯组分溶解度的制约。溢油最大溶解浓度发生在事故后的 8~12 小时，然后呈指数下降，表明挥发和水团运动影响了溶解过程。

油极低的溶解度意味着，油的溶解过程对油滴的尺寸和速度以及油粒子的位置的影响可以忽略。但油的溶解部分也是油的归宿之一，并且溢油的溶解具有很大的生物学意义，溶于海水中的脂肪烃和芳香烃的危害：

(1) 对海洋生物亚致死浓度是 10～100 μg/L；

(2) 对大多数生物幼体致死浓度是 0.1～1.0 mg/L；

(3) 对大多数成体生物致死量为 1～100 mg/L。

因此，考虑油的溶解也是有必要的。目前，关于溢油的溶解性研究主要集中于海面油膜的情况，而对于水下溢油，尤其是深水区溢油的溶解性的研究仍然很少。

由于油的溶解过程与蒸发过程有相近之处，参考蒸发模型的处理方法和数学推导思路，对溢油的溶解过程进行数学描述。首先给出以下两个假定：

假定 1：油滴因溶解而造成的质量损失频率 dm_1/dt，正比于可溶组分的溶解度 C_1、油滴的表面积 A 和可溶组分在油滴中的体积比例 $V_1/(V_1+V_2)$，即

$$\frac{dm_1}{dt} = -KM_1AC_1\frac{V_1}{V_1+V_2} \tag{3.64}$$

式中，K 为质量迁移系数，压强和温度通过该系数对溶解过程影响；M_1 为可溶组分的分子质量。

假定 2：油滴中可溶组分的体积远小于不可溶组分的体，即

$$\frac{V_1}{V_1+V_2} \approx \frac{V_1}{V_2} \tag{3.65}$$

设 ρ_1 为可溶组分的密度，则

$$\frac{dV_1}{V_1} = -\frac{KM_1AC_1}{\rho_1V_2}dt \tag{3.66}$$

求解得可溶组分的体积随时间变化的变化公式

$$V_1 = V_1^0 \exp\left(-\frac{KM_1AC_1}{\rho_1V_2}t\right) \tag{3.67}$$

式中，V_1^0 为油滴中可溶组分的初始体积。

模型中的参数 A、C_1 和 K 可根据模拟实验数据确定。

3. 气体的溶解过程

在深水区水下溢油过程中会有大量的气体溶解于水中，气体的溶解对油/气羽流的行为和归宿有重要影响。气体的溶解性受到海水温度、盐度和压强的影响，研究气体溶解过程有利于准确预测气体溢出海面的时间和位置。

气体的溶解对羽流的行为(动量通量、浮力通量、中性浮力水平)、气泡的粒径和移动速度有显著影响。一方面，气体溶解导致的质量损失会改变羽流的抬升速度，这又会

影响卷吸，因而气体溶解对羽流体积的影响很难被直接看到。随着羽流的上升，羽流的浮力通量会逐渐减小，但气体的溶解会使羽流的浮力通量减小得更快，从而逐渐失去气体对它的浮力贡献。在上升约 50 m 高度，浮力通量的减小速度会比不考虑溶解过程的速度快一倍。其后果是，使羽流的动量通量减少约 40%，而羽流抬升的高度也会降低几十米。另一方面，溶解过程对气泡的尺寸有重要影响，气体溶解导致的气泡紧缩的速度大于气泡上升导致的膨胀速度，在浮力羽流阶段，如果不考虑气体的溶解，由于气泡周围的海水压强随着气泡的上升而减小，气泡的尺寸会增大约 5%；而气体的溶解会使气泡的尺寸反而减小 20%，这进一步又可以影响气泡的上浮速度以及上浮位置。

利用公式(3.68)对气泡的溶解速率进行计算：

$$\frac{\mathrm{d}m}{\mathrm{d}t} = KMA(C_s - C_0) \tag{3.68}$$

式中，m 为气泡质量；K 为质量迁移系数；M 为气体的分子质量；A 为气泡的表面积；C_0 为溶于水中的气体浓度；C_s 为 C_0 的饱和值。

若 $C_0 \ll C_s$，则有

$$\frac{\mathrm{d}m}{\mathrm{d}t} = \frac{6KMm}{r_b} \times \frac{C_s}{\rho_g} \tag{3.69}$$

式中，r_b 为气泡半径；ρ_g 为气泡中的气体密度。

压强和盐度对气体的溶解度也有影响，可以根据 Henry 定律进行计算，即

(1)低压情况气体的溶解度为

$$P = Hx^l \tag{3.70}$$

式中，P 为溶解度；H 为 Henry 常数，由水温决定；x^l 为溶解气体的物质的量。

(2)高压情况下气体的逸度为

$$f = Hx^l \exp\left(\frac{pv^l}{RT}\right) \tag{3.71}$$

式中，f 为气体的逸度；$R = 8.31$ J/(mol·K)，为通用气体常量；T 为温度；v^l 为溶解气体的偏摩尔体积。

(3)盐度对溶解度的影响

$$C_s = H^* f \exp\left[\frac{(1-p)v^l}{RT}\right] \tag{3.72}$$

盐度通过影响 Henry 常数 H^* 对溶解度 C_s 进行影响。

3.3.4 模型验证

为了检验水下溢油模型的准确性，将溢油模型应用到若干个水下溢油场景的数值模拟，并将模拟结果与实验数据进行对比。实验数据包括 7 组来自实验室水槽模拟实验的观测数据和一组在现场实验中获取的观测数据，其中实验室数据包含了层化的和未层化的水环境中的喷流轨迹数据(陈海波，2015；Chen，2015)。

1. 水槽实验验证

首先通过数值实验将模拟结果与实验室水槽喷射实验的观测数据进行对比，对水下溢油模型的准确性进行检验。共进行 7 个数值实验，分别考察了 7 个喷射场景，考虑了不同的喷射条件和水环境层化情况。为区分不同的喷射场景，首先定义如下三个参数：

$$\mathrm{Fr}_0 = \frac{\left|\vec{V}_j\right|}{\sqrt{g_0' D}} \tag{3.73}$$

$$\mathrm{St}_0 = \frac{\left|\Delta \rho_0\right|}{D \left.\dfrac{\mathrm{d}\rho_a}{\mathrm{d}z}\right|_{z=0}} \tag{3.74}$$

$$R_0 = \frac{\left|\vec{V}_j\right|}{\left|\vec{V}_a\right|} \tag{3.75}$$

式中，带有下标 0 的变量代表初始值，Fr 为 Froude 数；$g' = g(\Delta\rho/\rho)$，$\Delta\rho = \rho_a - \rho$；$D$ 为喷嘴直径；St 为水环境的层化数；R 为喷射速度与水环境横流速度之比。各喷射实验的参数取值见表 3.9。在二维喷射模拟实验中（实验 1~5），为便于描述且不失一般性，我们将水环境的流向定义为 x 轴的正方向，即 $\vec{V}_a = (u_a, 0, 0)$。

表 3.9 实验室实验参数

实验编号	图像	Fr_0	R_0	St_0	φ_0	θ_0
1	2~3	20	4	∞	90	0
2	2~3	20	8	∞	90	0
3	2~3	18.5	12.05	∞	90	0
4	2~4	3.5	1.9	17750	90	0
5	2~4	3.4	2.0	1234.5	90	0
6	2~5	30	15	∞	0	90
7	2~5	15	5	∞	0	90

注：实验 1~5 的数据源自 Hirst（1971）；实验 6 和 7 的数据源自 Doneker 和 Jirka（1990）。

1）未层化水环境中的二维溢油模拟实验验证

数值实验 1、2 和 3 考察了在未层化且存在水平横流的水环境中的二维溢油轨迹，三个实验的喷射方向均为垂直向上。图 3.37 给出了三个实验中羽流控制体中心点的移动轨迹，并分别与 Hirst（1971）的三组实验室水槽观测数据进行了对比，可以看出，溢油模型的模拟结果与实验数据具有很好的一致性。图 3.37 表明，垂直向上喷射的溢油，在水平横流的作用下会向水流的下游漂移，这使溢油轨迹逐渐向下游倾斜，参数 R_0 越大，倾斜程度越大。实际上，在初始时刻，油团的动量方向是垂直向上的，随后油团通过卷吸作用从水环境中获得水平方向的动量，使水平方向的移动速度不断增加。同时，虽然浮力能够为油团提供向上的动量，但由于卷吸进来了大量垂向速度为零的水，最终导致油团向上的移动速度不断减小，这使得羽流形状出现弯曲，当羽流成长到一定程度，溢油在水平方向和垂直方向的漂移速度均不再有明显变化，此后溢油轨迹趋于一条斜线。

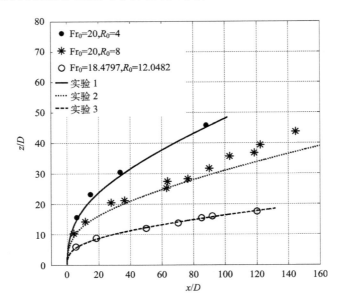

图 3.37　未层化的水流环境中的溢油轨迹

（数据源自：Hirst，1971）

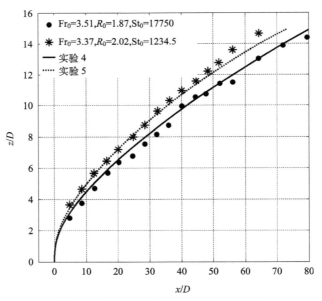

图 3.38　层化的水流环境中的溢油轨迹

（数据源自：Hirst，1971）

2) 层化水环境中的二维溢油模拟实验验证

实验 4 和 5 考察了垂直向上喷出的溢油在层化的水流中的移动轨迹。图 3.38 将数值模拟的结果与 Hirst(1971) 的实验室水槽观测数据进行了对比，可以看出，模拟值与观测值的一致性较好，模拟结果非常理想，这说明溢油模型对于层化水环境中的溢油模拟也具有很好的适用性。

3) 三维溢油模拟实验验证

利用 Doneker 和 Jirka(1990) 的两个实验室水槽溢油实验 (未层化的水环境) 的观测数据检验溢油模型的准确性。在这两个实验中，溢油都是沿水平方向喷出，且喷射方向与水流方向垂直。在数值模拟中，我们将水流方向定义为 x 轴的正方向，溢油的初始喷射方向为 y 轴的正方向。利用溢油模型模拟的溢油轨迹和水槽实验的观测数据如图 3.39 所示，其中图 3.39(a) 为溢油轨迹在 xy 平面上的投影，图 3.39(b) 为溢油轨迹在 xz 平面上的

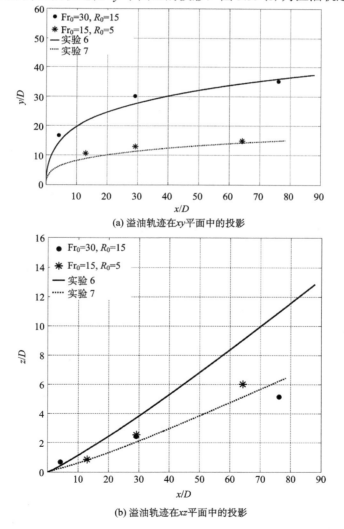

(a) 溢油轨迹在 xy 平面中的投影

(b) 溢油轨迹在 xz 平面中的投影

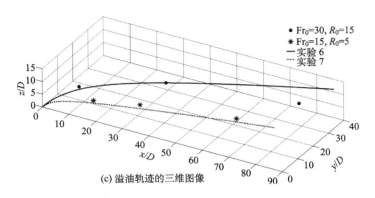

(c) 溢油轨迹的三维图像

图 3.39　三维溢油轨迹

(数据源自：Doneker and Jirka，1990)

投影，图 3.39(c)为溢油轨迹的三维图像。通过图 3.39 中模拟结果与实验数据的对比可以看出，总体而言，两个实验的模拟结果都比较理想。然而由图 3.39(b)发现，在溢油的垂向抬升高度(仅由浮力作用决定)方面，实验 6 的模拟结果要明显高于水槽实验的观测数据，我们认为这可能是由水槽实验的边界效应导致。如果提高水流速度(抑或保持流速不变，减小溢油喷射速度，从而削弱边界效应的影响)，会使模拟结果与观测数据更为吻合，这一点在图 3.39 中实验 7 的结果对比中得到了证实。

2. 现场实验验证

以上利用实验室水槽中的小型溢油实验验证了溢油模型中的羽流动力模型的准确性。如要继续检验另外一个子模型——对流扩散模型的准确性，从而完成对整个水下溢油模型的验证，还需要大型的现场溢油实验的支持。IKU、NOFO、Esso Norge 和 Norsk Hydro 于 1995 年在北海的挪威海岸附近进行了大型的水下溢油实验，Rye 等(1996)及 Rye 和 Brandvik(1997)对这次实验进行了详细描述。表 3.10 给出了该实验的参数设置，实验海区温度、盐度和密度的垂向结构以及当时的海流实测值分别见图 3.40 和表 3.9。Rye 等(1996)通过分析现场拍摄的水下溢油图像指出，喷出的溢油首先以羽流的形式运动和变化，在上浮到一定高度后转变为由大量油滴组成的油团在浮力和海流的作用下被动地漂移扩散，转变区域在 50~60 m 水深。根据声呐记录数据得到的溢油的水下范围在东南-西北方向上的投影如图 3.41 所示，其中不同深度的横线对应不同的观测时刻。现场观测还表明，溢油最早到达海面的时间为溢油开始 10 min 之后。

表 3.10　现场实验参数

溢油水深	溢出速率	喷射速度	喷口直径	油密度
107 m	1 m³/min	2.1 m/s(向上)	0.1016 m	893 kg/m³

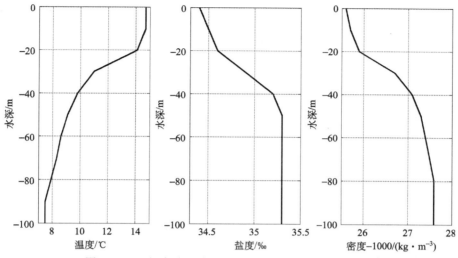

图 3.40　现场实验海域的温度、盐度和密度的垂向结构

表 3.11　现场实验的海流信息

水深/m	08:00 时的流速	08:00 时的流向*	08:30 时的流速	08:30 时的流向*
3	10 cm/s	152°	6 cm/s	169°
20	7 cm/s	87°	10 cm/s	42°
50	10 cm/s	171°	6 cm/s	171°
80	3 cm/s	30°	6 cm/s	30°

*流向为顺时针偏离东北方向的角度。

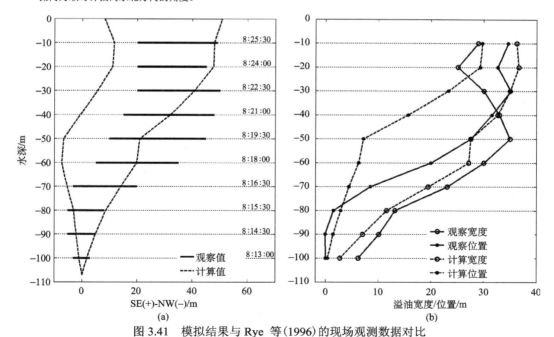

图 3.41　模拟结果与 Rye 等(1996)的现场观测数据对比

(a)溢油在东南-西北方向的投影,虚线表示模拟的油粒子的包络,实线表示在不同时刻不同水深记录的
溢油位置和水平宽度;(b)溢油水平宽度和中心位置的对比

　　基于表 3.8 的实验参数以及表 3.9 和图 3.31 中的海洋环境数据进行水下溢油模拟，其中，海流数据由表 3.9 中的数值通过线性插值得到。油滴直径分布是对流扩散模型的一个重要参量，基于 Delvigne（1994）及 Delvigne 和 Sweeney（1989）的实验室研究，假定油滴直径服从数学期望为 250 μm，标准差为 75μm 的正态分布，油滴直径的最小值取为 10 μm，最大值则根据 Rye 等（1996）的记录取为 5000μm。控制单元体通过卷吸作用从水环境中不断吸收海水，其密度会随之增大，但由于海水的密度随着水深的减小而减小，当控制单元体上升到某一深度后，其密度会等于或大于其所在位置周围的海水密度。如前文所述，在模型设置中，当控制单元体密度大于或等于周围海水密度时，终止羽流动力模型的计算，继而利用对流扩散模型取而代之。在模拟油粒子的随机运动时，将水平和垂向扩散系数在海面以下 10 m 的深度内分别取为常数 0.05 m²/s 和 0.001 m²/s，由 10 m 深度至海底，其取值线性减小（Yapa et al., 1999）。

　　利用已建模型模拟的溢油分布在东南-西北方向的投影如图 3.41（a）所示，投影的下半部分由羽流动力模型计算得到，上半部分由对流扩散模型计算得到。数值模拟结果表明，浮力羽流阶段的最大高度大约在 52.1 m 深度，溢油上浮至海面的最短时间为 11.4 分钟，这说明本节模型的模拟结果与现场溢油实验的数据具有很好的一致性。模拟的溢油水平宽度和中心位置与观测数据的对比见图 3.41（b），可以看出，模拟结果与观测数据在总体上保持了较好的一致性，尤其是溢油水平宽度的模拟，与观测数据已经非常接近。尽管如此，由图 3.41 我们还可以发现，数值模拟结果与观测数据之间也存在一定的偏差：①在 100 m 深度的羽流宽度小于观测值，据 Rye 等（1996）记载，在现场实验过程中，海洋波浪使喷油装置存在小幅度的上下颠簸，这会增大喷射流初期的卷吸作用，而在本节数值模拟中并未考虑这一点，从而导致羽流宽度的模拟值较小；②在溢油图像的上半部分（0~50 m 深度），溢油主体位置的模拟结果与观测数据之间存在一定偏移，其原因我们认为是，本节数值模拟所用的流场只是根据在 4 个深度上测得的海流数据插值得到，因而在细节方面不够准确，而海流数据的精度能直接影响到对流扩散模型的模拟精度；另外一方面，在现场观测时不能保证观测断面是严格的东南-西北方向的，存在一定的角度偏差，这也是导致本节模拟结果出现位置偏差的一个可能原因。综合以上两点考虑，本节模型对现场实验的模拟结果还是令人满意的，从而验证了本节模型的合理性和准确性。

　　进一步结果分析表明，在浮力羽流阶段终结后，油滴直径的选取对数值模拟结果有较大影响。直径较大的油滴由于具有较快的浮力速度，能更快地到达海面，其运动轨迹更接近垂直方向，并且由于受水下横流的影响时间较短，其到达海面的位置会更靠近溢油点；反之，直径较小的油滴到达海面的时间更长，其运动轨迹更接近水平方向，并且到达海面的位置离溢油点也更远。

3.4　深水溢油模拟试验

3.4.1　模拟试验装置研制

为实现深海环境的仿真，模拟高压低温的深水环境，我们研制一套深水溢油模拟试验装置，见图 3.4，利用本试验装置模拟不同压强、温度、喷射速度等条件下的深水溢油试验。根据溢油模型及模拟试验的总体要求，以压力装置为试验平台，通过试验分析油滴粒径和上升速度的影响因素，为溢油模型提供有效的参数数据。深水溢油模拟试验装置主要由试验模型及给排水单元、气体增压驱动单元、原油计量注入单元、气体计量注入单元、空气加热单元、喷射系统、污水排放单元、摄像机升降系统及测控采集系统等部分组成。

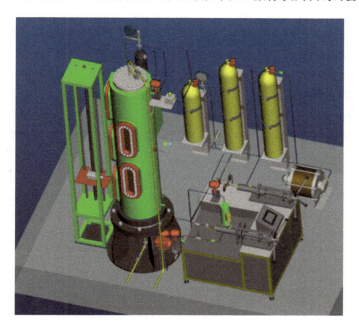

图 3.42　　深水溢油模拟装置

1）试验模型

模型为碳钢铸管内衬不锈钢管的复合管形式，尺寸（内径×有效高度）为 300（±5）mm×2200 mm。模型圆周壁上 90°方向上分别开有 5 个观察视窗，供高速摄像头摄像和照明使用，模型两端分别采用法兰密封，法兰上开有相应功能的安装孔，模型采用底座安装方式。

根据试验要求，为了能够保证实验过程中的连续摄像，所以在耐高压模型上设计可视窗口，综合考虑材料的透光率、强度、加工工艺、经济性等各方面因素，初始设计视窗为长方形，材质为高强度钢化玻璃。为了能够清晰摄像，同时考虑到油污染等因素，分析在模型内部设置光源可行度不高，因此，决定在模型上加工两个照明用视窗，将两组照明灯通过两个照明视窗并可以旋转角度为模型内部提供必要的光源，保证摄像的清晰度。

此模型耐压压力较高，因此需要较高的强度。为了实现连续摄像，模型圆周壁上就必须设计尽可能多的视窗，但是增加了视窗势必影响到模型的强度。所以为了保证强度，必须增加模型厚度。综合考虑摄像机的视角变化以及模型的强度要求，此模型设计 3 个长圆形观察视窗,其尺寸为 420 mm×60 mm。视窗所使用的钢化玻璃必须能够具有足够的强度,才能保证模型的正常使用,但是随着玻璃的厚度增加,制作难度加大,透光率也势必降低,因此选择合适的视窗玻璃厚度极为重要。

2) 给排水单元

利用原有实验模型里配套的冷水机组、冷水罐及冷水泵为实验模型提供冷却循环水,除此而外,给排水单元还包括低压安全阀、除油过滤器、高压手阀及管件一批。

3) 气体增压驱动单元

利用气动增压泵通过原有的螺杆空压机为之提供驱动气源,对已充水模型进行注气增压,实验前为模型建立 10MPa 压力,并在实验时作为中间容器的驱动气源进行驱替喷射实验;该驱动单元由气动增压泵、手动调节背压阀、高压安全阀、氮气瓶、高压储气罐、手动阀门等组成。

4) 原油计量注入单元

通过手动计量泵将一定量的原油先吸入到计量泵中,然后根据实验要求注入一定量的原油到模型中。原油计量注入单元由原油储罐、手动原油计量泵、手动阀门等组成。

5) 气体计量注入单元

通过计量泵,将一定量的甲烷气体吸入到计量泵中,然后根据实验要求注入一定量的甲烷气体到模型中。气体计量注入单元由甲烷气瓶、带液晶显示屏手动气体计量泵、手动阀门等组成。

6) 空气加热系统

为所注入的原油提供一定的温度环境,主要由高温箱组成。

7) 喷射系统

模拟原油溢出的喷射工况,喷嘴具有 0.5 mm、1 mm、2 mm、5 mm、10 mm 等不同规格。喷射系统由中间容器、高压气动球阀、手动球阀、不同喷射口径的高压喷嘴等组成。

8) 污水排放单元

由污水箱、除油过滤器、高压球阀等组成,实验完成后将模型内的水及残余原油放空排掉。

9) 摄像机升降系统

由升降支架、摄像机、微型调速电机、螺杆丝杠及导轨等组成。可根据需要将摄像机升到某个指定高度,摄像机垂直于观察窗方向可以根据需要调整前后距离。

10) 测控采集系统

包含温度、压力等测控仪表，气动控制阀，低压配电系统，PLC 控制系统，数据采集与处理系统。

3.4.2　深水溢油模拟试验

目前人们对溢油过程中油滴或气泡的行为与归宿研究主要集中在海面，关于水下溢油的实验研究较少，深水条件下的实验更少。Masutani 和 Adams 从 2001 年就开展了相关实验，他们想通过实验来验证并修正现有的预测模型，研究了喷射速度、环境因素、注入流体性质等对油滴破碎机制和粒径分布的影响规律。Chen 和 Yapa(2007) 提出了一种确定油滴粒径分布的方法，该方法用到了质量守恒方程和比表面约束方程。Bandara 和 Yapa(2011) 在研究与粒径分布对应的气泡直径分布时发现气泡的破碎和聚并是影响湍流射流的重要原因。2013 年，挪威科技工业研究院(SINTEF) 在 Tower Basin 实验装置基础上进行了大量的实验，测试了不同温度、不同油品以及不同消油剂条件下的实验数据，实验数据用来改进或修正由 MEMW 方法计算得到的油滴粒径。

通过开展深水高压低温环境下的仿真试验，不仅为深水溢油模型提供模型参数和有效数据，还可以验证深水溢油模型的准确性，通过实验分析粒径和上升速度的影响因素，并探讨气泡在高压低温环境条件下形成水合物的条件，分析水合物对油气的羽流边界和轨迹的影响，为溢油模型提供有效的参数数据。结合南海深水环境实际情况和上述压力装置，模拟试验主要的环境变量包括压强(喷射速度)、油气比等条件，实验及结果如下。

1) 喷射速度影响模拟试验

深水溢油液滴破碎区域(分裂区域)主要由射流的两个无量纲物理量雷诺数和奥内左格数决定，分别表征惯性力与黏滞力之比和黏性力与惯性力以及表面张力之间的相互关系。对于室内实验，主要通过调整水下喷射的速度或喷射压力的大小来改变雷诺数，或者通过改变实验中所使用的原油样品的黏度(不同类型的原油)来调整奥内左格数。根据实验方案完成了不同注入压力条件下深水溢油模拟实验，实验条件如下：模型压力 5MPa，喷嘴 1 mm，注入压力分别为 5.5MPa，6MPa，6.5MPa，7MPa，7.5MPa，8MPa。实验过程采用高速摄像和普通摄像相结合的方法，完成对实验数据的采集。通过实验发现在喷射压力小于某特定压力时，溢油喷射实验没有观察到水中喷油破碎现象，这说明在其他实验条件不变的情况下，不同的注入压力会影响油在水中喷射的液滴分布情况。图 3.43 是高速摄像机拍摄的不同压力条件下两种射流图。

从图 3.43 可以看出，随着注入压力的变化，溢油射流在水体中所形成的油滴粒径分布规律差别明显：首先压力越高喷射速度越大，射流雷诺数越大，淹没喷射油流与水之间的相互作用越剧烈，导致射流在水中形成的液滴数量及平均粒径越小。两种射流的粒径分布可以看出高压喷射条件下，射流能量高，喷射高度相对较高，且形成的微小颗粒的数量较大，颗粒之间发生聚并形成大颗粒的概率较小。图 3.44 为不同喷射压力下的溢油粒径分布。

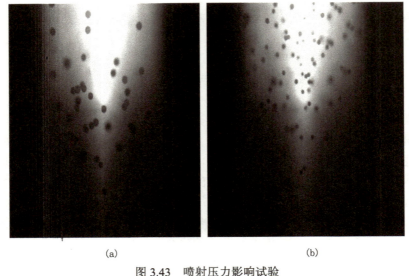

(a)　　　　　　　　　　　　　　(b)

图 3.43　喷射压力影响试验

(a) 6.5 MPa；(b) 7.3 MPa

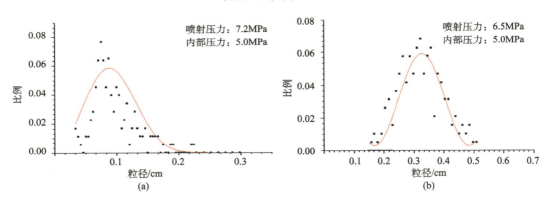

(a)　　　　　　　　　　　　　　(b)

图 3.44　两种不同喷射压力下溢油粒径分布

2) 油气比影响模拟实验

　　深海油气钻井井喷、海底输油管道破损泄漏等事故溢出的原油通常含有大量的天然气，混含气体的油污染物在海洋环境中的输移扩散过程可概述如下：石油和天然气在泄漏源的压力作用下连续喷射进入水体中并破碎成为油滴和气泡，它们在喷射动量和水体浮力作用下形成浮射流。在浮升过程中，天然气在深海的高压低温环境中可能与周围的海水化合形成固态的水合物，但水合物浮升至相对低压和高温的环境中将分解为气泡和水。此外，当浮射流遇到较强的横向水流时，天然气气泡将逐渐脱离浮射流。随后，失去浮射动量的油滴将在周围海水流动作用下在水平和垂直方向输移和分散。最后，粒径小的油滴继续悬浮在海水中，而粒径大的油滴浮升至海面后扩展为油膜，并在风、流、浪等海洋环境因素作用下经历着漂移、扩散和蒸发、乳化等风化过程。

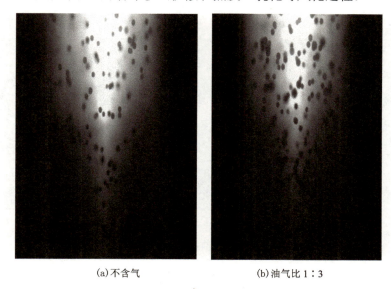

(a)不含气　　　　　　　　　　(b)油气比 1∶3

图 3.45　不同的油气比溢油喷射图

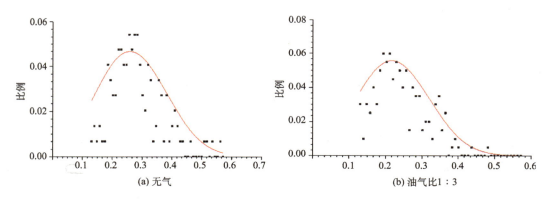

(a) 无气　　　　　　　　　　(b) 油气比1∶3

图 3.46　三种不同油气比条件下的粒径分布

　　本次试验在两种油气比条件下，开展了水下溢油试验，油气比为 1∶3，喷射压力都是 7.3MPa，模型内压力 5MPa。原油采用南海流花 FPSO 油样，气体采用甲烷气，每次喷射原油总量为 380 mL(考虑管线内容积)。试验表明，油气比越小，油滴粒径越小，其原因是油气比越小，喷射速度越大，导致剪切力越大。实验中观察到油气混合物同时由喷口喷出，气泡与油滴分离后，以较高的速度上升，在实验装置中部高速摄像机观察气泡最先出现，在下部观察窗不能观察到这种现象。

3)原油类型影响模拟试验

　　试验使用了我国南海流花油田高黏重质油和陆丰油田高凝中质油，其相关物理属性如表 3.12 所示。流花油在常温常压下是液态，流动性好，陆丰油在常温常压下呈凝固状，流动性极差，但在高温条件下陆丰油的黏度极低，流动性高。图 3.47 为两种原油常温常压下状态。

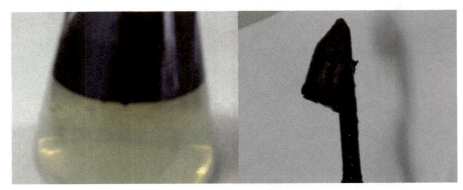

(a) 流花油　　　　　　　　　　　　　　(b) 陆丰油

图 3.47　原油常温常压下状态

表 3.12　油样物性测试结果

序号	名称	运动黏度(40℃)/(kg/m³)	密度(20℃)/(kg/m³)	凝点/℃	倾点/℃
1	流花	245.2	936.5	−19	−16
2	陆丰	6.628	835.5	31	34

将两种原油加热到50℃进行室内实验，注射压力及模型压力分别为7.3MPa和5MPa。水温 18℃，注入温度 50℃。喷射结果显示：两种原油喷射过程差别明显，首先流花油在该实验条件下更容易形成油滴，这是由于流花油密度高，表面张力大；而陆丰油属于高凝油，含蜡高，但高温下黏度低，喷射到低温水体中极易形成小液滴，而这些小液滴在低温环境下，由于换热作用，直接固化，形成固相颗粒，不再发生液滴聚并，因此在实验中没有观察到大的液滴。

4) 消油剂影响模拟实验

为进一步探讨添加消油剂前后溢油的行为特征，向实验装置内按照 30：100 的比例添加了一定量的消油剂，在添加消油剂后开展了多次试验，实验结果显示，添加消油剂前后，流花油的表面张力降低，经喷射后，形成油滴的粒径分布发生明显变化。实验对比如图 3.48 所示。

5) 油滴上升速度分析结果

在对不同油滴上升速度的研究中发现，气泡的上升速度与气泡粒径的大小息息相关，但由于功能性实验只对喷口附近的某种原油油滴上升速度进行了测量，所得的结果只具有一定的代表性。如表 3.13 所示为流花油在喷射压力 7.2 MPa，内部压力 5.0 MPa，未加消油剂情况下的不同粒径油滴的上升速度数据。用上述数据经拟合得到油滴上升速度随油滴直径的变化关系曲线，如图 3.50 所示。

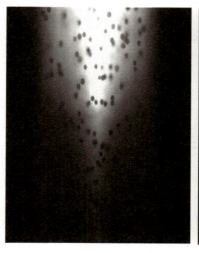

（a）未加消油剂　　　　　　　　　（b）加消油剂

图 3.48　消油剂影响实验

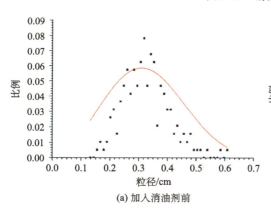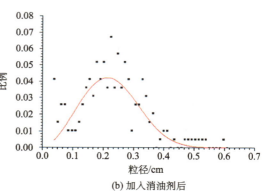

（a）加入消油剂前　　　　　　　　　　（b）加入消油剂后

图 3.49　加消油剂前后油滴粒径分布

表 3.13　油滴上升速度记录

序号	第 1 帧测定值			第 100 帧测定值			平均粒径	速度
	X_1/mm	Y_1/mm	D_1/mm	X_2/mm	Y_2/mm	D_2/mm	/mm	/(m/s)
1	62.549 19	87.636 81	1.657 97	62.176 82	64.204 41	1.890 24	1.774 105	0.035 149
2	54.497 39	76.451 84	1.844	54.121 23	51.881 27	1.869 91	1.856 955	0.036 856
3	47.713 1	95.359 35	1.890 57	47.335 1	70.033 2	1.897 95	1.894 26	0.037 989
4	52.693 73	64.993 98	1.868 34	52.385 99	39.509 96	1.957 13	1.912 735	0.038 226
5	65.762 19	86.556 91	1.905 82	65.674 6	60.343 6	2.030 4	1.968 11	0.039 32
6	52.320 89	72.978 39	1.992 13	51.669 79	45.509 02	1.949 81	1.970 97	0.041 204
7	74.726 1	108.900 6	2.124 41	72.261 65	79.949 09	1.987 36	2.055 885	0.043 427
8	69.712 8	90.190 43	2.330 83	69.502 54	60.649 86	2.193 14	2.261 985	0.044 311

续表

序号	第 1 帧测定值			第 100 帧测定值			平均粒径 /mm	速度 /(m/s)
	X_1/mm	Y_1/mm	D_1/mm	X_2/mm	Y_2/mm	D_2/mm		
9	75.983 49	88.597 83	2.297 34	76.762 79	59.844 16	2.315 09	2.306 215	0.043 131
10	68.469 94	84.260 62	2.306 88	68.140 09	54.078 05	2.344 66	2.325 77	0.045 274
11	57.210 3	102.84 27	2.409 67	57.345 33	71.534 8	2.420 87	2.415 27	0.046 962
12	70.849 27	64.544 89	2.481 14	70.474 19	33.519 55	2.484 48	2.482 81	0.046 538
13	67.695 17	39.867 98	2.459 64	68.040 62	8.435 18	2.577 14	2.518 39	0.047 149
14	43.186 5	83.697 36	2.735 02	43.432 9	51.933 28	2.666 18	2.700 6	0.047 646
15	54.336 21	55.482 22	2.757 08	54.411 72	23.936 53	2.810 94	2.784 01	0.047 319

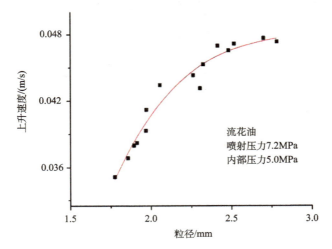

图 3.50 上升速度随油滴粒径上升关系曲线

(喷射压力 7.2MPa；内部压力 5MPa)

综上所述，由压力装置中得到的不同条件下实验数据分析表明油滴粒径符合正态分布规律，所得到的拟合公式为

$$\mathrm{vol}(x) = \frac{2.99 \times 2.7 \times x^{1.7}}{50 \times x_c^{2.7}} \times \mathrm{e}^{-2.99\left(\frac{x}{x_c}\right)^{2.7}}$$

式中，$\mathrm{vol}(x)$ 为粒径为 x 的液滴所占的比例；x_c 为拟合粒径特征值；x 为油滴粒径。

油滴上升速度拟合公式为

$$V_{上升} = -0.1542 + 0.208\,98d - 0.072\,98d^2 + 0.008\,61d^3$$

式中，$V_{上升}$ 单位为 m/s；d 为油滴粒径，即油滴上升速度随油滴粒径增大而增大。

参 考 文 献

陈海波, 安伟, 杨勇, 等. 2015. 水下溢油数值模拟研究. 海洋工程. 33(2): 66-76.

亓俊良, 李建伟, 安伟, 等. 2013. 深水区水下溢油行为及归宿研究. 海洋开发与管理, 30(8): 77-84.

王永刚, 方国洪, 曹德明, 等. 2004. 渤、黄、东海潮汐的一种验潮站资料同化数值模式. 海洋科学进展. 22 (3): 253-274.

Bandara U C, Yapa P D. 2011. Bubble sizes, breakup, and coalescence in deepwater gas/oil plumes. Journal of Hydraulic Engineering, 137 (7): 729-738.

Bandara U C, Yapa P D, Xie H. 2011. Fate and transport of oil in sediment laden marine waters. Journal of Hydro-environment Research, 5: 145-156.

Bemporad G A. 1994. Simulation of round buoyant jet in stratified flowing environment. Journal of Hydraulic Engineering, 120 (5): 529-543.

Bobra M A, Chung P T. 1986. A catalogue of oil properties. Report EE-77, Consultchem, Ottawa, Canada, March.

Chen H B, An W, You Y X, et al. 2015. Modeling underwater transport of oil spilled from deepwater area in the South China Sea. Chinese Journal of Oceanology and Limnology, 33 (5): 1-19.

Chen H B, An W, You Y X, et al. 2015. Numerical study of underwater fate of oil spilled from deepwater blowout. Ocean Engineering, 110: 227-243.

Chen F H, Yapa P D. 2004. Modeling gas separation from a bent deepwater oil and gas jet/plume. Journal of Marine Systems, Elsevier, the Netherlands, 45 (3-4): 189-203.

Chen F H, Yapa P D. 2007. Estimating the oil droplet size distributions in deepwater oil spills. J. Hygraul. Eng., 133(2):197-207.

Clift R, Grace J R, Weber M E. 1978. Bubbles, drops, and particles, Academic, New York.

Dasanayaka L K, Yapa P D. 2009. Role of plume dynamics phase in a deepwater oil and gas release model. Journal of Hydro-environment Research, 2: 243-253.

Delvigne G A L. 1994. Natural and chemical dispersion of oil. , 11: 23-40.

Delvigne G A L, Sweeney C E. 1989. Natural dispersion of oil. Oil and Chemical Pollution, 4: 281-310.

Doneker R L, Jirka G H. 1990. CORMIXI: an expert system for hydrodynamic mixing zone analysis of conventional and toxic submerged single port discharge. Technical Report EPA/600/3-90/012, U. S. Environmental Protection Agency, Athens, Ga.

Elliott A J. 1986. Shear diffusion and the spread of oil in the surface layers of the North Sea. , 39 (3): 113-137.

Fang G, Kwok Y K, Yu k, Zhu Y. 1999. Numerical simulation of principal tidal constituents in the South China Sea, Gulf of Tonkin and Gulf of Thailand. Continental Shelf Research, 19: 845-869.

Fanneløp T K, Sjøen K. 1980. Hydrodynamics of underwater blowouts. Norwegian Maritime Research, 4: 17-33.

Fischer H B, List E J, Koh R C Y, et al. 1979. Mixing in inland and coastal waters. New York: Academic Press.

Fogg P G T, Gerrard W. 1991. Solubility of Gases in Liquids. Solubilities of methane and other gaseous hydrocarbons, Wiley, chap. 7.

Frick W F. 1984, Non-empirical closure of the plume equations. Atmospheric Environment, 18 (4): 653-662.

Hirst E. 1971. Buoyant jets discharged to quiescent stratified ambient. 76 (30): 7375-7384.

Johansen Haidvoge/et al. 2000. DeepBlow: A Lagrangian plume model for deep water blowouts. Spill Science

& Technology Bull. , 6(2): 103-111.

Johansen Ø. 1984. The Halten Bank Experiment-observations and model studies of drift and fate of oil in the marine environment. Proceedings of the 11th Arctic Marine Oil Spill Program (AMOP) Technical Seminar, Environment Canada: 18-36.

Johansen Ø. 2003. Development and verification of deep-water blowout models. Marine Pollution Bulletin, 47: 360-368.

Lee J H W, Cheung V. 1990. Generalized Lagrangian model for buoyant jets in current. Journal of Environmental Engineering, 116(6): 1085-1106.

Lee K. 2002. Oil-particle interactions in aquatic environments: influence on the transport, fate, effect and remediation of oil spills. Spill Science & Technology Bulletin, 8(1): 3-8.

Maini B B, Bishop P R. 1981. Experimental investigation of hydrate formation behaviour of a natural gas bubble in a simulated deep sea environment. Chemical Engineering Science, 36: 183-189.

McCain W D. 1990, The Properties of Petroleum Fluids. Second Ed. Tulsa: PennWell Publishing Company: 548.

Muschenheim D K, Lee K. 2002. Removal of oil from the sea surface through particulate interactions: review and prospectus. Spill Science & Technology Bulletin, 8(1): 9-18.

Neumann G, Pierson W J Jr. 1996. Principles of physical oceanography. Prentice-Hall, Inc. , Englewood Cliffs NJ.

Owens E H, Bragg J R, Humphrey B. 1994, Clay-oil flocculation as a natural cleaning process following oil spills: part 2 -implications of study results in understanding past spills and for future response decisions. Proceedings, 20(4): 25-37.

Payne J, Kirstein B, Clayton Jr J R, et al. 1987. Integration of suspended particulate matter and oil transportation study. Technical Report 14-12-0001-30146. Science Application International Corporation, 10260, Campus Point Drive, San Diego, CA 92121.

Rye H, Brandvik PJ, Reed M. 1996. Subsurface oil release field experiment-observations and modelling of subsurface plume behavior. Proceedings of the 19th Arctic and Marine Oil Spill Program (AMOP) Tech. Seminar, Vol. 2, Environment Canada, Ottawa: 1417-1435.

Rye H, Brandvik P J. 1997. Verification of subsurface oil spill models. International Oil Spill Conference Proceedings: April 1997, Environment Canada, Ottawa, (1): 551-577.

Schatzmann M. 1979. Calculation of submerged thermal plumes discharged into air and water flows. Proc. 18th IAHR Congress, Int. Assoc. for Hydr. Res., Delft, The Netherlands, 4: 379-385.

Schatzmann M. 1981.Mathematical modelling of submerged discharges into coastal waters. Proc. 19th IAHR Congress, Int. Assoc. for Hydr. Res., Delft, The Netherlands, 3: 239-246.

Stephen M. Masutani, E.Eric Adams.2001. Experimental Study Of Muti-Phase Plumes With Application To Deep Ocean Oil Spills . Honolulu:University of Hawaii.

Sloan E D. 1990. Clathrate hydrates of natural gases. New York: Marcel Dekker: 641.

Socolofsky S A, Adams E E, Sherwood C R. 2011. Formation dynamics of subsurface hydrocarbon intrusions following the Deepwater Horizon blowout. Geophysical Research Letter, 38, L09602.

Sterling M C, Bonner J S, Page C A, et al. 2004. Modeling crude oil droplet-sediment aggregation in nearshore waters. Environment Science and Technology, 38(17): 4627-4634.

Winiarski L D, Frick W E. 1976. Cooling tower plume model. Report EPA-600/3-76-100, U. S. Envir. Protection Agency, Corvallis, Oreg.

Xie H, Yapa P D, Nakata K. 2007. Modeling emulsification after an oil spill in the sea. Journal of Marine Systems, 68: 489-506.

Yapa P D, Wimalaratne M R, Dissanayake A L, et al. 2012. How does oil and gas behave when released in deepwater? Journal of Hydro-environment Research, 6(4): 275-285.

Yapa P D, Zheng L, Chen F H. 2001. A model for deepwater oil/gas blowouts. Marine Pollution Bulletin, Elsevier Science Publications, UK, 43: 234-241.

Yapa P D, Zheng L, Nakata K. 1999. Modeling underwater oil/gas jets and plumes. Journal of Hydraulic Engineering, ASCE, 125(5): 481-491.

Zheng L, Yapa P D. 1998. Simulation of oil spills from underwater accidents II: model verification. Journal of Hydraulic Research, IAHR, 36(1): 117-134.

Zheng L, Yapa P D. 2000. Buoyancy velocity of spherical and nonspherical bubbles / droplets . Journal of Hydraulic Engineering, 126(11): 852~854.

Zheng L, Yapa P D. 2002. Modeling gas dissolution in deepwater oil/gas spills. Journal of Marine Systems, Elsevier, the Netherlands, 299-309.

Zheng L, Yapa P D, Chen F H. 2003. A model for simulating deepwater oil and gas blowouts - Part I: Theory and model formulation. journal of hydraulic research. IAHR, 41(4): 339-351.

第 4 章　深水溢油量估算

海洋溢油事故中的溢油量是评估溢油规模和生态损失的前提。由于海面溢油事故，如船舶碰撞、海上石油平台溢油事故发生相对较为频繁，因此海面溢油量的估算方法相对较为成熟，主要是通过光学和非光学监测技术获得溢油厚度和面积来估算海面溢油量。水下溢油由于受溢油源、油品、水动力条件等的影响，其去向较为复杂。一般情况下，溢油直接溶解或形成悬浊液、乳浊液或被颗粒物吸附而进入海水，部分溢油上浮于海面形成油膜，部分抵岸；在有高比重的油基泥浆和原油混合物存在时，其会直接沉降到沉积物或进入其内部。因此海面溢油量与水下溢油量估算方法应区分对待，更为科学地估算溢油量，为溢油应急现场处置提供技术支持。

4.1　海面溢油量估算

目前，针对海面溢油已有一些较为实用和有效的溢油量估计方法。当溢油是因为油轮或轮船受到某种损害，如碰撞或搁浅，可根据其装载能力和损坏范围、程度，对溢油量进行估算。而如果溢油事故发生在输油期间，泵率和开始漏油至闭泵时隔已知，则总溢油量可利用最大泵率与出事到关泵时隔之积来估算。在精确知道溢油源的情况下，如输油管线的泄漏，可以根据泄漏的速率和时间确定溢油量，船舶的泄漏可以根据泄漏前后船舶所储存油量的差值来计算，沉船溢油量的估算，可根据发生事故时的载油量和尚存量之差来计算(吴晓丹等，2010；吴晓丹等，2011)。

溢油自动数据查询(automated data inquiry for oil spills，ADIOS)：是由美国国家海洋和大气管理局为溢油应急工作者和应急计划开发的、基于计算机的溢油响应工具，整合了大约 1000 种油在短期内的归宿及其清除模型，用来估算溢油在海洋中的滞留时间及存量。

海上溢油量主要受控于溢油密度、油膜厚度、溢油面积三个因素，在实际外海，由于环境条件和动力条件的复杂性，溢油密度、油膜厚度和溢油面积均易受到多种因素的影响。总体而言，溢油密度的变化相对稳定，而随着遥感技术的进步，外海溢油油膜面积的获得也不再是一个难题，因此油膜厚度的确定是估算溢油量的关键参数之一，是一个尚未解决的国际性难题。油膜厚度的确定是海洋环境管理不可缺少的工作之一，在海洋石油污染监视、监测和溢油的治理方面，都需要油膜厚度的准确、可靠的数据。

目前，各国普遍采用的探测油膜存在与否的方法主要有两种：一种是直接探测方法；另一种是遥感方法。而探测油膜面积和油膜厚度的方法主要有光学监测技术和非光学监测技术两种。光学监测技术中应用最多的是遥感技术，但其易受环境因素影响，仍有许多不足。而非光学监测技术虽具有经济、方便、准确性高等特点，但因应用范围受限也并未得以推广。

　　根据国家海洋局北海分局制定的《海洋溢油生态损害评估技术导则》，利用油膜厚度和面积对海面溢油量进行估算，计算中考虑了溢油风化过程。溢油进入海洋后，在重力、风浪的作用下，会不断扩散。在溢油量固定的情况下，油膜的面积不断扩大，油膜的厚度不断减小，而且各处油膜的厚度不尽相同，所以简单靠面积或厚度是不能完全反映溢油量的，必须知道各种厚度油膜的面积，才能得到总的现场溢油量。海面溢油量根据油膜厚度和面积来估算，油膜的厚度是通过颜色来估算，溢油的面积是通过油膜的分布计算。

4.1.1　油膜厚度的估算

1）波恩协议

　　《波恩协议》（*Bonn Convention*）全称为《1983 年处理北海油污和其他有害物质合作协议》，是欧洲北海周边国家签订的一份处理油污事故的多边合作协议，已经有 30 多年的历史，取得了卓有成就的成绩，它使得签署国家的利益受到保护，而且仍在发挥作用。该协议针对油污量难以测量的问题，制定了一系列的技术标准，根据油膜颜色来估算油膜厚度，进而估算油污量。《波恩协议》是一份开放的协议，采用《波恩协议》的国家都将它确定的标准作为测算溢油量的技术标准。国家海洋局北海分局制定的《海洋溢油生态损害评估技术导则》（HY/T 095—2007，2007-05-01）和中国海事局出版的《海上溢油应急培训教程》等都将《波恩协议》作为海面油膜厚度估算方法。

　　《波恩协议》中对溢油量判断的理论依据是：凡能造成水色差异或引起海水浑浊度变化的油污染物，均对水体的光谱反射率和发射率有影响。油膜可以在可见光内获得，随着油膜种类与厚度的不同，其光谱反射特征将发生变化，在可见光成像图中油膜表面颜色呈现从灰色至深褐色或黑色的不同颜色，根据油膜表面呈现出的颜色，估算其厚度，见表 4.1。

表 4.1　溢油油膜颜色与厚度、体积试验关系

序号	油膜颜色	大致厚度/μm	大致体积/（m³/km²）
1	银白色	0.02~0.05	0.02~0.05
2	灰色	0.1	0.1
3	彩虹色	0.3	0.3
4	蓝色	1.0	1.0
5	蓝褐色	5	5
6	褐色	15	15
7	黑色	20	20
8	黑褐色	100	100
9	橘黄色或巧克力色	1000~4000	1000~4000

注：引自国家海洋局北海分局制定的《海洋溢油生态损害评估技术导则》。

2)遥感探测技术

随着遥感技术的发展,红外、紫外、激光荧光、激光声学以及微波辐射计都被用来探测海面油膜的相对或者绝对厚度,但还不十分成熟。在墨西哥湾溢油事故中,利用美国宇航局卫星携带的可见光红外成像光谱仪(AVIRIS)对海面油膜厚度进行了探测,并据此估算了溢油量,但国内对此研究和应用不多。

4.1.2　油膜面积的估算

(1)目测:如油膜形状接近椭圆形,油膜总面积通过目测油膜长短半轴的长度来估算。为了提高目测的准确性,长短半轴长度的估算可与已知长度的参照物比较得出。

(2)船舶或飞机连续定位:当油膜面积很大,超出可以直接目测的范围,可借助船舶或飞机沿油膜边界航行连续定位确定,取其长短半径乘积的80%作为油膜面积。

(3)卫星遥感:卫星遥感具有全天侯、监测范围大、方便、费用低、图像资料易于处理和解译等优势,在确定溢油位置和面积等方面能够提供宏观图像,适合重点区域长期监测和大面积的溢油污染监测。目前应用较多的是合成孔径雷达(SAR),其原理是当海面上覆盖一层油膜时,海面张力波和短重力波由于受到阻尼,海面变得更为平滑,海面糙度减小,使得溢油区域在雷达信号波段的反射性降低,该部分海域对应的 SAR 图像灰度级降低,颜色变暗。通常在 SAR 图像上所观察到的海上溢油通常呈现为颜色较暗的斑点、斑块或条形状,从而可以利用这个特征,在 SAR 图像上识别溢油区域。

4.1.3　溢油量估算

海面溢油总量可根据估算的海面油膜厚度和面积以及溢油品种的密度计算得出,公式为

$$G = \sum_{i=1}^{n} S_i \times H_i \times \rho \qquad (4.1)$$

式中,G 为海面溢油总量;S_i 为第 i 种颜色的油膜面积;H_i 为第 i 种颜色的油膜厚度;ρ 为油品密度;n 为油膜颜色的数量。

4.2　水下溢油量估算

水下溢油事故一旦发生,首先需要确定紧急处理方案和清除措施以及评估溢油规模和溢油对环境的污染影响及损害程度,而比较准确及时地确定污染溢油量、发生位置和油污种类是完成这些措施和评估的前提。因此,水下溢油量估算对整个应急处置具有至关重要的作用。目前,水下溢油量的估算方法是一个尚未解决的国际性难题。对于输油管道溢油、沉船溢油及井喷溢油来说,由于其为点源溢油,根据声学分析或粒子图像测

速分析从溢油源获得流体速度及相关参数相对较为容易；而对地层破裂溢油事故来说，其为线源、多点源甚至是面源溢油，流体速度不均一且较难获得，因此在估算溢油量上也较为困难。针对水下溢油事故溢油量的现有估算方法主要包括物质平衡法、声学估计法、粒子图像法、油藏估算法和化学分析方法等。

4.2.1　物质平衡法

石油溢入海洋之后，经历漂移、扩散和风化等复杂的物理、化学和生物变化过程，同时在应急反应中会采取各种方法对溢油进行回收和处理，溢油在整个过程中遵循质量平衡原理，并最终从海洋环境中消失。物质平衡法是根据溢油在海洋环境中的行为与归宿，将各个过程中估算的溢油量相加，得到的油量的和即为溢油总量，包括海面残留的溢油量、回收和处理的溢油量以及风化(主要是指蒸发、溶解和分散)过程中减少的溢油量，其关键在于对溢油在海洋环境中去向的分析与估算。

物质平衡法在墨西哥湾水下溢油事故中得到应用，该方法利用了一种美国宇航局的传感器——可见光红外成像光谱仪，优势在于不仅测量海面浮油的面积，而且也测量浮油的厚度。随后，科学家们校正了观测到的油量，校正是加上撇去和燃烧的原油量以及原油达到海面之后分散和挥发的估计油量，所有已知油量的总和就是泄漏油量估计。所得油量范围取决于科学家如何正确解释海洋表面成像的每个像素中含有的油量。然而，在估计中，海面的蒸发和分散，海水中的溶解和分散等模拟的结果很可能增加了估计的不确定性。

根据溢出原油所经历的作用过程，即可确定质量的情况。此外，以其他溢油事故的观察结果和相应的学科知识为基础，即可估计各种过程发生的时间顺序。油井泄漏的原油一部分被直接捕获，而未被直接捕获的原油又可分为两部分：一部分在泄漏点喷射区自然或化学扩散；另一部分上升至水面。一些扩散油将溶解于水柱中，而一些漂浮至海面的原油将在上升过程中溶解或快速蒸发。对于最终残余在水面的原油可以采用燃烧方法或撇油器对其进行清理。此外，部分水面浮油将自然或化学扩散至水柱中。但是，经过上述所有过程，仍存在部分残余原油。

下面将简要介绍一些重要过程的计算方法(Labson et al.，2010)。

(1) 从油藏泄漏总量中减去直接回收量。虽然这部分原油并未进入水域，但由于该数据将决定逻辑分配，因此联合指挥中心必须记录此数据。如果以 $V_R(t)$ 代表第 t 天泄漏的原油量，$V_{DT}(t)$ 代表直接回收的原油量，则有效泄油量 $V_{RE}(t)$ 为

$$V_{RE}(t) = V_R(t) - V_{DT}(t) \tag{4.2}$$

(2) 确定下部水柱化学扩散量。计算因注入消油剂而被扩散的原油量。为了确保质量平衡，上述扩散量不能超过有效泄油量。此外，在呈小液滴形式散布的原油中，部分烃类将溶解于周围的水体，减去给定的 $V_{DC}(t)$，即可得到净化学扩散油量

$$V_{DC}(t) = (1 - k_7)\min[90k_2 V_{CB}(t), V_{RE(t)}] \tag{4.3}$$

式中，$V_{CB}(t)$ 表示注入水下喷射区的化学消油剂体积。速率常数被视为随机变量，其概

率分布描述人们对其数值的不完全认知程度，即人们对于该等式试图模拟物理过程的真实属性的不确定性。

(3)确定泄漏喷射区的自然扩散量。对于未被化学扩散的原油，计算其自然扩散量，随后减去油滴中的溶解油量。

$$V_{DN}(t) = (1 - k_7) \max\{0, k_1[V_{RE}(t) - V_{DC}(t) / (1 - k_7)]\} \tag{4.4}$$

(4)计算近海底扩散油量。计算近海底化学扩散油量和自然扩散油量的总和。该部分原油不会经历蒸发作用，也不属于近海底溶解油。

$$V_{DB}(t) = V_{DC}(t) + V_{DN}(t) \tag{4.5}$$

(5)计算撇油量。采用机械回收方法回收的液体(V_{OW})并非全部为原油，因此以速率常数 k_6 表征上述分数，即以 $V_{NW}(t) = k_6 V_{OW}(t)$ 定义净撇油量，表示风化作用各阶段的原油均被撇去。该模型假定大多数撇去原油为"老"油。因此，基于上述模型的撇油量假定已损失掉所有可蒸发的油量。

(6)确定蒸发或溶解油量。计算原油漂浮至水面第 1 天的水面原油蒸发或溶解量。加上第 2 天的水面原油蒸发量及扩散原油的溶解量。若定义第 t 天水面的原油量为 $Z = V_{RE}(t) - V_{DB}(t) / (1-k_7)$，那么第 $t-1$ 天上浮至水面并且残余的油量(忽略水面自然扩散和撇油量)为 $W(t-1) = (1-k_4)Z(t-1) - V_{BU}(t-1)$。由于综合考虑蒸发和溶解作用，底部的溶解量已被计入 V_E，因此，净蒸发或溶解量为

$$V_E(t) = k_4 Z(t) + k_5 W(t-1) + \frac{k_7}{1 - k_7} V_{DB}(t) \tag{4.6}$$

式中，V_{DB} 为就地燃烧的原油体积。该模型将上报的日燃烧油量数值作为其中一个输入值。由于燃烧油量包括先前任一时间上浮至水面的原油，因此，某一天的总燃烧油量可能超过当天的上浮油量。

(7)确定水面自然扩散量。水面扩散(V_{NS})与乳化作用之间是一个竞争过程，随着原油在水面的风化加强，潜在的扩散量减少。减去蒸发和燃烧量之后，即可计算得到适宜发生水面扩散作用的原油量：

$$V_{NS}(t) = k_8 \max[0, \ W(t)] \tag{4.7}$$

(8)确定近水面化学扩散油量。计算表面活性剂(喷洒于水面浮油)中的化学扩散原油体积，$V_{DS}(t)$。注意：根据 $V_S(t-1)$(表示截至前一天，水面残余原油的总体积)，近水面化学扩散油量不能超过水面的油量。

$$V_{DS}(t) = \min[20k_3 V_{CS}(t) V_S(t-1)] \tag{4.8}$$

式中，$V_{CS}(t)$ 表示第 t 天所用的消油剂体积。残余油量将被纳入"其他"原油类别。对于本节所述的石油预算计算工具而言，无论上述"其他"原油实际上是否位于水面，均被视为全部浮于水面。

4.2.2　声学估计法

利用成像声呐确定溢油羽流横截面面积，用多普勒海流剖面仪测量流速，估计的流速和面积相乘得出总的体积(原油和天然气)即为溢油量。在墨西哥湾溢油事故中将声学技术应用于水下机器人(ROV)上，从而直接测量从 MC252 深水水平井(Macondo)中流出石油的流量(Camilli，2010)。从井的隔水管内直接采集碳氢化合物的样本，以确定油气比。流量分析和样本采集都要在不受任何干扰的情况下进行，其中所有操作都要在时间和设备允许的条件下进行。这要求在最短时间内进行测量，此测量时间要求比最佳测量条件下所用的时间还要短。

隔水管和防喷器(BOP)的流速估算值是根据声学上的多普勒速度和每个油气孔上的声呐多光束截面估算值而建立的。在顶部压井尝试结束以后，隔水管被切断之前，也就是说在 2010 年 5 月 31 日到 2010 年 6 月 1 日清晨几个小时期间，记录声学测量值。在隔水管上方和防喷器(BOP)上方的曲折处这两个不同的地方记录速度测量值。在 MAXX3 水下机器人#35 作业期间，在隔水管上方选择三个不同的多普勒速度测量视角，在防喷器(BOP)上方选择三个多普勒速度测量视角，根据这些测量值得出流量估算值。在 MAXX3 水下机器人#35 和#36 上使用一个成像多光束声呐来完成油气孔横截面处的测量。

使用装有等压气密取样器的 Millennium 42 水下机器人#70 来收集端元样本，根据这些端元样本来确定碳氢化合物的组成。在样本采集中，BOP 上方弯曲的隔水管部分已被直接切断，密封系统的顶盖已被置于隔水管根部的上方。每个油气孔横截面面积都是结合其各自平均速度算得的，然后使用测得的油馏分系数将油气孔的横截面面积标准化。由于这些湍流射流孔内的石油流量本身具有很高的可变性，因此要使用大量的统计样本组，取其平均值，从而计算出流量估算值。为计算这些油气孔的流量，使用了 16 000 多个多普勒速度测量值和 2600 个多光束声呐横截面。

为了估算隔水管处的流量，将使用声学多普勒海流剖面仪(ADCP)获得泄漏数据与使用安装在 MAXX3 ROV 上的影像声呐系统获得的横截面面积测量值相结合。为了计算总体积流量，用由成像声呐测得的平均横截面积乘以声呐平面处的平均垂直速度。然后用这个总流量乘以油馏分，从而得到一个石油流量值(m/s)。用此方法于 2010 年 5 月 31 日在 BOP 折曲处石油泄漏的体积流量为 0.0781 m^3/s，在破裂隔水管末端处石油泄漏的体积流量为 0.171 m^3/s。

声学估计优点主要包括：①测量接近井口，油还没有扩散，所以能够获得完整的流量；②可以对油流速度场进行三维成像；③测量可以在不同阶段进行，得到流速时间变化；④独立的传感器分别测量油流横截面和速度。局限性主要包括：①需要专业化的海洋设备；②需要到达海底；③了解油气比。

4.2.3　粒子图像测速法

粒子图像测速法是一种流体动力学技术，通过对两个连续的视频帧进行观察，并调整查看角度和其他因素之后，分析每段时间视频帧之间的移动距离可以得出流速，并通过在一段时间和空间内重复测量，可以获得评估的平均流速。最后使用平均流速乘以羽流的断面面积等于体积流量(Plume Team, 2010)。粒子图像测速一词是由 Adrian 在 1984年首次提出，该方法在墨西哥湾溢油估算中得到应用。很多研究人员被粒子图像测速技术吸引，因为该技术提供了研究湍流结构的新方法。粒子图像测速技术使用微小固体颗粒进行测量，这些颗粒使用激光照射并在非常短时间的曝光条件下记录流速。在这种情况下，流体中会采用自然标志物。这些标志物本身会随时间变化而变化，因而增加了问题的复杂性。

粒子图像测速技术使用微小固体颗粒进行测量，这些颗粒使用激光照射并在非常短时间的曝光条件下记录流速。由于流体中的流速并不一致，必须对多个位置(如测速区)取样来评估平均流速。同样地，截面面积受时间、空间和分散边界的影响，因此需要根据测速区的位置计算平均截面积。在每个测区计算矢量流速 $\Delta X / \Delta t$，这些流速的平均矢量构成了平均流速，结合平均截面面积，便可计算出油和气的净流量。

关键的参数是气和液体的平均比率，该比率在视频剪辑期间会随着漏油的时间段变化而不断变化。不断增加的气体提高了羽流的流速，但是降低了集流。根据对隔水管内流体短片的分析，发现有一些时期流体会从纯天然气摇摆过渡到纯石油。这些气油流体波动的时间都在几分钟之内，实际上也可能存在较长的波动期，但这需要检查更长的视频剪辑才能确定。

另外一个关键问题是喷流内部的流速，这很明显不能直接观察到，不同的 PIV 专家采用不同的方式来处理该问题。大部分专家为内部流速假设一个校正系数，通常为 2 或 $2\sqrt{2}$。专家选择认为能直接感受到内部流速的大尺寸结构，这样可以不必进行校正。

粒子图像测速方法中，流量事件(如涡流或其他可识别特征)是观察两个连续的视频帧。校正观测角度和其他因素后，两帧之间单位时间移动的距离即速度。在多个观测点，不同规模的流动特性，重复此过程，来刻画油流速度场。这些速度对应于油表面的流体速度，这些速度是尽量接近漏出点处获得的，以便将浮力的影响减少到最小。然后，油流的表面速度到平均速度是基于模型转化的。

粒子图像测速法优点主要包括：①数据能够相对容易获得；②粒子图像测速是一项普通的技术，在很多行业应用；③测量在井口附近进行，流体还没有来得及扩散，所以得到的流量准确；④很容易在多个阶段重复观测，得到随时间变化的流量。该技术的局限性主要包括：①依赖于对油气比的假设；②高品质清晰的视频数据有一定的挑战性；③依赖于流体内部和表面流动关系的假设。

4.2.4 油藏/油井模型法

油藏模拟法是应用油、气藏地质模型和以往的开采数据，来估算地层泄漏的油量，通过使用开井日志，压力、体积和温度数据，岩心样品和模拟油藏数据来完成油藏建模，并进行溢油量估算(Reservoir Modeling Team, 2010)。该模型受多种参数约束，包括油藏岩石和流体性质；非稳态试井；压力、体积和温度测量；岩心取样。基于时间的限制，模拟者专注于最大流量和最有可能的流量两种情况。

油井模拟基于流体通过油井—防喷器—隔水管系统受限而导致的油藏到海面压力的下降，使用不同油藏模型的输入参数(包括压力、温度、流体成分和随时间变化的性质)和水下溢油点的温度压力环境，以及油井、防喷器和隔水管的几何形状(合适的情况下)，来计算每个溢油点的流体成分、性质和流量，该方法提供了可能流量的范围。

两种方法具有一定意义上的互补性，油藏模拟的结果可以表示为地层压力，而这个参数可以输入到油井模型中，来模拟从井到海面的流动。油藏模拟组考虑几个简单的井流动路径(如烃类顺着生产油管外的环空，或者在生产油管内向上流动)，而油井模拟组考虑地层压力是简化的油藏模型得到的流速函数。

油藏/油井模型优点主要包括：①不需要新的现场试验或采集数据；②鉴于这些学科涉及广泛的专业知识，并考虑到公认的分析技术，可能有许多学术、政府、商业专家进行内部一致性检查和模型验证；③可以模拟油藏/油井/阻力的整个过程，来预测随时间变化的流量变化。该方法局限性包括：①很大程度上取决于行业专有数据的取得，特别是油藏/流体性质和详细的井眼结构；②很多无法限制的未知因素(流径、井口油嘴、地层损害的程度)；③在同样可信的模型结果之间很难做出选择。

4.3　典型事故溢油量计算

由于水下溢油源性质、油品和主要去向等各不相同，溢油量估算难易程度和方法也不尽相同。对于点源溢油，如输油管道泄漏、沉船溢油来说，准确获取溢油速度、溢油孔径大小及溢油持续时间是获得溢油量的关键；对于多点源、线源或者是面源溢油，如海底地层破裂油田溢油来说，由于其溢油速度不均一且难以获得，需通过统计分析不同归宿中的油量来估算总溢油量。

根据《海底溢油量估算方法》(段丽琴等，2013)中描述了几种常见的海底溢油事故的溢油量的计算方法，主要包括输油管道溢油、井喷、沉船以及地层破裂 4 种。

4.3.1　管道溢油

海底输油管道破裂事故发生相对较为频繁，常见的管道溢油泄漏源有两种，一是小孔泄漏，二是大面积泄漏，如整条成品油管道折断。对输油管道破裂的溢油量估算主要是结合仪器探测的数据及在作业过程中记录的数据进行数值模型估算。

1. 小孔泄漏

海底油气管道泄漏事故发生时，当海底溢油源孔径较小时(一般不超过 5 mm)，油从孔中溢出后不会形成上升的浮射流，而是一个个油滴，在紊流的作用下油滴扩散开来形成羽流(如烟羽状)，此时可以忽略重力的影响，当油滴上浮到海面便形成油膜，油膜沿着表面海流的方向扩展。由于蠕孔尺寸非常小，单位时间内溢油量非常小，溢油量的估算相对简单，其估算公式如下：

$$Q_1 = t \times A \times v_2 = t \times A \times C_v \sqrt{2gH}$$

$$A = \pi \times \left(\frac{D_1}{2} \times 10^{-3} \right)^2$$

$$H = \frac{\Delta P}{\rho g} + \frac{v_1^2}{2g}$$

$$C_v = \frac{1}{\sqrt{1 + \varepsilon_2}} \tag{4.9}$$

式中，Q_1 为孔口溢出油品量（m³）；A 为漏油孔口面积（m²）；t 为溢油时间（s）；v_2 为孔口油品流速（m/s），可通过声学分析或粒子图像测速分析获得。其中，声学分析主要是利用声学多普勒海流剖面仪（ADCP）和成像声呐对移动流体的速度绘制图像，计算流体流速（m/s）；而粒子图像测速分析是通过放置水下机器人上的摄影机对溢油迁移扩散轨迹进行高分辨率录像，采用一种流体力学全流场观测技术——粒子图像测速技术测定流体流速；v_1 为管道油品流速（m/s）；C_v 为孔口流量系数，可由历史数据归纳和实验测得，由于管道横截面为圆形，且纵向边界在无穷远处，因此可以将泄漏孔处当作完善收缩处理，在完善收缩的情况下：$C_v=k \times \varepsilon_2$，流速系数 k 为 0.97～0.98，孔口完善收缩系数 $\varepsilon_2= 1/C_v^2-1 \approx 0.063$，则 C_v 取 0.60～0.62；H 为泄漏孔口处油品的压力水头（m）；D_1 为泄漏孔口直径（mm）；H、D_1 两个参数与管道运行压力、泄漏孔的位置及大小都有关，当预测考虑极端事故，取 $\Delta P=P_0$，P_0 为输油管内压力，泄漏孔径根据国内外常用泄漏孔径经验参数取值。

2. 管道整体折断

在输油管道完全破裂时，小孔泄露的溢油量估算方法不再适用，主要采用输油管道溢油量估算模型（POSVEM）来计算从管道中泄漏出的油量，其包括两种方法：初期和后期的溢油量计算方法。初始溢油量的计算方法适用于溢油释放初期溢油量的估算，以便于溢油响应者能及时使用足够的仪器设备来探测溢油源状况。这种计算方法主要在数据有限和为减小溢油影响而必须作出及时响应决策的情况下使用。后期溢油量的计算方法适用于对溢油响应过程中溢油量的估算，其需要更多的变量，所获结果更贴合实际溢油量，便于开发响应策略和修订事故行动计划。这两种方法均假设：①一个单独的水平管道；②管道完全破裂。针对初始溢油量估算可以采用以下方法。

管道破裂发生初期，该方法可以快速估算溢油总释放量（Vret）。计算方程如下：

$$V_{rel} = 0.1781 \times V_{pipe} \times f_{rel} \times f_{GOR} + V_{pre-shut} \tag{4.10}$$

式中，V_{rel} 为总溢油释放量（bbl①）；V_{pipe} 为管道体积（ft³），$V_{pipe}=(ID_{pipe}/24)^2 \times L_{pipe} \times \pi$，$ID_{pipe}$ 为管道内部直径（in），L_{pipe} 为管道长度（ft）；f_{rel} 为最大释放量分数，代表着溢油释放量与管道容量的最大比，为获得释放量分数，需要得知在溢油点上的管道压力与外部环境压力的相对压力比 ΔP_{rel}，其与 f_{rel} 的对应值见表 4.2；f_{GOR} 为油气比降低因子，表 4.3 给出了油气比降低因子 f_{GOR} 的值，其中，GOR 为油气比（scf/stb），G_{max} 为最大释放发生

---

① 1 bbl=1.58987×10² dm³。

时的油气比(scf/stb)；$V_{\text{pre-shut}}$ 为在管道封闭之前的溢油释放量(bbl)，$V_{\text{pre-shut}}=Q \times t/1440$，$Q$ 为管道流速(stb/d)，t 为关闭之前的时间(min)。

表 4.2　最大释放量分数(f_{rel})

ΔP_{rel}	f_{rel}	G_{max}/ (scf/stb)
1	0	-
1.1~1.2	0.08	140
1.2~1.5	0.17	225
1.5~2	0.3	337
2~3	0.4	449
3~4	0.47	505
4~5	0.5	560
5~10	0.55	505
10~20	0.64	337
20~30	0.71	168
30~50	0.74	140
50~200	0.76	112
>200	0.77	112

表 4.3　GOR 降低因子(f_{GOR})

GOR/(scf/stb)	GOR 降低因子(f_{GOR})	
	GOR<G_{max}	GOR>G_{max}
0~225		1
225~280		0.98
280~340		0.97
340~420		0.95
420~560	$f_{\text{GOR}}=\text{GOR}/G_{\text{max}}$	0.9
560~1 100		0.85
1 100~1 700		0.82
1 700~2 800		0.63
2 800~5 600		0.43
5 600~11 300		0.26

4.3.2　井　喷　溢　油

在压力条件下生产的生产井和探井最大溢油量的事故应为井喷失控事故。目前常用的方法为美国环境保护标准中对石油勘探生产设施最大溢油量估算方法。

1. 动力型生产井组

对于依赖泵组进行生产的井组，溢油事故一旦被发现可立即停泵，溢油也随之停止。由于溢油过程不为人知，所以溢油会全部流散进入水域，最大溢油释放量即为最大溢油量。如果井组最高产量油井的日产量已知，则生产井组最大可能溢油量的估算方法分为以下两种情况：①如果已知生产井无人值守的天数，则生产井组最大溢油量等于最高产量油井的日产量乘以生产井无人值守的最大天数；②如果不能准确知道生产井无人值守的天数，只能通过人为预测，则生产井组最大溢油量等于最高产量油井的日产量乘以预计生产井无人值守最大天数的 1.5 倍。

2. 探井和在压力下生产的生产油井

对于探井和在压力下生产的生产井来说，一旦发生井喷事故，可能需要较长时间来控制，这个时间需依据井喷控制技术的水平来确定。在美国环境保护局标准中，将井深不超过 3000 m 的井组从发生井喷到事故完全终止的时间定为 30 天；将井深超过 3000 m 的井组从发生井喷到事故完全终止的时间定为 45 天。根据油井的日产量乘以从井喷发生到事故完全终止的时间获得最大溢油量。在应用本方法进行最大溢油释放量估算时，应根据实际的溢油应急响应能力确定井喷事故发生至使其彻底终止的时间，而不能盲目地套用本方法中规定的数字。

4.3.3　沉　船　溢　油

沉船溢油一般伴随着船舶事故发生，船舶发生碰撞、触礁等事故导致船舶沉底，石油从船舶油箱等破裂处溢出。由于海面压力和油舱液面的压力差，外部海水会涌入油舱，同时舱内的油也会以一定的速度向外溢出。油的溢出不仅会引发油舱内液面压力的变化，还会对周边海水产生扰动导致海水压力变化。油舱内外新的压力差又会导致溢出物在下一个时刻有一个新的运动速度，也就是每个时间步长算出来的结果作为下一个时间步长的初始条件，如此循环下去，可以计算出每个时刻的溢出速度，由此可以得到较为精确的溢出量。将每一时刻的溢出速度在溢油口长度上进行积分，得到任一时刻的溢出量 Q：

$$Q = \int_L v \mathrm{d}L$$

式中，Q 为任一时刻溢出量；v 为溢出速度，其采用流体体积法(VOF)追踪界面；L 为溢油口长度。海底沉船溢油初期溢出物为空气与油混合物，溢出速率在瞬间达到最大值；

溢油后期的溢出物为油和水的混合物，溢出速率趋于零，溢油量随着时间的推移逐渐增加，但增加幅度逐渐减小。

4.3.4 地层破裂

海底地层破裂产生的原因是由于地层破裂压力低仍继续维持压力注水，导致一些注水油层产生高压、断层开裂，沿断层形成向上窜流，直至海底溢油。海底地层破裂溢油发生后，部分溢油进入海水；部分溢油上浮于海面形成油膜；部分溢油被海水输送到海岸；部分溢油被回收；高比重的油基泥浆和原油混合物直接沉降或混合到沉积物。其中，上浮于海面的油膜可根据海面溢油量的估算方法获得；回收的溢油量根据具体的回收工作情况获得；在离岸较远且水动力较弱的溢油区是不存在溢油抵达海岸的情况，若有其含量也相对较小；而作为溢油主要归宿的水体和沉积物中的油量估算方法目前还不成熟，可根据其具体分布情况制订评估方法。最后，将各个归宿中的油量加和得出总溢油量。

1. 水体中的溢油量

由于水体中的油类浓度在水平和垂直方向分布不均匀，因此需要确定合适的采样间隔来归一化各采样间隔中的油类浓度，并通过网格差值法来估算水体中的溢油量。水体中溢油量估算方程如下：

$$Q_w = \sum (L_w W_w D_W)(\rho_w - Q_{wo})$$

式中，Q_w 为水体中的溢油量(g)；L_w 为每个采样间隔的长度(cm)；W_w 为每个采样间隔的宽度(cm)；D_w 为每个采样间隔深度(cm)；ρ_w 为溢油事故后水体中油类的密度(g/cm³)；Q_{wo} 为未发生溢油事故前水体中油类的密度(g/cm³)，即背景值。

2. 沉积物中的溢油量

沉积物中的溢油量包括两个部分：直接沉积到沉积物表面上和渗透到沉积物中的油类。

1) 表面油量

由于随溢油源距离的增加，沉积物中的油类浓度会下降，因此，为避免使用平均浓度带来的较大误差及确保采样的合理性，根据溢油源位置、海底水动力条件及沉积物表层堆积油类的分布趋势，划分合适的采样间隔，并估算各采样间隔中的溢油量，最终通过积分加和来获得沉积到沉积物上的总油量。沉积物面上的油量由下式获得：

$$Q_{s1} = \sum (L_{s1} W_{s1} D_{s1})(\rho_{s1})(\%O_{s1})$$

式中，Q_{s1} 为沉积物面上油量(g)；L_{s1} 为每个采样间隔的长度(cm)；W_{s1} 为每个采样间隔的宽度(cm)；D_{s1} 为每个采样间隔，覆盖于表层沉积物上的油类厚度(cm)；ρ_{s1} 为溢油事故后沉积物表层油类的比重(g/cm³)；$\%O_{s1}$ 为含油率。

2) 埋藏油量

　　与沉积物面上油类的分布规律一致,随着离溢油源距离的增加,沉积物中油类的含量会降低,因此采用采样间隔沉积物中的油量计算具有一定的科学性。混合到沉积物中的油量估算方程如下:

$$Q_{s2} = \sum (L_{s2} W_{s2} D_{s2})(\rho_{s2} - \rho_{s2n})$$

式中, Q_{s2} 为埋藏油量(g); L_{S2} 为每个采样间隔的长度(cm); W_{S2} 为每个采样间隔的宽度(cm); D_{S2} 为每个采样间隔,油类渗透到沉积物中的深度(cm); ρ_{s2} 为溢油事故后沉积物中油类的比重(g/cm^3); ρ_{S2n} 为未发生溢油事故前沉积物中油类的比重(g/cm^3),即背景值。

参 考 文 献

段丽琴, 宋金明, 李学刚, 等. 2013. 海底溢油量的估算方法. 海洋技术, 32(2): 101-105.

国家海洋局北海分局. 2007. 海洋溢油生态损害评估技术导则(HY/T 095—2007). 北京: 中国标准出版社.

吴晓丹, 宋金明, 李学刚, 等. 2010. 海洋溢油油膜厚度影响因素理论模型的构建. 海洋科学, 34(2): 68-74.

吴晓丹, 宋金明, 李学刚, 等. 2011. 海上溢油量获取的技术方法. 海洋技术. 30(2): 50-58.

中华人民共和国海事局. 2004. 溢油应急培训教程. 中国海事局烟台溢油应急技术中心.

Camilli R. 2010. Final oil spill flow rate report and characterization analysis, deepwater horizon well, mississippi canyon block 252. Woods Hole Oceanographic Institution report to the U. S. Coast Guard.

Labson V F, Clark R N, Swayze G A, et al. 2010. Estimated minimum discharge rates of the deepwater horizon spill-interim report to the flow rate technical group from the mass balance team. USGS Open-File Report 2010-1132.

Plume Team. 2010. Deepwater horizon release estimate of rate by PIV.

Reservoir Modeling Team. 2010. Flow rate technical group reservoir modeling team summary report.

Ryerson T B, Camilli R, Kessler J D, et al. Chemical data quantify Deepwater Horizon hydrocarbon flow rate and environmental distribution. www. pnas. org/cgi/doi/10. 1073/pnas. 1110564109.

第5章　深水溢油应急处置技术

近年来，频发的海洋溢油事故给石油开发国家敲响了警钟，尤其是 2010 年 4 月的墨西哥湾溢油事故深刻地展示了控制和清除深水溢油的巨大困难，深水溢油应急处置技术引起国际石油生产企业、政府和民众的广泛关注。目前，我国正在积极勘探开发南海深海区的油气资源，同样面临着日益增高的深水溢油风险，急需加强深水溢油应急处置技术研发及装备建设。牟林和赵前(2011)编著的《海洋溢油污染应急技术》介绍了海面溢油应急处置技术方法，但对于深水溢油应急处置技术，鉴于国内外均处于研究试验阶段，尚未形成完备的技术体系。因此，本章从溢油源封堵、救援井、水下溢油回收、大规模海面溢油回收以及新研发的深水溢油应急技术等方面予以介绍，作为深水溢油应急处置中采用的关键技术之一——消油剂水下使用技术，将在第 6 章单列详述。

5.1　溢油源封堵技术

5.1.1　海底管道泄漏封堵

由于海洋环境的复杂性，海流运动、机械损坏或其他不可预测情况可能会导致海底管道损坏甚至泄漏。管道一旦出现损伤和油气泄漏，将导致油田停产，污染海洋环境，甚至引起爆炸，给企业和国家造成巨大经济损失。在常规管道漏点封堵维修方面，常用封堵维修方法主要有以下几种：外卡维修方法、开孔封堵维修方法、管内高压智能封堵器的封堵隔离维修方法、机械连接法、焊接法。下面分别对前三种维修进行简单介绍(苏春亚，2012)。

1)外卡维修

外卡维修(液压夹具维修)是在海底管线泄漏部位的管道外安装紧固件，以达到封堵泄漏源修复管道泄漏的目的。外卡维修主要用于小漏点(如裂纹、腐蚀穿孔等)管道的临时封堵和永久性维修，这种维修方法要求管道上待维修管段的变形应在液压夹具的精度允许范围之内。采用这种修复方法方便快捷、费用低，但外卡维修一般只适用于安全等级和压力等级相对较低的管道。夹具维修方式常用于陆地和浅海维修，深水作业时常采用 ROV 操作液压驱动夹具。

2)开孔封堵维修

不停产开孔封堵维修方式主要针对由管内介质引起管道较大面积腐蚀出现泄漏需更换部分管段的情况，或因外力作用而造成管道壁局部凹陷从而影响清管作业的情况。采用开孔封堵的维修方法不需要停产就能对油气管道进行单侧或两侧开孔封堵作业，并且这种封堵维修方法已经很成熟了。

3) 管内高压智能封堵器

管内高压智能封堵技术是 20 世纪 90 年代挪威 PSI 公司开发的一种作用于管内的高压封堵技术。目前公司的水下油气漏点封堵隔离技术已经相当成熟，已研制了整套的管道高压智能封堵系统，生产出用于陆地和海底油气管线管内压力隔离的产品，并有实际的应用。

管内高压封堵隔离系统将封堵模块与与清管器铰接在一起，利用清管器的收发装置，将封堵器从清管器的发射端放入管道。由管内流体介质推动清管器沿管道运动，封堵器在清管器的推动下沿管道向前行进。上位机通过水声通信系统向放置于管道上的通信设备发送指令和接收来自于水下的信号。放置于管道上的通信设备通过超低频电磁脉冲信号与管内封堵器的控制模块通信，监测封堵器的运行状态，在封堵器达到待封堵管段时发出指令启动微型液压系统，从而使锁定滑块沿锥体的斜面运动并径向外胀，实现封堵器在管道内的定位与锁紧。在作业完成后，上位机控制台发出解封指令，液压缸活塞杆伸出，封堵装置顺利解封并在清管器的推动下沿管道继续行进，最后达到清管器的接收端就可以取出了。

5.1.2 海底井喷封堵

除了常规海底油气漏点维修系统，一旦发生井喷溢油事故，第一步是封堵溢油源(苏春亚，2012)。现有技术包括以下几种。

1) 关闭防喷器

防喷器(blowout preventer，BOP)是用于试油、修井、完井等作业过程中关闭井口，防止井喷的安全密封井口装置。它将全封和半封两种功能合二为一，包括关闭环形防喷器、变径闸板、高压全封闭剪切闸板、启动紧急脱离系统、启动自动动作模式(automatic mode function，AMF)，以及 ROV 介入 AMF、自动剪切、热插入等方式。ROV 关闭防喷器是指利用 ROV 关闭原全封闭剪切闸板和变径闸板，或激发 AMF 和自动剪切功能，或利用 ROV 触发海底蓄能器关闭闸板和环形防喷器。ROV 关闭防喷器技术较为成熟，保证防喷器及其控制系统的完整性、提高 ROV 作业性能是改进该技术的关键。

2) 启用井控设备

为防止过大的台风造成平台上钻具倒斜，或因井筒内水泥塞泄漏造成井涌或井喷等事故，一种用于海上钻井过程中防台风临时关井的专用井下工具——海洋钻井井下控制装置，已普遍应用于海洋钻井。该装置可将钻具悬持在井中，密封井眼，起到很好的防台风临时弃井的效果(闫永宏等，2006)。

3) 隔水管安全极限法

隔水管安全极限法，又称为"灭顶法"。通常是把钻井液加重，在强大的压力下钻井液会进入油井的防喷器，直至油井底部，这将使得井内失去压力，停止漏油；进而向井内注入水泥，彻底堵住泄漏点。但该法通常不能用于水深超过 1 000 m 的深水区，而且由于石油和天然气喷出油井的压力太强，往往不能奏效，如 2010 年墨西哥湾溢油事故中，应用这一技术以失败告终。

4) 盖帽技术 LMRP

在没有安装防喷器或防喷器失效的情形下发生的海底溢油，其溢油源的封堵主要依靠海底控制系统——盖帽技术 LMRP，装置包括底部的金属密封环、甲烷气管线和油管，其工作原理是：利用遥控深海机器人，使用金刚石绳锯机切割清理原管道，将漏油处受损的油管剪断，通过环管内锁定后压缩密封圈实现密封，将井口封住以关闭失控的海底油井，井内溢油和天然气从盖帽装置的管道被传输回收（孟会行等，2012）。

在墨西哥湾溢油事故期间原油分别从水下 1500 m 处的三个漏油点涌出（位于隔水管两端的损坏部位是主要的漏点），隔水管上端原来与"深水地平线"钻井平台相连接，并在钻井平台爆炸沉没后发生严重破损，导致大量原油从隔水管开口处喷出。隔水管下端原来与海底井口防喷器上部的隔水管接头处相连接，钻井平台爆炸沉没后，隔水管随之沉入海底并在隔水管连接处损坏形成另一个严重漏点。由于漏点在 1500 m 的深水，堵漏工作将在有 150 个大气压下的海底进行。由于潜水辅助设备不可能下潜到 1500 m 的深海，所以封堵作业只能通过电缆，给水下机器人发出指令，由机器人来作业。BP 公司采用的应急堵漏使用了控油罩、灭顶法、盖帽法等，最终钻成 2 口救援井才彻底清除了事故根源（苏春亚，2012；孟会行等，2012）。

5.1.3　船体泄漏封堵

1. 舱内泄漏封堵

1) 用 T 形堵漏器堵漏

T 形堵漏器由活动 T 形杆（螺杆和横杆）、软垫、垫板、垫圈、蝶形螺帽等组成。使用时，将 T 形杆并拢成一直线，伸出洞外，张开横杆，使它贴靠在洞口外侧的船体板上，再在螺杆上套上软垫、垫板、垫圈，并旋紧蝶帽，使软垫紧贴在漏洞内侧的船体板上。

2) 支撑堵漏法

该法是内河船舶常用的堵漏方法，也是较简便的堵漏方法。首先用棉絮或其他软垫物品将洞堵住，再压以垫板，然后用支撑柱将垫板和软垫撑紧，支撑方式根据漏洞位置和舱内构件分布等具体情况确定。

3) 活页堵漏板堵漏法

活页堵漏板可用来堵塞卷边向内的破洞。先将堵漏板折叠起来送出漏洞外，然后打开堵漏板拉紧，并将螺丝杆套上撑架，旋紧蝶形螺丝帽即可将漏洞堵塞。

4) 水泥堵漏法

水泥堵漏是广泛采用的堵漏方法，可与其他方法配合使用，以达到水密牢固。对舱角等不易堵漏的位置也能使用，其操作方法如下：

(1) 用堵漏器或支撑方法将漏洞堵塞，并排除积水。

(2) 根据漏洞处船体构件的状况，制作水泥堵漏箱，亦称为水泥模板框。一般是无底无盖的长方形木框，或由三面构成框架。

(3) 调配水泥。其调配比例水泥：黄沙：盐或苏打 1：1：1%。黄沙的作用是使水泥凝固后结实不裂，盐或苏打的作用是使水泥快干。

(4) 倒入水泥。为防止漏洞尚有渗水把水泥浆冲走，可选择水势弱处先填，逐步包围成一两股水，并于堵漏箱下部安置泄水管将水引出。

(5) 待水泥凝固后(约 24 h)，用水塞裹上棉絮堵住泄水管，漏洞则全部堵住。

5) 各种小型漏洞的堵塞法

(1) 布或棉絮包住木塞，用木槌把其打紧，在敲打时，不能用力过大，以防把木塞打碎。

(2) 用浸过油漆的小块棉絮塞入洞内，再配以大小适宜的堵漏盒箱，紧贴漏洞处，然后用撑木支紧固定好。

(3) 遇洞孔不规则，可先将适当木塞塞牢，再用大小不同裹上浸过油的布或棉絮塞满空隙。

6) 裂缝堵塞法

先在裂缝两端各钻一个小孔，用浸过油漆的破布或棉絮包裹木楔，然后用锤子一个一个地顺次打入裂缝，直到全部漏水现象消失为止。

2. 舷外堵泄漏封堵

1) 堵漏毯堵漏法

先将堵漏毯的正面朝上铺在破口上方的甲板上，将堵漏毯底索(附有链条)自船首套到船底，沿两舷拉到破洞处。前后张索由舷侧绕过船首与船尾并固定在船首尾的甲板上。将底索的一端和堵漏毯一角的眼环相连，在相对的舷绞收底索的另一端，使堵漏毯沿船舷缓缓沉入水中。此时堵漏毯另一角的管制索控制毯的下沉深度，直到盖住破洞处，然后固牢管制索，并收紧底索和前后张索即可阻止水进舱内。

2) 空气袋堵漏法

船舶破损时，用以堵漏水线附近漏洞的充气袋形堵漏用具称为空气袋。用坚固的橡胶帆布或等效材料制成。有球形和圆柱形两种。袋面有凸出的大气嘴，使用时把袋塞入漏洞，利用潜水空气装置将空气打入袋内，空气袋膨胀后即将漏洞口严密地堵住。可以抵挡浪涌冲击力，减少进水量。

5.2 救援井法

救援井，又称为减压井，即在事故井安全距离位置设计、施工与事故井连通的井。救援井作业时，由下部钻具后端的信号发射器发出电流信号，探测事故井套管磁场，探测结果由钻头处的信号接收器接收，指引钻头向事故井方向钻进，使井眼轨迹与事故井的轨迹在地层的某个层位连通或汇合，将高密度的钻井液或水泥通过救援井输入事故井，彻底封固事故井（田峥等，2014），救援井示意图见图 5.1（a）。

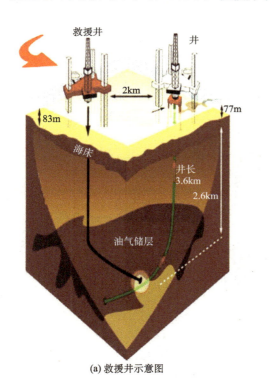

(a) 救援井示意图

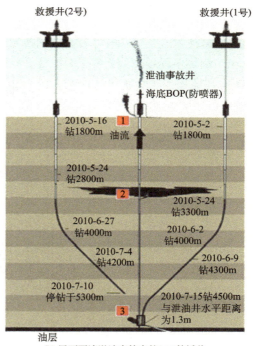

(b) 墨西哥湾溢油事故中的 2 口救援井
(BP公司内务部以及美国海岸警卫队发布)

图 5.1 救援井示意图

1994 年 4 月，巴林（Bahrain）国家石油公司所有的 Awali 油田的 159 号油井发生井喷，采用在原油井附近 30 m 处打 1 口救援井的方法，在地层以下 500 m 处，救援井与井喷井的井眼轨迹重合，注入高密度钻井液及重水泥，制服了井喷；1979 年墨西哥湾

IXTOCI 井出现井喷，导致原油泄漏 $5.6 \times 10^5 m^3$；2009 年澳大利亚帝汶海 Montara H1 井发生井喷，均使用救援井控制了井喷；2010 年墨西哥湾溢油事故在 2010 年 7 月 15 日使用盖帽技术成功封堵溢油源之后，最终钻成 2 口救援井，才彻底清除了事故根源，见图 5.1(b)（郭永峰等，2010）。

救援井与一般的油气井不同。特殊的使用目的与苛刻的作业环境决定了救援井特殊的技术要求。救援井的井位选择、井身结构与轨迹设计、连通技术、压井技术及弃井方法等关键技术都不同于常规油气井。救援井技术成熟且成功率高，但耗费时间长。以往钻井过程中发生井喷事故时，当采用常规压井方法如钻具循环法、硬顶法、强行起下钻等都无法成功压井时，救援井将被当作最后一个恢复对失控井控制的手段（叶吉华等，2014）。目前，不少研究者致力于高效深水救援井设计理论研究（李翠和高德利，2013；李峰飞等，2014；唐海雄等，2014），最大限度缩短救援井作业时间。深水钻井设计的同时，可从法律法规要求制订有针对性、可操作性强的救援井预案。井喷风险等级高时需在深水钻井的同时钻救援井，井喷事故严重时需钻备用救援井（田峥等，2014）。

5.3 管中管技术

盖帽技术 LMRP 相对于管中管技术（RITT）收油量大，技术较为成熟，但盖帽技术 LMRP 适用于现场作业天气、海况良好且原防喷器未发生倾斜的情形（孟会行等，2012），RITT 则适用于平台沉没、海况天气恶劣等造成的水下溢油回收。管中管技术是将直径较小的一根细管插入隔水管以收集漏油。安装过程如图 5.2 所示：第一步通过钻井船、LMRP

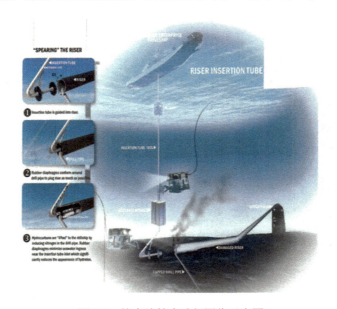

图 5.2 管中管技术油气回收示意图

（http://energy.gov/downloads/11item11ritt07jun1900nlpdf）

和浮力模块将插入管下至海床，插入管带有注甲醇管线，可以预防水合物形成；第二步将细管插入隔水管，细管周围橡胶膜可有效密封隔水管；第三步利用氮气诱导方式，将隔水管内的油气引至海面收油船。至于事故发生后喷射入海的溢油，则与海水形成羽状流，这部分水下溢油的回收仍是个挑战。

5.4　大规模溢油海面处置技术

众所周知，海面溢油处置技术分为 4 类：机械回收、化学处理、生物降解和原位燃烧。其中机械回收为首选，包括使用围油栏(oil containment boom)、撇油器(skimmers)、收油船及溢油回收系统。本节对大规模海面溢油处置的机械回收、原位燃烧和深水环保船 3 种技术予以介绍。

5.4.1　机械回收技术

1) 围油栏

围油栏一般由浮子、裙体和配重等部件组成。挪威清洁海洋协会服务公司(NOFO)开发了公海油回收系统(图 5.3)，在常规的围油栏前加两道穿孔的浮栏，这样可减缓混着油的表层水流遇见围油栏的速度，以便围油栏系统的牵引速度显著提升，如从 0.75 ~2 节或更高，无明显油损失。

图 5.3　公海油回收系统示意图

此外，我国研究者开展了基于多功能溢油回收船的"线面式"溢油回收技术研究(弯昭锋等，2013；王世刚等，2012)，提出采用双体围油栏以提高对溢油拦截的效率，图 5.4 为双体围油栏示意图(图中 D 为围油栏高度)。

2) 撇油器

任何形式的围油栏，都需要用撇油器来回收栏内的浮油。根据撇油器的工作原理，可分为以下几种(周李鑫等，2005)。

(1) 机械撇油器(mechanical skimmers)；

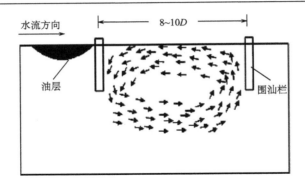

图 5.4　双体围油栏示意图（*D* 为围油栏高度）

（2）真空撇油器（vacuum skimmer）：灵活，应用范围广；

（3）鼓式撇油器（drum skinmmer）：用压缩空气驱动，很轻便；

（4）刷子和传送带撇油器（brush and belt skinmmer）：适合于处理黏度范围宽的溢油，尤其是重油；

（5）亲油磁盘式撇油器（oleophilic disc skimmers）：适合于中等-轻质油的处理，高回收效率；

（6）绳子拖把式撇油器（rope and mop skimmer）：由驱动装置和一根长的亲油材料绳子组成，通过绞扭机器将吸附在绳子拖把上的油分离；

（7）堰式撇油器（weir skimmers）：又称为水下抽吸式、水下孔吸式撇油器，有抽吸头，对于厚层溢油，漂浮式堰式撇油器最有效。

3）收油船及溢油回收系统

（1）收油船：专业溢油回收船，简称收油船，一般需要配备收油系统及油水储存处理辅助装置、溢油监视监测系统及其装置（如雷达）、围油栏及吊装设备、消油剂喷洒装置、应急卸载泵等（孙建新和张春昌，2013），具备溢油回收、雷达监测、消油剂喷洒和消防等功能。根据工作原理的不同，分为毛刷式收油、鼓式收油、DIP 动态斜面收油（图 5.5）、自吸式收油等几种类型。其中毛刷式收油船，只适用于收重油；鼓式收油船，只适用于收轻油；DIP 动态斜面收油船，在回收过程中通过传送带产生乳化现象；自吸式收油船在溢油回收过程中不产生任何的乳化液，同时回收油类垃圾及固体垃圾，可以在静止状

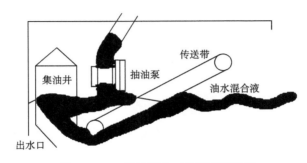

图 5.5　DIP 溢油回收工作原理示意图

态下通过物理方式让浮于海面上的轻质油、重质油自行回收至收油仓，收集到的原油含水率小于 0.5%。

埃克申(ECOCEANE)公司研制的 Spillglop 系列自吸式收油船(秦琦，2013)，船长度 18~40 m，专为监视和回收公海漂浮垃圾，特别为溢油而设计。它们能以 8~9 km 的时速，以 5~6 马力①的功率，每小时清洁 40 000~50 000 m² 的海面。它们能在不发生乳化的情况下每小时回收 100 m³ 的碳氢化合物并将其储存在紧跟其后航行的储存箱中。能够在恶劣天气情况连续作业，曾经被美国政府用于处理墨西哥湾溢油事故。其工作原理见图 5.6。

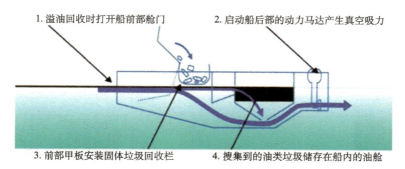

1. 溢油回收时打开船前部舱门　　2. 启动船后部的动力马达产生真空吸力
3. 前部甲板安装固体垃圾回收栏　　4. 搜集到的油类垃圾储存在船内的油舱

图 5.6　ECOCEANE 自吸式溢油回收工作原理示意图

(2)利用 VOOs 船队机械回收：对于远离井口处的溢油，采用机械回收。快速启用一支 VOOs 船队——渔船(特别是捕虾船和捕牡蛎的船)配备装备(撇油器、泵/ 储存设备)以适应溢油应急响应(图 5.7)。需要利用遥感和飞机辅助才能获得最大效率。

图 5.7　利用 VOOs 船队机械回收溢油

(3)溢油回收新技术：加拿大、挪威、芬兰等国的溢油应急公司在海面溢油技术革新方面进行了不懈的努力。加拿大极端溢油技术公司(Extreme Spill Technology，EST)开发

————————————
① 1 马力＝745.7 W。

的海面溢油回收的新技术，可以在波涛汹涌的海况下高效回收溢油，很有希望在北冰洋和其他有冰存在的海况条件下使用。EST 和 JBF DIP 的溢油回收塔系统都在船的底部使用一个月池来回收溢油。EST 月池系统: EST 月池的底部开口仅在水面下 5~10 cm，没必要使用传送带将下面的油水抽送到开口处，在封闭的塔内没有自由-表面效应（free surface effect），因此，波浪没有什么影响。JBF 月池的底部开口在水下很深处，需要使用传送带将水面浮油抽送到开口处，如图 5.8 所示。

　　EST 月池系统的优点在于溢油通过船尾的开口回收，弓力（bow strength）不受门等因素的危害；没有移动、易碎性部件如传送带和旋转刷等，波浪和冰块不会损伤 EST 系统；无表面效应，因此波涛汹涌的海况不会使 EST 溢油船减速。

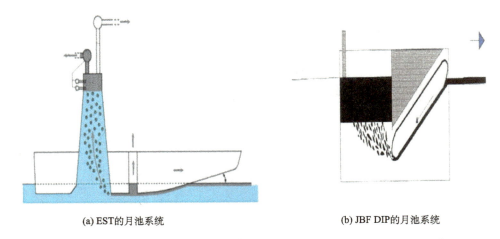

(a) EST的月池系统　　　　　　　　　　　(b) JBF DIP的月池系统

图 5.8　EST 和 JBF DIP 的月池系统对比（http://www.spilltechnology.com）

　　挪威 NOFO 2009~2013 年资助了几项溢油回收技术:

　　新的溢油回收概念——刮油刀（oil shaver）：两个平行的浮桥，中间连着布条，用来刮海面的浮油，如图 5.9 所示。

图 5.9　刮油刀 Oil shaver 原理示意图(http://www.nofo.no)

　　新的溢油回收概念——溢油清洁工（MOS sweeper）：将多个浅的导向板绑在一起，形成鱼骨的形状，遇见的溢油被过滤引流向该系统中间的焦点，进入接收器，再被转移到溢油回收船，如图 5.10 所示。

图 5.10　溢油清洁工 MOS sweeper 的原理示意图（http://www.nofo.no）

　　高速连续回收系统——Vikoma 堰式围油栏撇油器一体化回收系统。

　　Vikoma 堰式围油栏具有独特的设计：它由几个平行的、半径不同的、高质量氯丁橡胶管子组成，其中一个管子充满水作为压舱材料，另一根管子用于将油转移到回收船上；即该堰式围油栏带有一体化的撇油器，将围油栏中的溢油连续地回收入船。中间管子的压强低，使得围油栏易于随波而动（图 5.11）。

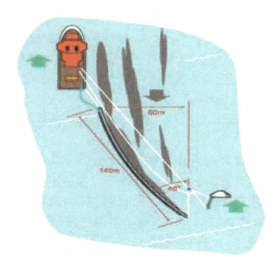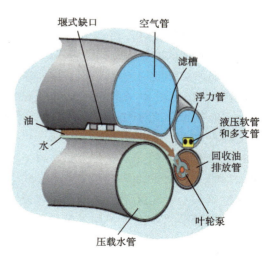

图 5.11　高速连续回收系统（http://www.nofo.no）

　　立足于 30 年研发和提供溢油回收设备的经验，芬兰 Meritaito 有限公司 Seahow 分公司新的专利产品具有如下特点：易于快速布控；提供了连续回收装置；对于各种类型的油品，均具有高的回收率；坚固耐用，可在公海使用；覆盖了一系列全面的船只和应用环境。下面几项革新，与传统技术相比获得了显著收益：

　　新一代组合三角帆(new generation comJibber)——革新了悬臂的复杂部署和使用(图5.12)。在压缩空气帮助下布控和操作，组合三角帆剔除了漂浮辅助器具，这使得结构大大简化。清扫臂自身由涂覆了紫外防护的、可折叠的塑料管材的金属制成。这使得它不仅坚固耐用，还能适应海水的运动，这种柔韧的设计确保组合三角帆即使在公海也可以使用。组合三角帆设计轻便、易于操作，即使是最大的规格也可用人力操控。不用时，组合三角帆可以在船只上或岸上很小的空间储藏。

图 5.12　　新一代组合三角帆(www.seahow.fi/en/cleansea.html)

　　双刷溢油回收器件(dual brusher oil recovery unit)——Meritaito 有限公司的溢油回收系统拥有独特的双刷设计，能将溢油分离在两相中(图 5.13)。首先，黏稠的油被主刷子收集，而不黏稠的油流过，到次刷子那里再收集，无论油品性质如何，双刷设计都能获得高回收效率，主刷子能从水中回收油残渣，并且能够应付更大块的杂物。其次，双刷设计还能减少水流对回收系统的冲击，作为波阻尼器，使得系统能够在公海应用而不损失油回收效率。

　　智能装袋系统(smart sacker system)——在溢油应急处置时，智能装袋可以有效解决如何将足够大的油罐容量且迅速带到事故现场。有各种尺寸的袋子可供使用，且其存储空间很小，这就摆脱了溢油回收操作中对于油罐的依赖。溢油通过转移泵从储料器中抽到袋子里，当袋子满了就被放到海里，漂浮在海面上。每个漂浮的袋子上都安装了 GPS 发射机，以便它们能够马上被任何具有起重或拖带设备的船只捕获(图 5.14)。

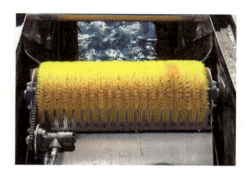

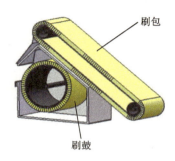

刷包

刷敔

图 5.13　双刷溢油回收器件实物图（www.seahow.fi/en/cleansea.html）

图 5.14　智能装袋系统（www.seahow.fi/en/cleansea.html）

最大化的装袋机（MaxiBagger）和迷你装袋机（MiniBagger）——利用革新的组合三角帆和智能装袋系统，Meritaito 有限公司提供两种可拆分的侧收集器（图 5.15）：一种是最大化的装袋机；一种是迷你装袋机。最大化的装袋机是为 9 m 以上的船只设计的侧收集器，不用时，可储存在岸上。当发生紧急事故时，可以人工简易、快速地将其安装在任何大小适合的船只上，普通船员均可根据简单直观的操作规程进行操作。

图 5.15　巨型装袋机和迷你装袋机（www.seahow.fi/en/cleansea.html）

迷你装袋机的技术与最大化的装袋机相同，它很轻，适合于安装在短于 5 m 的小船上，完全可以人工安装，不需要任何机器或工具；迷你装袋机易折叠、廉价，适于用作地方溢油回收的装备，尤其适合公司和机构配置用来防护其沿岸免受溢油影响。因其水道尺寸只有 0.3 m，它还适合清理海岸线的溢油。

5.4.2　原位燃烧技术

原位燃烧技术是一种相对简单、快速和安全的处置方式，并且对环境影响小，因为大部分原油转化为气态的燃烧物，大大减少收集、储存、运输和处置回收等工作。溢油燃烧并不能代替溢油的围控和溢油的自然消散，但在某些情况下原位燃烧可能是快速且安全的方法之一。原位燃烧技术在墨西哥湾溢油事故中得到了应用。

1. 燃烧条件

现场燃烧过程需要一定条件，包括以下几个部分（Buist，2003；Mullin and Champ，2003；Buist and Nedwed，2011）。

（1）油膜厚度：油膜需要满足一定的厚度才能燃烧，当油膜厚度小于 1~2 mm 情况下，由于大量的热量会传递到水体中而不能支持燃烧。在燃烧过程中溢油的蒸汽被引燃，燃烧产生热量中有 2%~3% 要传递给油膜保障产生大量的蒸汽。

（2）点火设备：一般点火设备需要满足两个基本的条件保证燃烧的有效性，首先必须有足够的热量保证产生油蒸汽持续燃烧，另外必须保证安全可靠。油膜越厚越容易引燃油膜，也就是说挥发性好或者没有发生风化作用就越容易引燃，但是对于乳化后的油很难引燃，对于重油而言，需要更长的引燃时间。2014 年美国研究者报道了针对乳化油点火的新型的低压原子化方法（Tuttle et al.，2014）。

（3）含水率：油膜中的含水率不应该超过 30%~50%。当原油泄漏到水中混入微小的水滴就形成乳化，当油品乳化时，黏度大幅增加，油组分的体积增大，点燃、燃烧溢油变得困难。通常情况下，乳化物中水的含量超过 50% 时即使是轻质燃油或者精炼产品也很难进行原位燃烧。

(4) 环境条件：为了有效地布放围油栏，必须满足一定的环境条件，风速应该小于 20 节，波高应该在 3 尺①以下。实验表明原位燃烧法仅在相对稳定的状况下有效，由于围油栏不能有效地围堵溢油并且由于海浪的撞击，溢油快速的乳化，燃烧逐渐变得困难。

(5) 防火围油栏：采用就地燃烧技术需要配备防火型围油栏。这种防火型围油栏需要抵御 2093℃的高温、海浪的撞击以及适合拖带。美国海岸警卫队曾在 1999 年 5 月受美国政府的委托，对市面上的多种防火型围油栏进行了对比实验，结果发现采用陶瓷防火纤维材料和不锈钢材料等制造的防火围油栏在燃烧一个小时后都被烧坏，不适合多次使用。

2. 燃烧优缺点

相比传统处置方法，原位燃烧法可以减少应急人员的数量，并降低相应的风险。燃烧将减少对岸线的影响，同时减少传统清理岸线产生的废弃物，而燃烧仅产生碳氧化合物、水和颗粒物质。据实际溢油事故和试验，原位燃烧法清除率通常在90%以上，部分情况下甚至达到98%以上，是一种应对大规模溢油，防止溢油规模继续扩大，快速、低成本的溢油处置方法。原位溢油燃烧技术与其他方法相比有一些独特优势。这些优势包括：①快速清除海面大量油污；②后期油污处理的量小；③效率高；④人员和设备投入少；⑤某些情况下只能选择溢油燃烧技术，如在冰期环境条件下；⑥费用低。

以上优势最重要的就是快速清除海面大量油污的能力，选择在适当的时间能够大大提高燃烧效率，也就是说应该选择在油污风化之前和适合的环境条件，可以阻止原油蔓延到其他地区污染海岸线和生物。机械回收方法需要大量的油污水储存、运输、处置等大量工作，而燃烧仅需要处理少量的残留物，并且这些残留物很容易被处置或者二次燃烧。但原位燃烧技术也有一些缺点：①产生大量黑色烟雾，毒性对公众有影响；②在原油风化前使用；③油膜必须达到一定厚度；④爆炸风险。图 5.16 为原位燃烧现场照片。

图 5.16　原位燃烧现场照片

---

① 1 尺≈0.333 m。

5.4.3　深水环保船

"海洋石油 257"是国内首艘深水环保船,总长 79.8 m,型宽 16.4 m,由中海油能源发展股份有限公司采油服务公司负责项目前期研究、建造和操作运营。这艘深水环保船与以往建造的环保船相比,针对深水恶劣的海况进行了多项技术改进设计。船舰首次采用双艉鳍结构,可有效减小阻力,提高推进效率,达到节能效果;增加 DP-2 级动力定位功能,可提高环保船应对深海风浪的能力;新开发的专用溢油回收设备更适应开阔水域和轻质油回收,使之更加适合深海作业,从而提高深海海域综合溢油监测和响应能力。

5.5　深水溢油处置装备

5.5.1　深海油井干预系统

2011 年 8 个国际石油与天然气公司组成了海底油井响应工程(subsea well response project, SWRP; http://subseawellresponse.com),联合资源来开发井控的设备。OSRL 公司与之合作,由 Oceaneering 公司负责制造了深海井口干预系统 SWIS 设备,将存放于挪威、巴西、南非和新加坡 4 个地方,并随时准备海运或空运至溢油事发地点。第一套设备于 2013 年 3 月在挪威就绪,另三套设备在 2013 年第二、三季度运往上述三个地区。现在,任何公司都可以申请认购 SWIS,从而将之嵌入其应急响应计划。SWIS 是前所未有的工业界合作的典范。

深海井口干预系统由盖帽和消油剂两个硬件部分组成。即 4 个盖帽(capping stacks)用以关闭失控的海底油井,2 个硬件工具包(hardware kits)用来清除碎屑同时在井口施用消油剂,以使海面工作环境更加安全并加速生物降解。这套 SWIS 装置(图 5.17)可以置于 3000 m 水深,控制流压达 15 kpsi[①],适用于绝大多数海底油井。

1) 盖帽硬件部分

深海井口干预系统包括 4 个盖帽装置:即两个 $18\frac{3}{4}$ "孔盖帽,用于处理压力达 15 kpsi;两个 $7\frac{1}{16}$ "孔盖帽,用于处理压力达 10 kpsi。这个干预系统使得工业界可以应对全球水深至 3000 m 的大多数海底溢油事故,并且适用于各种各样的偶发事故。

---

① 1 psi=6.894 76×10^3 Pa。

图 5.17　盖帽装置实物示意图

2) 消油剂硬件部分

作为井口压盖操作整体的一部分，消油剂既可为应急响应人员创造更安全的工作条件，也可加速石油的降解。干预系统包括 2 个硬件包，用于在海底井口使用消油剂。在可移动海底防喷器（BOP）上安装的两个用于实施海底消油剂的硬件包包括：①探测溢油位置的工具，如 2D 和 3D 声波定位器；②带有切割、抓、拖工具的污物清除设备，以便在需要的地方靠近防喷器；③引线、分布支管和消油剂储藏箱，以便同时在多处灌注消油剂，高压、大体积的累加器，以便关闭现存的防喷器。这套设备适用于 3000 m 水深，由 Oceaneering 公司制造，均可以打包在 20 英尺的包装箱内，便于空运。

3) 消油剂全球储备

OSRL 公司为其会员提供 3 种消油剂 Corexit 9500、Finasol OSR 52 和 Dasic Slickgone Ns，5000 m^3 的储备，以备水下和水面使用 30 天。这个 5000 m^3 的数据是根据 2010 年 4 月墨西哥湾溢油事故而得到的。据 2014 年 2 月统计，有 45 个国家和地区允许使用或部分准入上述消油剂（Groves，2014）。

5.5.2　海底第一响应工具包

澳大利亚海洋石油和天然气工业界建立了海底第一响应工具包（Australia's Subsea First Response Toolkit，SFRT），由美国 Oceaneering 公司 2013 年在挪威 Stavanger 建造，目前存放在澳大利亚弗里曼特尔的 Oceaneering 公司内，用于海底井控事故的现场救援。13 个国际公司 Apache、BHP Billiton、BP、Chevron、ConocoPhillips、ENI、ExxonMobil、

Hess、INPEX、PTTEP Au、Santos、Shell 和 Woodside 通过澳大利亚海洋溢油中心（AMOSC）
资助了该项创新。如图 5.18(a) 所示的碎屑清理包，两个具有操作臂的远程操作工具在海
底防喷器旁工作。图 5.18(b) 显示了海底消油剂系统，线圈终端提供消油剂多头管系；海
底防喷器顶端，连接消油剂储藏箱的远程操作工具向溢出的石油喷洒消油剂。

(a) 碎屑清理包　　　　　　　　　　　　　(b) 海底消油剂系统

图 5.18　海底第一响应工具包的部分器件工作示意图

（SFRT Brochure. http://www.amosc.com.au/pdf/SFRT%20Brochure.pdf）

5.5.3　改进的盖帽装置

Abel 工程公司在 LMRP 的基础上，研发改进了盖帽装置（ALCS），见图 5.19。

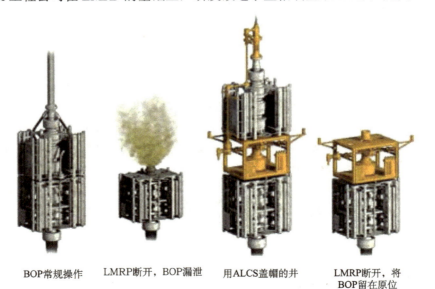

BOP常规操作　　　LMRP断开，BOP漏泄　　用ALCS盖帽的井　　LMRP断开，将
　　　　　　　　　　　　　　　　　　　　　　　　　　　　　BOP留在原位

图 5.19　改进的盖帽装置 ALCS 与 LMRP 示意图（Macrae and Abel, 2014）

5.5.4　可互换无隔水导管干预系统

蓝色海洋技术公司(Blue Ocean Technologies)的专利产品可互换无隔水导管干预系统(IRIS)，是遥控机器人操作的、一体化、多功能系统(图 5.20)，将海底干预简单化，在 2014 年 12 月墨西哥湾一个油井干预中下潜深度达到 2499 m。

图 5.20　可互换无隔水导管干预系统

5.5.5　其他新技术

超深水环境下的多相流流量测量： 研究重点是通过改进流量测量能力以降低水下设备非受控油流排放。项目所开发设备可环绕任何尺寸与形式的明渠，利用传感器进行间接测量以对管道中石油、天然气或海水流量作出合理估计。这种估计在处理超深水溢油事件时是非常重要的。此外，利用此类技术在单个水下油井中所收集到的连续测量数据，也可用于改善油井性能评估，进而可以提高深水油气藏的采收率。

船只的挠性油管钻探与干预系统： Nautilus 国际公司提供的具有冗余(双)防喷器的先进干预立管(intervention riser)与挠性油管服务是一种创新性设计理念，它可广泛用于水下油井检测、修理与维护。该项目的研究目的是验证在已有船只基础上实施此类技术组合系统的可行性。

自动水下机器人 3D 激光探测： 将论证自动水下机器人在此类工作上的效率，即具有高度自主性并携带传感器的自动水下机器人也可完成水下结构检测任务，与远程控制机器人或潜水器相比，其效率要高出 4 倍，可降低 75% 的水上作业足迹，甚至相关活动也不再需要大型水上支援舰支持。项目所提出的自动水下机器人激光探测与测距系统是对目前已有部件的组合应用，将应用于一系列海上测试，项目截止时将为该系统的商业化做好准备。

全电气化水下自动机器人高集成压力保护系统: 旨在将新型 HIPPS 系统设计技术的成熟度发展到实施时可接受的水平,进一步增强水下回接系统的安全性。液压系统的调整速度会随距离增加而下降,而新型系统为全电气化设计,它可实现实时调整。此类系统的投产无疑将改善仅能通过水下油井开采的临界高压油藏的安全与环境保护。该项目研究成果将包括适于实施的高质量、全电气化 HIPPS 系统设计。美国能源部对该项目的资助份额为 120 万美元,项目受让方份额为 30 万美元,项目实施期限为 2.5 年。

反循环水泥固井: 通过 RCPC 技术开发与示范,降低水泥固井过程中的井漏风险。CSI 的研究团队将评估利用 RCPC 技术降低深水油井循环压力要求的可行性,确定 RCPC 应用于深水油井所必需的技术,并提出此类技术的开发策略。该项目可能将为水泥固井技术带来革命性影响,将进一步降低高当量循环密度(ECDs)、长时间、传统水泥固井操作可能带来的危害。因为传统水泥固井操作需要复合泥浆,并依赖于设计实施的经验。

深水钻井应建立海上应急救援系统: 主要包括以下内容: ①深水钻井的海床防喷器(BOP)通用连接系统; ②深水钻井的海底漏油乳化处理剂喷洒系统; ③深水钻井应具有避飓风、台风功能的浮筒式漏油收集系统; ④深水钻井的救援井钻进系统。

适用于黑暗寒冷海域的溢油防御技术: 挪威清洁海洋协会服务公司(NOFO)与挪威海岸协会(NCA)2014 年 9 月提出溢油响应 2015 年技术发展项目,主要针对北冰洋寒冷海域的溢油应急(Knol and Arbo, 2014)。

参 考 文 献

郭永峰, 纪少君, 唐长全. 2010. 救援井——墨西哥湾泄油事件的终结者. 国外油田工程, 26(9): 64-65.

李翠, 高德利. 2013. 救援井与事故井连通探测方法初步研究. 石油钻探技术, 41(3): 56-61.

李峰飞, 蒋世全, 李汉兴, 等. 2014. 探测工具分析及应用研究. 石油机械, 42(1): 56-61.

孟会行, 陈国明, 朱渊, 等. 2012. 深水井喷应急技术分类及研究方向探讨. 石油钻探技术, 40(6): 27-32

牟林, 赵前. 2011. 海洋溢油污染应急技术. 北京: 科学出版社.

秦琦. 2013. Ecoceane 公司开发新溢油回收船. 中国船检, 1: 67.

苏春亚. 2012. 水下油气泄漏源封堵隔离技术研究. 哈尔滨工程大学硕士学位论文.

孙建新, 张春昌. 2013. 专业溢油应急船溢油处置能力及其装备探讨. 中国海事, 6: 18-21.

唐海雄, 刘卫红, 韦红术. 2014. 救援井连通压裂液性能研究. 石油天然气学报, 36(3): 135-138.

田峥, 周建良, 唐海雄, 等. 2014. 深水钻井中救援井关键技术. 海洋工程装备与技术. 1(2): 106-110.

弯昭锋, 彭宏恺, 廖飞云. 2013. 基于多功能溢油回收船的线面式溢油回收技术研究. 船海工程, 42(3): 184-187.

王世刚, 杨前明, 郭建伟, 等. 2012. 船携式海面溢油回收机液压控制系统设计与实现方法. 现代制造技术与装备, 208(3): 1-2.

闫永宏, 杨晓勇, 庄明之. 2006. 海洋钻井井下控制装置的研制与应用. 石油机械, 9: 52-54.

叶吉华, 刘正礼, 罗俊丰, 等. 2014. 水救援井设计. 科技创新导报, 27: 66.

周李鑫, 膜文虹, 杨帆. 2005. 海上溢油回收技术研究. 油气田环境保护, 15 (1) : 46-50.

Buist I. 2003. Window-of-opportunity for in situ burning. Spill Science & Technology Bulletin, 8 (4) : 341–346.

Buist I , Nedwed T. 2011. Using herders for rapid in situ burning of oil spills on open water. 2011 International Oil Spill Conference preceedings, 2011 (1): abc231.

Groves M C. 2014. Global dispersant stockpile: part of the industry solution to worst case scenario readiness. International Oil Spill Conference Proceedings, (1) : 504-515.

Knol M, Arbo P. 2014 . Oil spill response in the Arctic: Norwegian experiences and future perspectives. Marine Policy, 50: 171-177 .

Macrae T, Abel L W. 2014. Capping stack technology moves forward. http: //www. offshore-mag. com/articles/print /volume-74/issue-11/equipment-engineering/capping-stack-technology-moves-forward. html.

Mullin J V, Champ M A. 2003. Introduction /overview to in situ burning of oil spills. Spill Science & Technology Bulletin, 8 (4) : 323-330.

Nedwed T. 2014. Overview of the American Petroleum Institute (API) joint industry task force subsea dispersant injection project. International Oil Spill Conference Proceedings , 2014 (1) : 252-265.

Tuttle S G, Farley J P, Fleming J W. 2014. A novel low-pressure atomization method for burning emulsified crude oil. 2014 International Oil Spill Conference proceebings, 2014(1):1806-1820. 299875.

http: //energy. gov/ downloads/11item11ritt07jun1900nlpdf.

http: //subseawellresponse. com

http: //www. itopf. com .

http: //www. amosc. com. au/pdf/SFRT% 20 Brochure. pdf.

http: //www. nofo. no.

http: //www. seahow. fi/en/cleansea. html.

http: //www. spilltechnology. com.

第 6 章　消油剂水下使用技术

在国际范围内，消油剂已经成为海上溢油应急处置的一种重要手段。消油剂，又称为溢油分散剂，是指可将水面浮油乳化、分散或溶解于水体中的化学制剂。消油剂主要是利用表面活性剂的乳化作用，减少溢油与水之间的界面张力，使溢油迅速乳化分散，进而大大提高溢油的自然分散速率、生物降解速率和光化学氧化速率，从而减小溢油对海洋生态系统的影响。在墨西哥湾溢油事故中，消油剂首次应用于水下环境，有效减少了溢油对海洋环境的污染。

6.1　消油剂使用概述

6.1.1　消油剂组成及作用机制

消油剂主要由表面活性剂、溶剂和少量的助剂(润湿剂和稳定剂等)三部分组成。其中，表面活性剂是消油剂的主要成分。表面活性剂具有亲水和亲油基团，亲水基团易与水分子结合，亲油基团易与油分子结合，通过亲水和亲油基团将油和水连接起来，从而降低油水之间的表(界)面张力。经过机械搅拌或波浪作用，形成水包油乳化粒子(O/W)，促进溢油向水体中的分散，从而增加溢油分散速率、生物降解速率和光化学氧化速率。溶剂的作用是稀释油类和降低油的凝固点，并能降低表面活性剂和油的黏度以利于乳化。常用的溶剂有水、醇类和烃类，尤其以醇类和烃类应用较普遍。稳定剂的作用是调节 pH，防止腐蚀，增加乳化液的稳定性。

依据消油剂中表面活性剂的含量，可分为常规型和浓缩型消油剂两类。其中，常规型消油剂中表面活性剂的含量不超过 30%，其特点是溢油分散能力强，可用于处理高黏度或风化原油；浓缩型消油剂中表面活性剂含量一般为 50%~75%，分散效率高，可以达到常规型消油剂的 10 倍，但其处理高黏度原油的效果较差。

6.1.2　消油剂使用效果评估现状

1. 消油剂使用效果影响因素研究

1967 年 Torrey Canyon 溢油事故中消油剂的使用，引起了国际社会对消油剂使用效果及潜在问题的关注(Koops，1988)，其中，消油剂的乳化效果一直是国内外消油剂研究的热点问题。消油剂对原油的乳化作用是一个多因素综合影响的过程，其乳化效果与原油类型、混合能量、消油剂类型、消油剂使用量和喷洒方式、海水温度和盐度等因素相关。

首先，原油类型和混合能量是影响消油剂乳化效果的两个重要因素。不同原油的组成特点和黏度等理化性质不同，消油剂对不同原油的乳化效果也不同。一般认为，轻质油和中质油大部分易被消油剂乳化，而对于黏度达到 20~30 Pa·s 以上的重质油，消油剂对其乳化效果大大降低 (Fiocco and Lewis, 1999; Canevari et al., 2001; Fingas et al., 2003)；只有在破碎波和一定温度条件下使用消油剂，才可以促使重质油取得较高的分散效果 (Li, 2010)。对于烷烃含量较高的轻质油，其长链烷烃分子的相互作用会抑制消油剂的乳化。在风化作用下，海面溢油中的轻组分快速挥发，促使原油黏度增加以及形成水包油乳化物，也会降低消油剂乳化率 (Canevari et al., 2001)。消油剂的乳化是一个热力学非稳定体系，乳化物的形成必须依赖风和海流等外力的搅动，即外力搅动所产生的混合能量是影响消油剂乳化分散效果的重要因素 (Clark et al., 2005)。研究表明，在其他条件一致的情况下，破碎波作用下的消油剂溢油乳化率约为 50%，而在规则波作用下仅为 15% (Li, 2010)。

其次，在溢油事故应急处置作业中，消油剂类型的选择影响消油剂喷洒作业的效果。由于消油剂中表面活性剂、溶剂等组成成分不同，在油水界面发挥作用方式和程度不同，对同一种油类的乳化效果也有所差异。同时，消油剂使用量及喷洒方式等技术条件也影响消油剂的使用效果。消油剂使用量通常采用剂油比表示，即消油剂使用量与溢油量的比值。一般情况下，消油剂乳化率与剂油比呈正相关关系 (White et al., 2002)。剂油比太小，消油剂使用量不足，难以形成稳定的水包油乳化物；剂油比太大，会造成消油剂的浪费，并造成二次污染。研究表明，在剂油比低于 1∶5 的条件下，溢油乳化率随剂油比增加而升高，超过这个比值乳化率没有明显升高 (Clayton et al., 1993)，在剂油比低于 1∶60 的情况下几乎没有乳化效果 (Fingas et al., 1990)。

再者，消油剂对原油的乳化效果也与海域水体温度、盐度等环境条件有关。海水温度的降低，一方面使原油黏度增加，导致消油剂对油的乳化能力下降；另一方面，消油剂在水体中的溶解度对温度变化比较敏感，导致消油剂亲水亲油平衡值的改变，也会降低对油的乳化效率 (Fingas, 1991)。此外，水温的改变也会影响油水之间界面张力以及消油剂分子扩散速度。海水盐度的升高有助于抑制表面活性剂分子向水相的迁移，促进表面活性剂分子与油水界面的油相接触，从而降低油水界面张力，提高消油剂乳化率 (Mackay et al., 1984)。

国内对消油剂使用效果的研究也有所开展。苏君夫 (1990) 在实验室条件下考察了水温、剂油比、搅动等因素对一种国产消油剂乳化率的影响。赵云英等 (2004) 首次采用波浪槽实验装置，考察了海环牌 1 号消油剂对辽河原油的乳化性能。

此外，当消油剂在深水环境使用时，其乳化效果除了受上述因素影响外，还与水下溢油喷射速率、卷吸等环境水体行为过程密切相关。

2. 消油剂使用效果评估实验方法研究

1) 实验室小型实验

实验室小型实验具有简单、低成本和可控性好等优势，因此一直是消油剂效果评估采用的重要手段。在国际范围内，消油剂乳化率的实验室测试方法很多，代表性的有美国 EPA 的 SFT（Fingas et al.，1987）和 BFT 测试（Sorial et al.，2004a，2004b；Venosa and Holder，2011）、EXDET 测试（Becker et al.，1993）、WSL 测试（Martinelli，1984）、MNS 测试（Daling and Almas，1988）和 IFP 测试（Bocard and Castaing，1987）等。从 20 世纪 80 年代开始，许多学者采用上述实验方法对消油剂乳化效果进行了研究。Lunel 等（1997a）以北海特定种类原油为研究对象，考察了 EXDET、IFP、SFT 和 WSL 不同测试方法下消油剂乳化率结果，并与海试结果进行对比，结果表明对于该海域原油，WSL 方法的测试结果与海试结果最为接近。Clark 等（2005）对 SFT、BFT、EXDET 和 WSL 4 种测试方法结果进行了对比研究。Srinivasan 等（2007）采用 BFT 测试方法考察了三种商品化消油剂对两种原油的乳化率，结果表明消油剂乳化率随剂油比、温度和混合速度的增加而升高，其中混合速度变化影响最为显著。可以看出，由于不同测试方法采用的实验条件有所差异，测试得到的消油剂乳化效果也不尽一致。更重要的是，现场海况在实验室条件下难以得到正确反映，导致乳化率测试结果不准确。

2）波浪槽实验

近些年发展起来的波浪槽实验，既具有可控性好、可重复性等优点，又可以较好地反映海域海况，成为消油剂使用效果测定的有效手段。波浪槽实验中消油剂乳化率测试包括两种途径：测定消油剂作用后的水体中分散油浓度并计算分散油质量，或是水面剩余浮油称重（Fingas，2005）。Brown 等（1987）通过波浪槽实验对两种乳化率测试方法进行了比较，表明乳化前后油量很难满足质量平衡，两种方法测试结果差异较大。美国国家溢油应急测试设备 OHMSETT 是用于溢油性质研究的大型室外波浪槽，许多学者利用此波浪槽开展了消油剂乳化研究。例如，Ross（2003）采用 OHMSETT 波浪槽对冷水条件下消油剂对不同阿拉斯加原油的乳化效果进行测试，Trudel 等（2010）对 Corexit 9500 消油剂对原油乳化效果的黏度限制作用进行了研究。针对 2010 年墨西哥湾深水地平线溢油事故，BP 消油剂评估部门利用波浪槽对多种消油剂乳化率进行了测试比较，筛选了适宜水下环境使用的消油剂种类，结果表明 Corexit 9500a 和 Corexit 9527a 两种消油剂对平台泄漏的 MC252 原油具有较高的乳化率，适宜作为溢油应急使用（Ahnell et al.，2010a，2010b）。

3）海试实验

从 20 世纪 70 年代开始，挪威、法国和北美等在邻近海域开展了海试试验，对消油剂乳化率进行评估（Lichtenthaler and Daling，1985；Lewis et al.，1998）。1993 年北海现场试验结果表明，油品分散程度主要受消油剂类型、海况和油品乳化程度等因素的影响，不同消油剂对油品的分散效果存在明显差异（Lunel et al.，1997b）。2003 年在英格兰海峡开展的原油黏度对消油剂乳化效果的测试试验，发现在 15℃下黏度为 2000 cP①的原油可以快速被分散，而黏度达到 7000 cP 条件下原油很难分散；剂油比在 1：25 条件下较 1：

---

① 1 cP=10^{-3} Pa·s。

50 和 1∶100 条件下原油乳化率更高(Lewis，2004)。尽管海试试验在实验条件上具有实验室无法比拟的优势，但其测试方法、费用及潜在的环境污染等问题限制了这一方法的运用。例如，现场试验条件下，在大面积海域和特定时间内完成水体油浓度监测非常困难；另外由于不具备油膜厚度测定能力，对海面剩余油量也难以估计。

6.1.3　效果评估模型研究现状

国外研究者从 20 世纪 90 年代开始开展针对消油剂海面使用效果模拟研究，而国内研究较少。Daling 等(1990)对两种消油剂在特定温度下对三种原油的乳化率及油滴粒径分布进行了测试，并根据实验结果建立了数学经验模型，以此描述在不考虑温度变化、风化程度等因素影响条件下乳化率与油滴粒径分布之间的关系。McCay 等(2001)在假定消油剂乳化率分别为 25%、50% 和 75% 条件下，采用三维溢油归宿模型 SIMAP 对消油剂作用下海面溢油行为及水体浓度进行了模拟研究，结果表明，消油剂的使用可以改变油水卷吸速率和油滴尺寸分布，促进油滴向水体分散，进而降低油品蒸发速率，增加水体中油的浓度。Reed 等(2004)对消油剂作用下的浅水海域溢油中水体和海底石油烃含量和分布进行了模拟。Chandrasekar 等(2006)通过实验室实验，考察了油品类型、消油剂类型、盐度、温度、风化程度和转速等多种条件对消油剂乳化率的影响，并建立了消油剂乳化率与其影响因素之间的多因子经验方程。张乐(2011)在假设海面油膜全部被消油剂分散的前提下，应用对流扩散方程对消油剂作用后油浓度在海洋水体中的分布进行了模拟研究。

国外对于水下消油剂使用效果预测模型的研究目前处于起步阶段，国内尚属空白。针对墨西哥湾深水地平线溢油事故，Paris 等(2012)通过应用水动力和随机浮力粒子追踪耦合模型对水体中石油烃组分行为和归宿进行了模拟，并模拟了入侵深度开始的溢油的远场输送过程。模拟结果表明，在假设水下消油剂与溢油充分混合的条件下，消油剂仅能轻微减少原油上升到海面的量(1%~2%)，但是会导致 1000 m 水深处羽流中油含量的显著增加(10%~25%)。

6.2　消油剂水面使用效果评估

中海油安全环保工程技术研究院近年来开展了消油剂水面使用效果评估研究，考察了消油剂类型和理化性质，并利用波浪槽模拟实验评估了消油剂水面使用效果。

6.2.1　类型选择和理化性质

1. 原油、消油剂类型选择

实验原油选择两种渤海原油，分别为蓬莱 19-3(PL19-3，20℃时密度为 933.6 kg/m³)和旅大 10-1(LD10-1，20℃时密度为 935.5 kg/m³)原油。用的标准为胜利原油。

参考国家海事局认可的消油剂产品名录，并考虑消油剂在实际溢油事故中的使用效果，选择 GM-2 型消油剂和 RS-1 型消油剂用于实验研究。

2. 实验原油理化性质测试

依据相关国家标准的规定，对实验原油的理化性质进行了测定。原油理化性质测定所依据的测试标准如下：《原油和液体或固体石油产品 密度或相对密度测定毛细管比重瓶和带刻度毛细管比重瓶法(GB/T 13377—2010)》；《深色石油产品运动黏度测定法(逆流法)和动力黏度计算法(GB/T 11137—1989)》；《原油水含量的测定 蒸馏法(GB/T 8929—2006)》；《原油倾点测定法(SY/T 7551—2004)》；《原油凝点测定法(SY/T 0541—2009)》。测试结果如表 6.1 所示：

表 6.1　实验原油理化性质

原油类型	密度/(kg/m³)	运动黏度/(mm²/s)	水含量/%	凝点/℃	倾点/℃
蓬莱 19-3	932.1	648.3	0.30	−26	−23
旅大 10-1	934.2	563.1	0	−28	−25

3. 实验用消油剂理化性质测试

依据相关国家标准的规定，对实验用消油剂的理化性质进行了测试。消油剂理化性质测试所依据的测试标准如下：《工业用液态化学品 20℃时的密度测定(GB/T 22230—2008)》；《表面活性剂 用旋转式粘度计测定粘度和流动性质的方法(GB/T 5561—1994)》；《表面活性剂 表面张力的测定(GB/T 22237—2008)》；《溢油分散剂 技术条件 附录 A；HY 044-1997 海洋石油勘探开发常用消油剂性能指标及检验方法(GB 18188.1—2000)》。测试结果如表 6.2 所示。

表 6.2　实验用消油剂理化性质测试结果

消油剂类型	外观	密度/(kg/m³)	pH	运动黏度/(mm²/s)	表面张力/(mN/m)
GM-2	棕色、透明、无分层	0.940	6.0	21.03	29.8
RS-1	淡黄色、透明、无分层	1.005	6.0	4.782	32.0

根据国家标准《溢油分散剂 技术条件》(GB 18188.1—2000)规定的消油剂乳化率测试方法，测试了两种消油剂对标准油的乳化率进行测试。测试结果如表 6.3 所示。

表 6.3　二种消油剂对标准油乳化率测试结果

消油剂名称	10 min 乳化率/%	30 s 乳化率/%
GM-2	46.7	35.2
RS-1	32.7	64.2

6.2.2　消油剂使用效果评估波浪槽模拟试验

1. 波浪槽试验装置及试验方法

"海上溢油模拟试验波浪水槽"实验装置如图 6.1 所示，波浪槽几何尺寸为长 5 m，宽 0.3 m，深 0.4 m。波浪水槽两端设有造波和消波装置，最大造波波高 0.15 m，频率可调。该水槽具有升、降温功能，温度调节范围为 5~30℃。水槽设置离心风机生风，设计最大风速为 13 m/s，风速控制精度为±0.1 m/s。

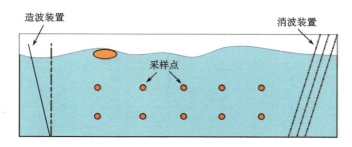

图 6.1　海上溢油模拟试验波浪水槽装置示意图

实验开始时，首先向波浪槽注入实验海水，使水深达到 0.25 m。在波浪槽表面水体的两端放入自制小型固体围油栏，防止油膜扩散进入造波或消波装置。称取 200 g 原油，采用注射器注入波浪槽水体表面。按照设定的剂油比在原油表面均匀喷洒消油剂。开动波浪槽造波系统，使原油和消油剂在海水表面发生作用，实验周期为 20 min。在两个围油栏水平区域内不同位置，均匀设置 5 个水体采样断面，断面间隔为 0.4 m，每个断面设置 2 个不同深度采样点。实验结束后进行水体采样，采样体积约为 100 mL。利用高速工业相机采集水体中的分散油信息，进行油滴粒径分析。

2. 消油剂对油品乳化率结果比较

消油剂乳化率是考察消油剂对油品乳化分散效果的重要指标。消油剂乳化率是指在消油剂作用下，分散在水体中油的质量与实验用油总质量的比值。根据水体中分散油浓度的测定结果，采用公式(6.1)计算消油剂水面溢油乳化率：

$$\mathrm{DE}(\%) = \frac{\overline{C}_\mathrm{sample} V_\mathrm{wt}}{\rho_\mathrm{oil} V_\mathrm{oil}} \times 100 \tag{6.1}$$

式中，$\mathrm{DE}(\%)$ 为乳化率；$\overline{C}_\mathrm{sample}$ 为水体中分散油平均浓度；V_wt 为水体体积；ρ_oil 为油品初始密度；V_oil 为实验用油品体积。

根据上述波浪槽模拟实验，不同消油剂对各油品的乳化率计算结果见表 6.4。

图 6.2~图 6.5 为不同消油剂对各油品乳化率测试结果比较。其中，图 6.2 和图 6.4 分别为 2 cm 波高条件下，剂油比对蓬莱 19-3、旅大 10-1 原油乳化率的影响；图 6.3 和图 6.5 分别为剂油比 80：100 和 30：100 条件下，波高对蓬莱 19-3、旅大 10-1 原油乳化率

表 6.4 不同消油剂对油品乳化作用下乳化率和油滴中值粒径测试结果表

序号	油样、消油剂	波高/cm	剂油比	乳化率/%	$d_{50}/\mu m$
1	蓬莱 19-3 RS-I	2	30∶100	2.7	37.5
2		2	80∶100	5.0	26.6
3		6	30∶100	8.7	30.6
4		6	80∶100	12.3	22.3
5	蓬莱 19-3 GM-2	2	30∶100	11.2	29.5
6		2	80∶100	23.5	11.2
7		6	30∶100	37.1	25.4
8		6	80∶100	52.9	12.0
9	旅大 10-1 RS-I	2	30∶100	7.5	35.6
10		2	80∶100	9.3	30.3
11		6	30∶100	12.9	30.7
12		6	80∶100	15.8	31.9
13	旅大 10-1 GM-2	2	30∶100	12.9	29.3
14		2	80∶100	15.3	15.6
15		6	30∶100	26.9	25.2
16		6	80∶100	60.7	17.3

的影响。结果表明，对于蓬莱 19-3、旅大 10-1 原油，不同消油剂对油品的乳化率均随剂油比和波高条件的增大而增大。在 2 cm 波高条件下，RS-I 消油剂对蓬莱 19-3 原油的乳化率较低，分别为 2.7%（剂油比 30∶100）和 5%（剂油比 80∶100）。在 6 cm 波高条件，RS-I 消油剂对蓬莱 19-3 原油的乳化率最高可达 12.3%（剂油比 80∶100）。剂油比增大，增加了消油剂与原油作用的机会，原油乳化分散效果越好。波高条件的增加，原油和消油剂的混合能量越大，消油剂效果发挥越充分。

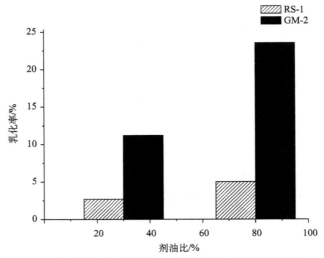

图 6.2 不同剂油比条件对蓬莱 19-3 原油乳化率的影响（波高 2 cm）

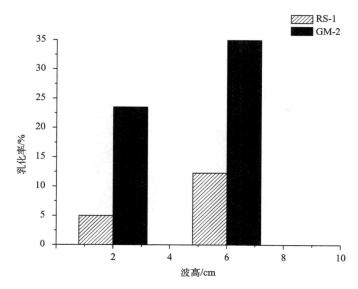

图 6.3　不同波高条件对蓬莱 19-3 原油乳化率的影响（剂油比 80 : 100）

　　在相同试验条件下，GM-2 消油剂与 RS-I 消油剂相比表现出较高的乳化能力。在 6 cm
波高条件，GM-2 消油剂对蓬莱 19-3 原油的乳化率最高可达 52.9%（剂油比 80 : 100）。
对比 RS-I 消油剂对蓬莱 19-3 和旅大 10-1 原油的乳化率，前者均低于后者。原因是原油
组成和性质的差异会导致消油剂对不同原油的乳化效果不同。旅大 10-1 原油黏度（20℃，
545.1 mm^2/s）低于蓬莱 19-3 原油（20℃，739.2 mm^2/s），在特定的波浪产生的混合能量下，
旅大 10-1 原油更容易被剪切形成小油滴并分散进入水体。

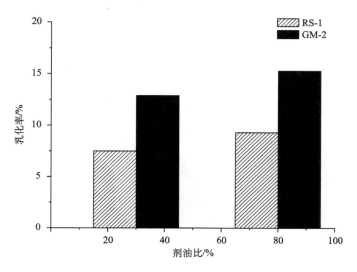

图 6.4　不同剂油比条件对旅大 10-1 原油乳化率的影响（波高 2 cm）

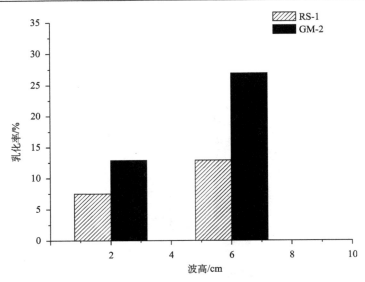

图 6.5　不同波高条件对旅大 10-1 原油乳化率的影响(剂油比 30∶100)

3. 不同消油剂作用下的油滴粒径分布比较

在波浪槽试验中,消油剂对油品的作用表现在降低油水界面张力,促进表面油膜破碎成小油滴。对于不同原油类型、消油剂类型和使用量、波浪等条件,油滴粒径分布均应有所差异。对油滴粒径分布的评价可以采用油滴中值粒径 d_{50} 表征。油滴中值粒径 d_{50} 在这里表示油滴的累计体积分布达到油滴总体积 50%时所对应的粒径。大于此粒径的油滴体积占总油滴体积的 50%,小于此粒径的油滴体积占总油滴体积的比例也为 50%。

图 6.6~图 6.9 为不同消油剂对各油品油滴中值粒径测试结果的比较。其中,图 6.6 和图 6.8 为 2 cm 波高条件下,剂油比对蓬莱 19-3、旅大 10-1 原油油滴中值粒径的影响;图 6.7 和图 6.9 为在剂油比 80∶100 和 30∶100 条件下,波高对蓬莱 19-3、旅大 10-1 原油油滴中值粒径的影响。

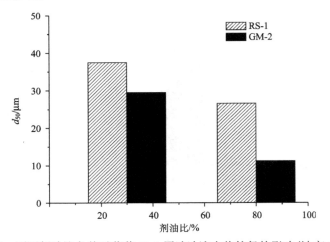

图 6.6　不同剂油比条件对蓬莱 19-3 原油油滴中值粒径的影响(波高 2 cm)

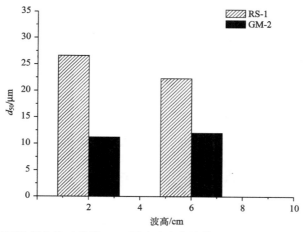

图 6.7　不同波高条件对蓬莱 19-3 原油油滴中值粒径的影响（剂油比 80：100）

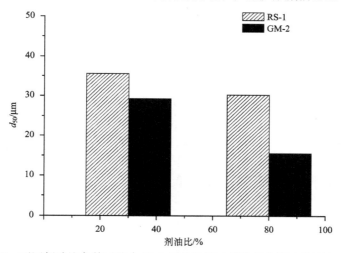

图 6.8　不同剂油比条件对旅大 10-1 原油油滴中值粒径的影响（波高 2 cm）

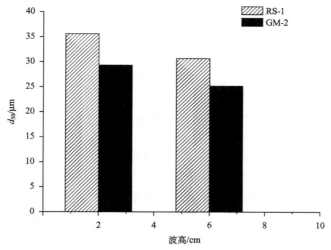

图 6.9　不同波高条件对旅大 10-1 原油油滴中值粒径的影响（剂油比 30：100）

结果表明，对于蓬莱 19-3、旅大 10-1 原油，油滴中值粒径均随剂油比和波高条件的增大而减小。在 2 cm 波高、剂油比 30∶100 条件下，RS-I 消油剂对蓬莱 19-3 原油作用后的油滴中值粒径最大，为 37.5μm。随着波高和剂油比的增大，油滴中值粒径明显减小，分别为 26.6μm（2 cm 波高，剂油比 80∶100）和 22.3μm（6 cm 波高，剂油比 80∶100）。RS-I 消油剂与 GM-2 消油剂作用下的油滴中值粒径也存在差异，如在 2 cm 波高、剂油比 80∶100 条件下，两种消油剂对蓬莱 19-3 原油作用后的油滴中值粒径分别为 26.6μm 和 11.2μm。对于不同类型原油，消油剂作用后形成的油滴中值粒径也有所不同。

6.3　消油剂水下使用效果评估

国外对消油剂水下使用效果评估试验以及预测模型研究尚处于起步阶段。鉴于国内油气开采活动日益频繁的现状，有必要对消油剂水下使用效果进行研究，为水下溢油事故中消油剂喷注提供决策依据和技术指导。中海油安全环保工程技术研究院率先构建了水下溢油模拟试验装置，选取油样开展消油剂水下使用效果评估试验研究，并进一步建立消油剂水下使用效果评估模型，为水下溢油应急处置提供理论依据。

6.3.1　模拟试验装置试制

根据水下溢油特点和环境条件的要求，设计并构建了水下溢油模拟试验装置，试验装置示意图如图 6.10 所示。组成上包括水下溢油模拟试验水槽、试验用水配制水槽、溢油喷射单元、消油剂喷注单元和信息采集单元。

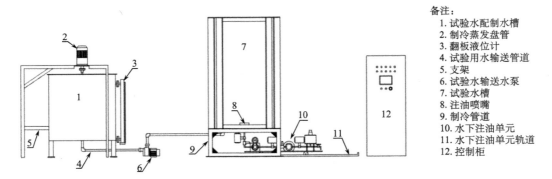

备注：
1. 试验水配制水槽
2. 制冷蒸发盘管
3. 翻板液位计
4. 试验用水输送管道
5. 支架
6. 试验水输送水泵
7. 试验水槽
8. 注油喷嘴
9. 制冷管道
10. 水下注油单元
11. 水下注油单元轨道
12. 控制柜

图 6.10　水下溢油模拟试验装置

水下溢油模拟试验水槽是水下溢油试验开展的主体水槽。通过试验水槽，实现消油剂与原油的乳化作用过程。试验水槽为竖直的长方体玻璃水槽，水槽高为 2 m，内部尺寸为 1.0 m×1.0 m，实际工作水深为 1.8 m。在水槽底部设有注油喷口，在注油喷口处实现溢油喷射单元和试验水槽的连接。在注油喷口的垂直方向，设有消油剂喷注口，实现消油剂喷注单元和试验水槽的连接。水下溢油模拟试验水槽如图 6.11 所示。

图 6.11 水下溢油模拟试验水槽

6.3.2 水下溢油模拟试验

依托建立的水下溢油模拟试验装置,选取代表性油品,开展水下溢油模拟试验,考察水下溢油喷射条件(如喷射口径、喷射速度)对水下溢油形态的影响。在此基础上,开展不同剂油比条件下的消油剂水下使用模拟试验,对水下消油剂的使用效果进行研究。

1. 水下溢油模拟试验设计及过程

试验原油选择蓬莱 19-3、旅大 10-1 和奋进号原油共三种。以油滴粒径分布为主要测试指标,以溢油喷射条件(喷射口径、喷射速率)为主要影响因子开展试验。根据试验装置工作原理,溢油喷射单元的齿轮泵控制着溢油喷射速度,试验中以输油泵的变频器频率代替溢油喷射速度作为直接控制条件。蓬莱 19-3 原油水下溢油模拟试验水平设置如表 6.5 所示。

表 6.5 蓬莱 19-3 原油喷射试验条件设计

序号	喷射口径/mm	变频器频率/Hz
1	1	6
2	1	8
3	1	10

续表

序号	喷射口径/mm	变频器频率/Hz
4	1	12
5	1	14
6	1	16
7	2	8
8	2	16
9	3	8
10	3	16

旅大 10-1 和奋进号原油水下溢油模拟试验条件设置如表 6.6 所示。

表 6.6 旅大 10-1 和奋进号原油喷射试验条件设计

序号	喷射口径/mm	变频器频率/Hz	流量/(m³/h)	速度/(m/s)
1	1	8	0.057	20.2
2	1	16	0.112	39.6
3	2	8	0.068	6.0
4	2	16	0.144	12.7
5	3	8	0.085	3.3
6	3	16	0.183	7.2

以蓬莱 19-3 原油喷射试验为例,对原油喷射过程中不同阶段的溢油主体轮廓和油滴粒径分布特征进行分析。试验开始时,首先向配置水槽注入试验海水。将海水冷却至 4℃左右,然后注入主体试验水槽,使水深达到 1.8 m。在储油罐中放入 300 g 实验原油,打开输油管道阀门,开动输油泵,使试验原油以设定的速率喷射进入水体,原油持续喷射周期为 2 分钟。

试验过程中不同时间点的溢油形态如图 6.12 所示。可以看出,在时间为 10 s 时,溢油从喷射口喷出,由于管线中有气体的存在,初始溢油阶段会有气泡伴随喷出(11、12 s);从时间点为 12 s 开始,随着溢油的持续喷射,溢油主体高度逐渐增大,溢油轮廓横向宽度也随着高度的上升而逐渐增加。从整个试验过程来看,原油没有以油柱形态喷出,在可视范围内也几乎没有大的分散油滴存在,说明蓬莱 19-3 原油喷射雾化效果良好。

在水槽约 1.5 m 高度,利用高速工业相机采集不同时间的油滴粒径分布信息(图 6.13)。可以看出,在试验初始阶段,试验原油喷射进入水体,并逐渐上升,此阶段油滴数量较少,大粒径的油滴占比较大;在 120 s、150 s 左右,溢油主体进行信息采集区域,油滴较为密集;180 s 之后,试验原油基本喷射结束,油滴逐渐减少;大于 240 s,大油滴已经完全上浮,小油滴在水体中悬浮,导致连续拍摄的多张图片油滴粒径分布信息变化不大。

图 6.12　溢油喷射主体在不同时间点的溢油形态

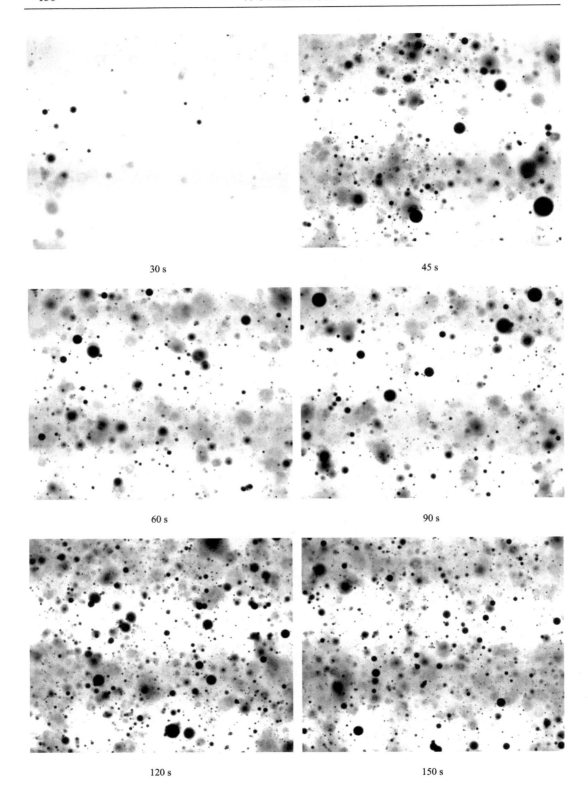

30 s

45 s

60 s

90 s

120 s

150 s

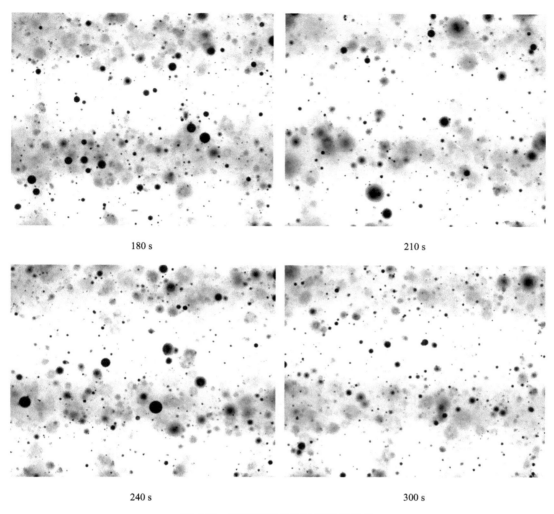

180 s　　　　　　　　　　　　　210 s

240 s　　　　　　　　　　　　　300 s

图 6.13　不同时间点的油滴粒径分布

　　针对蓬莱 19-3 原油、旅大 10-1 原油和奋进号原油，分别根据设定的试验方案开展水下溢油喷射试验，对原油在不同喷射条件下的油滴粒径分布信息进行对比分析。

2. 蓬莱 19-3 原油水下喷射试验分析

　　蓬莱 19-3 原油水下喷射试验根据表 6.5 设定的水平进行，共开展 10 组试验。对每组试验获得的油滴粒径分布图片进行识别分析，计算得到各试验水平下的油滴粒径分布和中值粒径结果。

　　不同喷射条件下，蓬莱 19-3 原油喷射试验的中值粒径分析结果如表 6.7 所示。结果表明，在 1 mm 喷射口径条件下，随着输油泵变频器频率的增加，溢油喷射流量逐渐增大，喷射速度增加，导致水下溢油喷射发生破碎形成的油滴中值粒径逐渐减小，从 6 Hz 时的432 μm 逐渐降低至 16 Hz 时的 275 μm。在 2 mm 和 3 mm 喷射口径条件下，随着输油泵

表 6.7 蓬莱 19-3 原油喷射试验中值粒径结果

序号	喷射口径/mm	变频器频率/Hz	流量/(m³/h)	速度/(m/s)	d_{50}/μm
1	1	6	0.044	15.6	432
2	1	8	0.052	18.4	390
3	1	10	0.058	20.5	351
4	1	12	0.060	21.2	346
5	1	14	0.072	25.5	316
6	1	16	0.075	26.5	275
7	2	8	0.090	8.0	400
8	2	16	0.136	12.0	372
9	3	8	0.107	4.2	481
10	3	16	0.152	5.9	417

变频器频率的增加，溢油喷射速度增大，同样呈现油滴中值粒径不断减小的特点，分别从 8 Hz 时的 400 μm 和 481 μm 降低至 16 Hz 时的 372 μm 和 417 μm。

在上述对油滴中值粒径对比分析的基础上，进一步通过油滴粒径分布趋势讨论水下溢油喷射条件对水下溢油喷射油滴破碎的影响。不同喷射条件下，蓬莱 19-3 原油喷射试验中油滴粒径分布如图 6.14 所示。不同喷射条件下的油滴粒径分布规律大体相似。具体表现为粒径低于 100 μm 和高于 700 μm 的油滴体积占油滴总体积的比例较小，油滴分布主要集中在 100~700 μm，体积比最高点位置根据喷射条件的不同而有所偏移。

具体而言，在喷射口径为 1 mm、变频器频率为 6Hz 条件下，粒径低于 100 μm 的油滴体积占总体积的比例仅为 1.8%，粒径高于 700 μm 的油滴较多、体积比约为 16.5%，在 100~700 μm 的油滴体积比达到 81.7%，油滴体积比最高点出现在 400~450 μm 区间（10.4%）。随着变频器频率不断增加（8~16 Hz），粒径高于 700 μm 的油滴体积逐渐减少，油滴体积比最高点向左偏移。尤其对于 14 Hz 和 16 Hz 条件下，粒径高于 700 μm 的油滴基本消失，体积比最高点集中在 250~350 μm 区间。即在其他条件不变时，随着水下溢油喷射流量的增加，形成的油滴粒径会减小。

在喷射口径为 2 mm、变频器频率为 8 Hz 条件下，粒径低于 100 μm 和高于 700 μm 的油滴体积比分别约为 2.0% 和 12.0%，体积比最高点出现在 350~400 μm。在变频器频率为 16 Hz 条件下，粒径高于 700 μm 的油滴减少，体积比最高点向左偏移至 250~300 μm。

在喷射口径为 3 mm、变频器频率为 8 Hz 条件下，粒径低于 100μm 和高于 700 μm 的油滴体积比分别约为 1.1% 和 20.0%，体积比最高点出现在 550~600μm。随着变频器频率的增加，油滴体积比最高点也发生左移。与喷射口径为 1 mm 和 2 mm 时的结果相比，尽管原油喷射流量呈不断增加的趋势，但由于喷射口径的增大导致喷射速度减小，溢油破碎形成的大粒径油滴会明显增多。

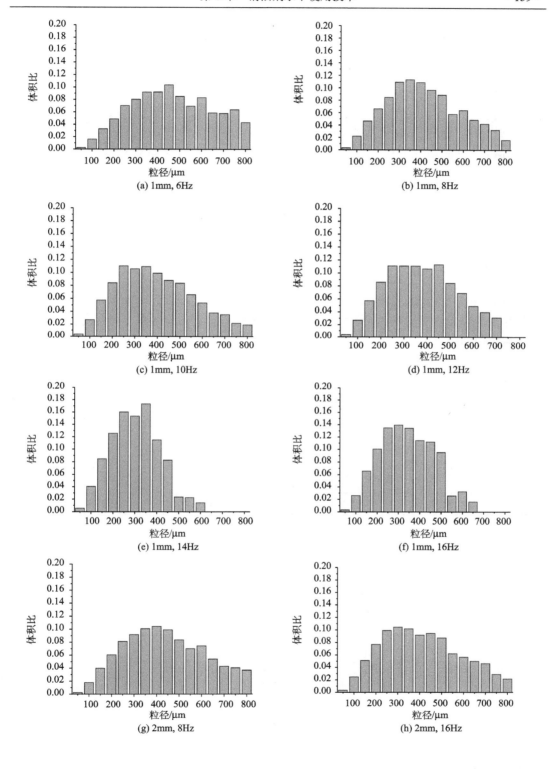

(a) 1mm, 6Hz

(b) 1mm, 8Hz

(c) 1mm, 10Hz

(d) 1mm, 12Hz

(e) 1mm, 14Hz

(f) 1mm, 16Hz

(g) 2mm, 8Hz

(h) 2mm, 16Hz

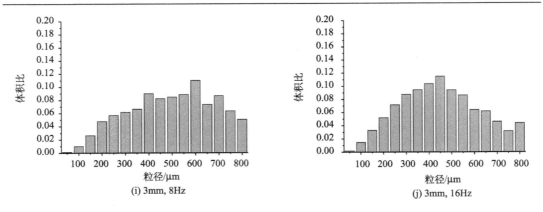

图 6.14　不同条件下蓬莱 19-3 原油水下喷射试验油滴粒径分布

3. 旅大 10-1 原油水下喷射试验分析

旅大 10-1 原油水下喷射试验根据表 6.6 设定的水平进行，共开展 6 组试验。对每组试验获得的油滴粒径分布图片进行识别分析，计算得到各试验水平下的油滴粒径分布图和中值粒径结果。

不同喷射条件下，旅大 10-1 原油喷射试验中值粒径分析结果如表 6.8 所示。结果表明，在喷射口径为 1 mm 时，随着输油泵变频器频率的增加，溢油喷射流量逐渐增加，喷射速度增大，导致喷射形成的油滴中值粒径逐渐减小，从 8Hz 条件下的 391μm 降低至 16 Hz 条件下的 283μm。在喷口直径为 2 mm 和 3 mm 时，随着溢油喷射流量的增加，同样呈现油滴中值粒径减小的特点。

表 6.8　旅大 10-1 原油喷射试验中值粒径结果

序号	喷射口径/mm	变频器频率/Hz	流量/(m³/h)	速度/(m/s)	d_{50}/μm
1	1	8	0.048	17.0	391
2	1	16	0.078	27.6	283
3	2	8	0.065	5.7	416
4	2	16	0.132	11.7	315
5	3	8	0.085	3.3	431
6	3	16	0.192	7.5	324

不同喷射条件下，奋进号原油喷射试验油滴粒径分布如图 6.15 所示。不同粒径油滴体积分布总体上表现为粒径低于 100 μm 和高于 700 μm 的油滴体积占油滴总体积的比例较小，油滴粒径分布主要集中在 100~700 μm，体积比最高点位置根据喷射条件的不同而有所偏移。

具体而言，在喷射口径为 1 mm、变频器频率为 8Hz 条件下，粒径低于 100 μm 和高于 700 μm 的油滴体积占总体积的比例较小，分别约为 2.1% 和 4.1%，在 100~700 μm 油滴体积比达到 93.8%，油滴体积比最高点出现在 450~500 μm（12.6%）。随着变频器频率增加至 16 Hz，粒径在 600 μm 以上的油滴消失，油滴体积比最高点向左偏移至 200~250 μm（15.6%）。这说明，在其保持喷射口径不变的情况下，溢油喷射流量的增加会导致油滴粒径减小。

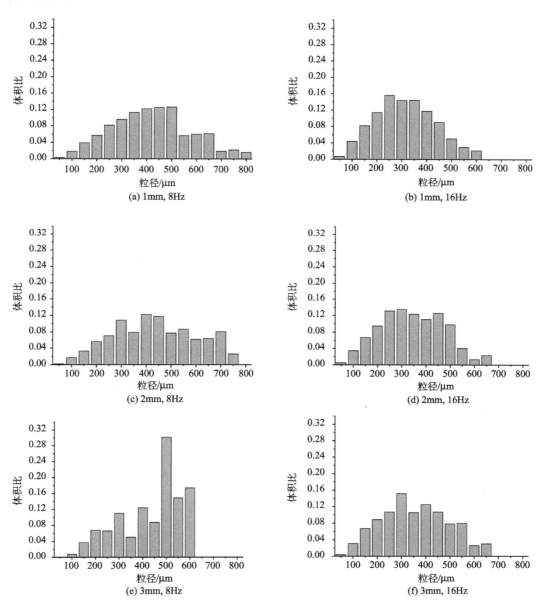

图 6.15　不同条件下旅大 10-1 原油水下喷射试验油滴粒径分布

在喷射口径为 2 mm 时，对比不同变频器频率条件，旅大 10-1 原油油滴粒径分布同样表现出油滴粒径随着喷射流量的增加而减小的趋势。与喷射口径为 1 mm 时的结果相比，粒径较大的油滴所占体积增大。

在喷射口径为 3 mm、变频器频率为 8 Hz 条件下，粒径在 450 μm 以上的油滴较多，油滴体积占总体积的比例高达71.2%，粒径在450 μm以下的油滴体积仅为总体积的28.8%。对于整体油滴粒径分布，油滴体积比最高点出现在 450~500 μm。在变频器频率为 16 Hz 时，大粒径油滴显著减少，油滴体积比最高点向左偏移至 250~300 μm。

4. 奋进号原油水下喷射试验分析

奋进号原油水下喷射试验根据表 6.6 设定的水平进行，共开展 6 组试验。对每组试验获得的油滴粒径分布图片进行识别分析，计算得到各试验水平下的油滴粒径分布图和中值粒径结果。

不同喷射条件下，奋进号原油喷射试验中值粒径分析结果如表 6.9 所示。结果表明，在相同喷射口径条件下，随着输油泵变频器频率的增加，溢油喷射流量逐渐增大，喷射速度增加，导致喷射形成的油滴中值粒径逐渐减小。对于 1 mm 喷射口径，油滴中值粒径从 8 Hz 条件下的 333μm 降低至 16 Hz 条件下的 200μm。在 2 mm 和 3 mm 喷射口径条件下，油滴中值粒径呈现出相同的变化趋势。

表 6.9　奋进号原油喷射试验中值粒径结果

序号	喷射口径/mm	变频器频率/Hz	流量/(m³/h)	速度/(m/s)	d_{50}/μm
1	1	8	0.057	20.2	333
2	1	16	0.112	39.6	200
3	2	8	0.068	6.0	334
4	2	16	0.144	12.7	243
5	3	8	0.085	3.3	476
6	3	16	0.183	7.2	310

不同喷射条件下，奋进号原油喷射试验中油滴粒径分布情况如图 6.16 所示。不同粒径油滴体积分布总体上表现为粒径低于 100μm 和高于 700 μm 的油滴体积占油滴总体积的比例较小，油滴粒径分布主要集中在 100~700 μm，体积比最高点位置根据喷射条件的不同而有所偏移。

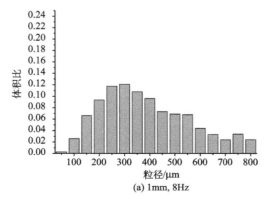
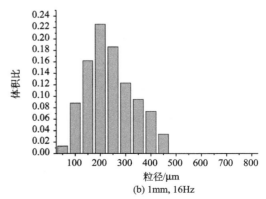

(a) 1mm, 8Hz　　　　　　　　　　　　　(b) 1mm, 16Hz

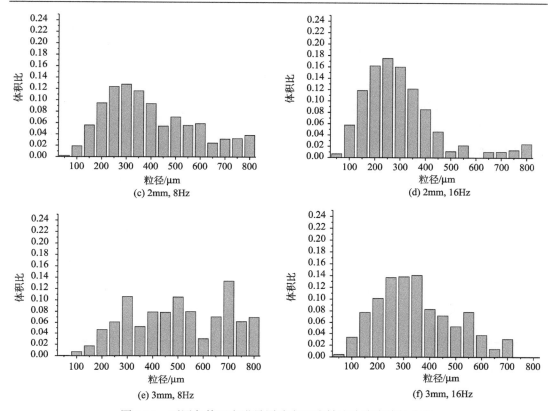

图 6.16　不同条件下奋进号原油水下喷射试验油滴粒径分布

具体而言，在喷射口径为 1 mm、变频器频率为 8Hz 条件下，粒径低于 100μm 的油滴体积占总体积的比例仅为 2.9%，粒径高于 700μm 的油滴较多、体积比约为 8.2%，在 100~700μm 油滴体积比达到 88.9%，体积比最高点出现在 250~300μm（12.1%）。随着变频器频率增加至 16Hz，粒径高于 500μm 的油滴消失，油滴体积比最高点向左偏移至 150~200μm（22.6%）。

在喷射口径为 2 mm 时，对比不同变频器频率条件，油滴粒径分布同样表现出油滴粒径随着喷射流量的增加而减小的趋势。与喷射口径为 1 mm 时的结果相比，油滴粒径在 700μm 以上的油滴始终存在。

在喷射口径为 3 mm、变频器频率为 8Hz 条件下，粒径在 700μm 以上的油滴较多，油滴体积占总体积的比例高达 26.5%。对于整体油滴粒径的分布，油滴体积比最高点出现在 650~700μm。在变频器频率为 16 Hz 时，粒径在 700μm 以上的油滴消失，油滴体积比最高点向左偏移至 250~350μm。与喷射口径为 1 mm 和 2 mm 时的结果相比，大粒径油滴体积比普遍增大。说明尽管原油喷射流量不断增加，但由于喷射口径的增大导致喷射速度减小，溢油破碎形成的大粒径油滴也会增多。

6.3.3　消油剂水下使用效果评估模拟试验

依托水下溢油模拟试验水槽，开展消油剂水下使用效果评估模拟试验。试验选择蓬莱 19-3 和奋进号原油共两种，实验用消油剂选取 RS-1 消油剂。设置不同的剂油比条件，以油滴粒径分布为考察指标，评估消油剂的使用对水下溢油的影响。试验水平设置如表 6.10 所示。

表 6.10　消油剂使用条件下的水下溢油喷射试验条件设计

序号	喷射口径/mm	变频器频率/Hz	剂油比
1	2	8	5∶100
2	2	8	10∶100
3	2	8	20∶100
4	2	8	30∶100
5	2	8	55∶100
6	2	8	80∶100

以消油剂作用下的蓬莱 19-3 原油喷射试验为例，对原油喷射过程中不同阶段的溢油主体轮廓和油滴粒径分布特征进行分析。实验开始时，首先向配制水槽注入试验海水，将海水冷却至 4℃ 左右，然后注入试验水槽，使水深达到 1.8 m。打开输油管道阀门，开动输油泵，使试验原油以设定的速率喷射进入水体。然后通过消油剂喷注单元，按照特定的剂油比，在溢油喷射口垂直方向进行消油剂的喷注。试验中原油持续喷射周期约为 2 分钟。

在距水槽 1.5 m 水平距离处，采用高速工业相机进行溢油主体轮廓的拍摄。溢油喷射主体在不同时间点的溢油形态如图 6.17 所示。可以看出，在试验初始阶段，溢油以一定的初速度从水槽底部喷口喷射进入水体，喷射主体出现一定程度的破碎（10 s、11 s 和 12 s）。在第 15 s 时，开始从溢油喷射的垂直方向在溢油喷射口附近位置进行消油剂喷注，消油剂与溢油主体发生混合。随后，消油剂伴随溢油主体逐渐上浮（15 s、16 s）。在上浮过程中，消油剂与溢油主体发生乳化作用，溢油主体轮廓有增加趋势，油滴进一步分散。

10 s　　　　　　　　　　　　　　　11 s

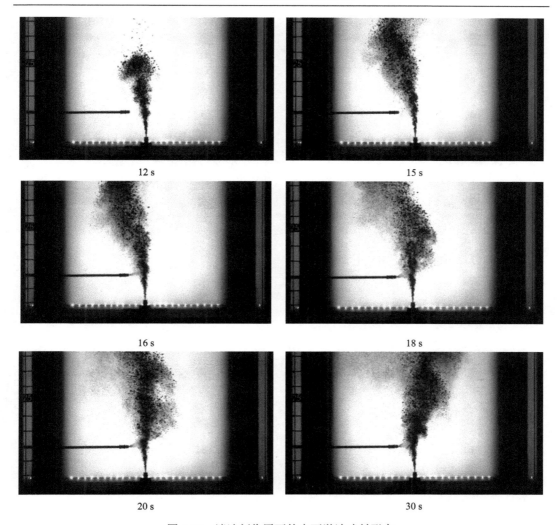

图 6.17　消油剂作用下的水下溢油喷射形态

结果表明，在消油剂作用下，水下溢油的主体轮廓更加分散，小油滴的形成也导致主体轮廓雾化更加严重。

　　在水槽约 1.5 m 高度，利用高速工业相机进行油滴粒径信息的采集。溢油喷射试验中不同阶段采集到的油滴粒径分布信息如图 6.18 所示。可以看出，在试验初始阶段，原油喷射进入水体并逐渐上升，大粒径油滴占比较大；在 120 s 左右，大粒径油滴基本完成上浮，采集的图片中大粒径油滴减少；150 s 之后，仍然呈现出小粒径油滴上浮的阶段。与不使用消油剂条件相比，在 10∶100 剂油比条件下，水体中小油滴增多，表现为图片背景颜色的加深。

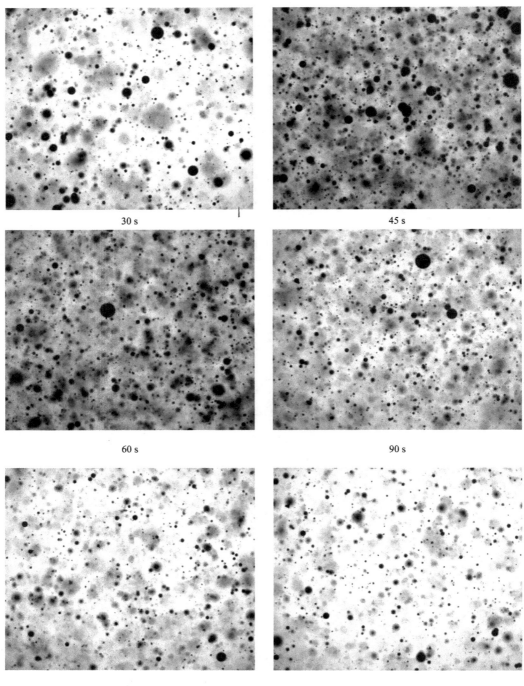

30 s

45 s

60 s

90 s

120 s

150 s

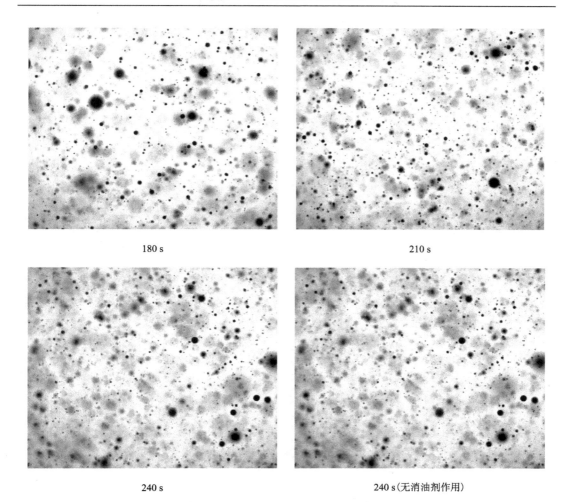

180 s　　　　　　　　　　　　　　　　210 s

240 s　　　　　　　　　　240 s（无消油剂作用）

图 6.18　消油剂作用下的水下溢油喷射油滴粒径分布

　　针对蓬莱 19-3 原油和奋进号原油，分别根据设定的试验方案开展消油剂喷注条件下的水下溢油喷射试验，评估消油剂对各类型原油的乳化效果。

1）蓬莱 19-3 原油水下消油剂喷注试验

　　蓬莱 19-3 原油水下消油剂喷注试验根据表 6.10 设定的水平进行，共开展 6 组试验。对每组试验获得的油滴粒径分布图片进行识别分析，计算得到各试验水平下的油滴粒径分布和中值粒径结果。

　　选取各试验过程在相同时间点采集的油滴粒径信息图片（图 6.19），对比分析不同剂油比水平下的油滴粒径大小和分布特点。

　　可以看出，在剂油比为 5∶100 条件下，同时存在大粒径和小粒径油滴分布。当剂油比增加到 10∶100，大粒径油滴的数量明显减少。在剂油比 20∶100 条件下，小粒径油滴明显增多，并且采集到的图片背景加深，这应该是由于水体中细微型油滴数量的增多，

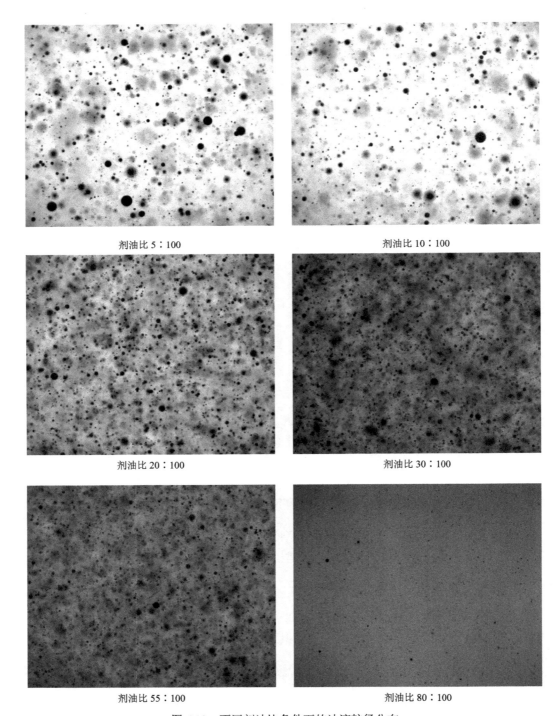

剂油比 5∶100　　　　　　　　　　　剂油比 10∶100

剂油比 20∶100　　　　　　　　　　　剂油比 30∶100

剂油比 55∶100　　　　　　　　　　　剂油比 80∶100

图 6.19　不同剂油比条件下的油滴粒径分布

导致对光线的遮挡作用增强。在剂油比 30∶100 和 55∶100 条件下，图片背景进一步加深，说明消油剂使用量的增加，使得视野范围内可见的油滴粒径大幅减小。在剂油比为

80：100 条件下，油滴粒径进一步减小，水体中的小油滴雾化致使水体的透光性进一步减弱。不同剂油比条件下，蓬莱 19-3 原油水下消油剂喷注试验的油滴中值粒径分析结果如表 6.11 所示。

表 6.11 水下消油剂喷注试验中蓬莱 19-3 原油中值粒径结果

序号	喷射口径/mm	流量/(m³/h)	剂油比	$d_{50}/\mu m$
1	2	0.096	5：100	346
2	2	0.095	10：100	288
3	2	0.101	20：100	229
4	2	0.102	30：100	189
5	2	0.099	55：100	160
6	2	0.110	80：100	61

结果表明，随着剂油比从 5：100 逐渐增大至 80：100，油滴中值粒径逐渐减小，从 346μm 降低至 61μm。与不喷注消油剂条件下的原油喷射试验结果（400μm）相比，油滴中值粒径有所降低（图 6.20）。

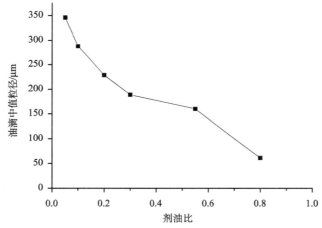

图 6.20 蓬莱 19-3 原油油滴中值粒径随剂油比变化关系图

在上述对油滴中值粒径对比分析的基础上，进一步通过油滴粒径分布趋势讨论水下消油剂喷注对油滴破碎的影响。不同剂油比条件下，蓬莱 19-3 原油喷射试验中油滴粒径分布情况如图 6.21 所示。可以看出，整体上，随着剂油比的增加，大粒径油滴所占体积逐渐减小，油滴粒径分布的高值区逐渐向小粒径油滴转移。

具体分析发现，与没有消油剂喷注相比，剂油比 5：100 条件下的原油喷射形成的油滴粒径分布表现为 700 μm 以上粒径的油滴减少，粒径在 200~400 μm 范围内的油滴增多，说明消油剂的喷注能够促进小油滴的形成。随着剂油比的增大，在 20：100 剂油比条件下，粒径在 600 μm 以上的油滴显著减少，仅占总体积的 1.3%，粒径在 100~300 μm 的油滴体积达到总体积的 63.6%。在 30：100 剂油比条件下，粒径在 500 μm 以上的油滴几乎消失，小粒径油滴进一步增加。在 80：100 剂油比条件下，最大油滴粒径仅为 293 μm，

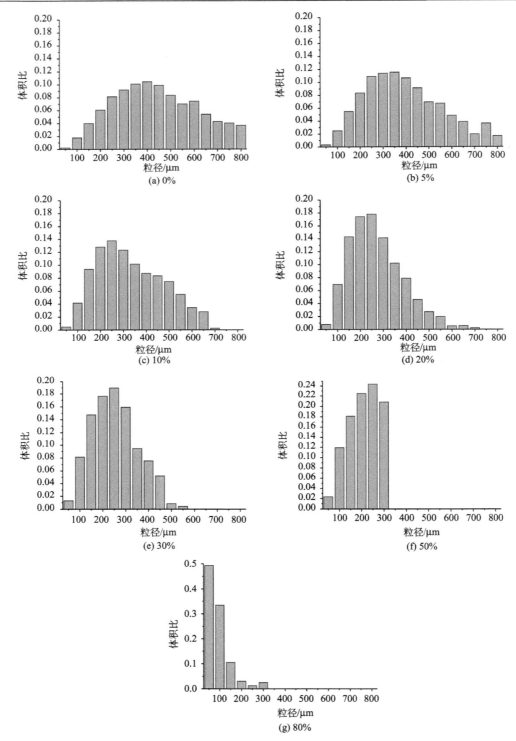

图 6.21　不同剂油比条件下蓬莱 19-3 原油水下喷射试验油滴粒径分布

粒径在 50 μm 以下的油滴体积达到油滴总体积的 50%。以上结果说明，在本试验设定的剂油比范围内，随着剂油比的增加，水下消油剂喷注对原油的分散作用增强，形成的油滴粒径减小。

2)奋进号原油水下消油剂喷注试验

不同剂油比条件下，奋进号原油水下消油剂喷注试验的油滴中值粒径分析结果如表 6.12 所示。

结果表明，在 5∶100 剂油比条件下，油滴中值粒径(218 μm)比不喷注消油剂条件下的油滴中值粒径(334 μm)大大降低。在 10∶100 剂油比条件下，油滴中值粒径降低至 100 μm 以内，并随着剂油比的增大，油滴中值粒径逐渐减小。在 30:100、55∶100 和 80∶100 剂油比条件下，油滴中值粒径维持在 40 μm 左右(图 6.22)。说明对于奋进号原油，在剂油比为 30∶100 时消油剂对原油的乳化效果达到最大，消油剂使用量的继续增加对原油的乳化效果影响不大。

表 6.12 　水下消油剂喷注试验中奋进号原油中值粒径结果

序号	喷射口径/mm	流量/(m³/h)	剂油比	d_{50} /μm
1	2	0.103	5∶100	218
2	2	0.102	10∶100	87
3	2	0.102	20∶100	68
4	2	0.101	30∶100	36
5	2	0.102	55∶100	45
6	2	0.101	80∶100	40

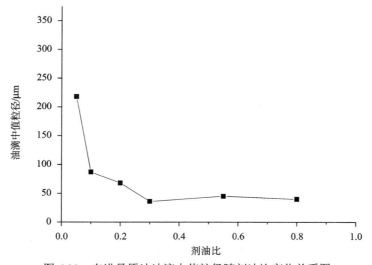

图 6.22 　奋进号原油油滴中值粒径随剂油比变化关系图

在上述对油滴中值粒径对比分析的基础上，进一步通过油滴粒径分布趋势讨论水下消油剂喷注对油滴破碎的影响。不同剂油比条件下，奋进号原油喷射试验中的油滴粒径分布情况如图 6.23 所示。

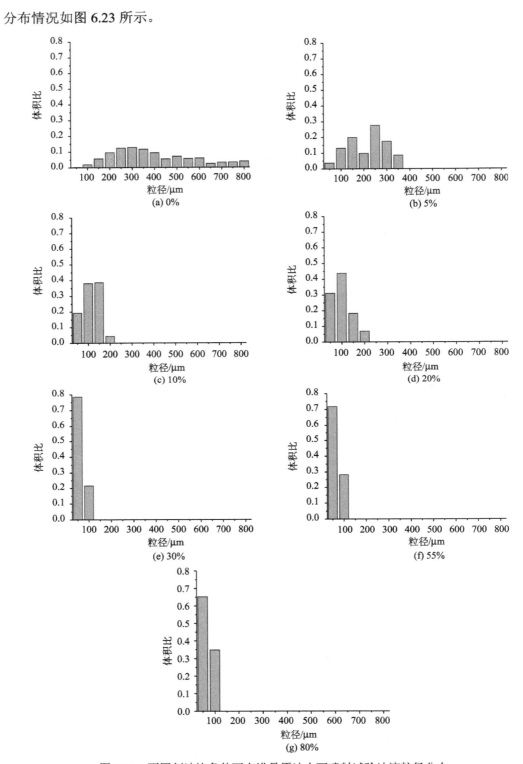

图 6.23　不同剂油比条件下奋进号原油水下喷射试验油滴粒径分布

　　可以看出，在不使用消油剂条件下，奋进号原油水下喷射形成的油滴粒径分布在
0~800 μm，较大比例集中在 200~400 μm，粒径高于 700 μm 的油滴体积占总体积比达
到 10.3%。在使用消油剂条件下，粒径较大的油滴逐渐消失。在 5∶100 剂油比条件
下，体积比高值区主要集中在 200~300 μm，粒径在 350 μm 以上的油滴消失。在 10∶
100 和 20∶100 剂油比条件下，粒径在 200 μm 以上的油滴消失，高值区集中在 50~
150 μm。在 30∶100、55∶100 和 80∶100 剂油比条件下，油滴粒径基本集中在
100 μm 以下，其中粒径在 50 μm 以下的小粒径油滴累积体积比进一步增大(图 6.24)。
说明消油剂使用对奋进号原油的乳化效果明显，使奋进号原油喷射形成的油滴粒径显
著减小。

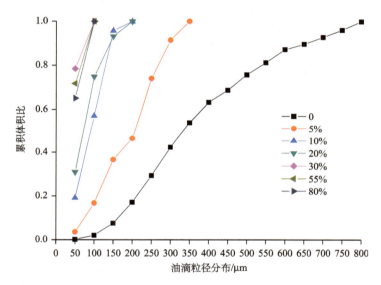

图 6.24　不同剂油比条件下奋进号原油油滴累积体积分布曲线

3)消油剂对不同类型原油水下使用效果比较

　　在不使用消油剂的条件下，蓬莱 19-3 原油和奋进号原油水下喷射形成的油滴粒径分
布对比如图 6.25 所示。对比可以看出，蓬莱 19-3 原油和奋进号原油破碎后形成的油滴
粒径分布，在油滴粒径总体分布趋势上比较相近。高值区域集中在 200~500 μm，高于
500 μm 和低于 200 μm 的油滴所占体积逐渐减小。

　　在使用消油剂的情况下，以 20∶100 剂油比为例，蓬莱 19-3 原油和奋进号原油水下
喷射形成的油滴粒径分布对比如图 6.26 所示。从图中可以看出，在喷射消油剂的条件下，
两种原油的油滴粒径分布均有显著变化，表现为油滴粒径分布整体左移，小粒径油滴所
占比例增多。蓬莱 19-3 原油油滴粒径分布高值集中在 150~300μm。奋进号原油变化更为
明显，粒径在 200μm 以上的油滴基本消失，主要集中在 0~100μm。

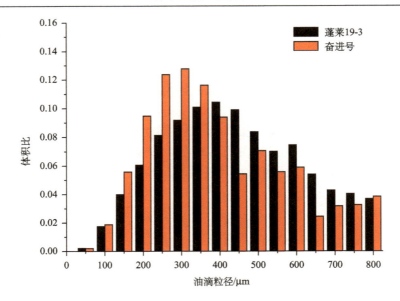

图 6.25　不同原油水下喷射试验油滴粒径分布对比（无消油剂）

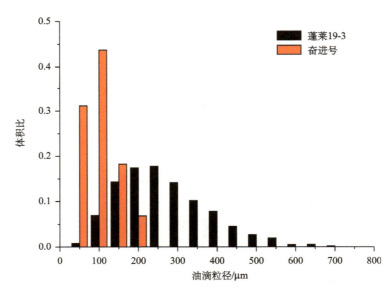

图 6.26　不同原油水下喷射试验油滴粒径分布对比（剂油比 20∶100）

与蓬莱 19-3 原油相比，消油剂的使用对奋进号的乳化效果更为显著。原因应该是油品类型不同造成的差异。奋进号为中质原油，油品黏度较小，更易于被消油剂乳化分散。而消油剂对重质原油的乳化效果相对较弱。

6.4　消油剂水下使用效果评估模型研究

根据消油剂水下使用效果模拟试验结果，消油剂的使用会导致水下溢油形成的油滴粒径变小,进而影响油滴的上浮速率。因此,对消油剂水下使用效果的评估,可以通过对消油剂作用后的溢油油滴粒径分布的预测进行。本节根据上述水下溢油模拟试验和消油剂使用试验结果,分析溢油条件和剂油比对油滴粒径的影响关系,初步建立了消油剂作用下的水下溢油油滴粒径分布预测模型。

6.4.1　水下溢油油滴破碎模型建立

根据湍流场中的液滴破碎理论,分散相在与其不相溶的连续相中进行乳化时,同时发生液滴的破碎和聚并过程。在分散相黏度不太大时,液滴的破碎和聚并过程会在一段时间后达到平衡,此时会存在能够经受外力作用的最大液滴,最大液滴的粒径为最大稳定粒径。Taylor(1934)研究了黏性力引起的液滴破碎,认为最大稳定粒径可表示为

$$d_{\max} \propto \sigma / \tau \tag{6.2}$$

式中,$d_{\max}$ 为最大稳定粒径;σ 为界面张力;τ 为剪切应力分量。

湍流场中的不稳定性主要受界面张力、黏性力和动力压力等因素影响。Hinze(1955)根据变形外力和界面张力对液滴破碎的影响,提出用于表达液滴破碎的无因次韦伯数数组 N_{we},定义为

$$N_{we} = \frac{\tau}{\sigma / d} \tag{6.3}$$

式中,τ 为变形外力(动力压力);σ 为界面张力;d 为液滴粒径。N_{we} 越大,也就是外部应力相对于起抵消作用的界面张力越大,液滴变形越大。存在一个临界韦伯数$[(N_{we})_{crit}]$,当 N_{we} 大于 $(N_{we})_{crit}$ 时液滴发生破碎。

当液滴受到的黏性力很小的时候,湍动的动力压力是液滴最大稳定粒径的决定因素,这里的动力压力作用是通过在最大等于液滴直径的距离上的速度的改变实现的。湍流脉动的动能随波长的增加而增加,因此速度差的产生是由于波长为 $2d$ 的脉动相对于较短波长的脉动产生的动力压力较大。此时的变形外力就是动力压力,即 $\rho \overline{u^2}$,则

$$N_{we} = \rho \overline{u^2} d / \sigma \tag{6.4}$$

$$(N_{we})_{crit} = \rho \overline{u^2} d_{\max} / \sigma \tag{6.5}$$

这里 $\overline{u^2}$ 代表距离 $d_{\max}$ 的平方速度差在整个流体区域的平均值,平均动能与距离相关联。假设湍流是各向同性,液滴直径 d 远大于 1(1 为 Kolmogorov 长度),则有式(6.6):

$$\overline{u^2} \propto (\varepsilon d)^{2/3} \tag{6.6}$$

式中,为单位质量单位时间的能量耗散率。可以得出

$$\rho_c d_{\max} (\varepsilon d_{\max})^{2/3} / \sigma = \text{Const} \tag{6.7}$$

即

$$d_{\max} \propto \sigma^{3/5} \rho^{-3/5} \varepsilon^{-2/5}$$

或

$$d_{\max} = a(\sigma / \rho)^{3/5} \varepsilon^{-2/5} \tag{6.8}$$

式中，a 为比例常数；ρ 为连续相液体密度；ε 为湍流耗散率。

上式说明，对于稳态湍流，湍流中液滴分离后最大稳定液滴粒径与连续相液体密度、界面张力和湍流耗散率有关。

对于湍流动能耗散率 ε，与特征湍流速度和喷口直径有关，可用式(6.9)表示(Antonia et al., 1980)

$$\varepsilon \propto U^3 / D \tag{6.9}$$

根据韦伯数的定义

$$\mathrm{We} = \rho U^2 D / \sigma$$

结合式(6.8)和式(6.9)，可得

$$d_{\max} / D = A\mathrm{We}^{-3/5} \tag{6.10}$$

式中，A 为比例因子；$d_{\max}$ 为最大稳定液滴粒径；D 为喷口直径。同时需要指出的是，通过对经验因子 A 的选择，式中最大油滴粒径可以用其他特征粒径(如体积中值直径 d_{50})取代。

6.4.2　水下溢油油滴破碎模型验证

根据建立的水下溢油油滴破碎模型，d_{50}/D 与 We 呈正比关系，即水下溢油喷射形成的油滴粒径分布符合韦伯定律。本部分根据开展的无消油剂作用下的原油喷射试验，验证油滴中值粒径和溢油喷口直径、喷射流量之间的关系，对所建立的水下溢油油滴破碎模型进行验证。

根据前文开展的水下溢油模拟试验，选择喷口直径(D)和喷射流量(Q)两个初始条件作为水下溢油喷射控制条件。根据韦伯数方程，对于特征液滴粒径，式(6.10)可以进一步转化为如下形式：

$$d' / D = A\left[\dfrac{\left(\dfrac{4}{\pi}\right)^2\left(\dfrac{\rho}{\sigma}\right)Q^2}{D^3}\right]^{-3/5} \tag{6.11}$$

式中，A 为比例因子，为特征液滴粒径；D 为喷口直径；ρ 为连续相液体密度，为连续相和分散相的界面张力；Q 为喷射流量。

对于液滴中值粒径 d_{50}，也应该符合如下方程：

$$d_{50} / D = A\left[\dfrac{\left(\dfrac{4}{\pi}\right)^2\left(\dfrac{\rho}{\sigma}\right)Q^2}{D^3}\right]^{-3/5} \tag{6.12}$$

根据上式可知，对于固定的 d_{50}/D，Q^2/D^3 值应该相同。据此，水下溢油试验方案初始喷射条件中，不同喷口直径可以转换为同一喷口直径，其对应的喷射流量可以根据 Q^2/D^3 值相同的原则进行喷射流量的校正。同样，也可以将不同喷射流量转换为同一喷射流量，将其对应的喷口直径按照 Q^2/D^3 值相同的原则进行校正。

　　对于蓬莱 19-3 原油，本节根据水下溢油喷射模拟试验结果，对水下溢油喷射条件下的油滴破碎是否符合韦伯定律进行验证。图 6.27 是在 1 mm 喷口直径条件下，d_{50}/D 与喷射流量 Q 的关系曲线。图 6.28 为喷射流量在 0.06 m³/h 条件下，d_{50}/D 与喷口直径 D 的关系曲线(不同喷射流量进行相应校正)。图 6.27 和图 6.28 中，圆点代表原油水下喷射试验结果，直线代表根据韦伯数方程计算结果。比较可以看出，原油喷射试验结果和方程推算结果吻合度较高，说明原油破碎油滴粒径分布符合韦伯数定律，可以采用韦伯数方程对特定喷射条件下的相对特征粒径进行预测。另外，也可以看出，相对特征粒径随水下溢油喷射流量的增加而减小，随喷口直径的增加而增大。

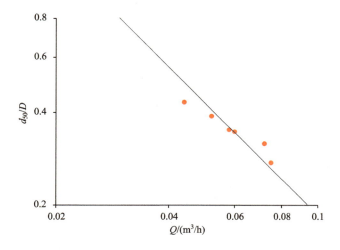

图 6.27　蓬莱 19-3 原油油滴破碎相对特征粒径和喷射流量的关系

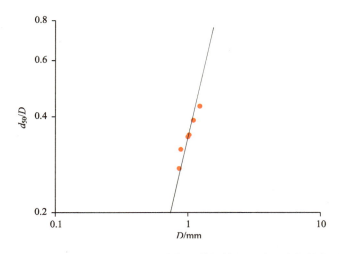

图 6.28　蓬莱 19-3 原油油滴破碎相对特征粒径和喷口直径的关系

6.4.3　消油剂使用效果预测模型建立

消油剂使用效果预测模型构建

相对于单纯的原油喷射，在有消油剂作用下的原油喷射，原油和水之间的界面张力进一步降低，原油喷射行为及状态也会受到一定程度的影响。

如前所述，在黏性力很小的情况下，湍流液滴主要受动力压力的影响，由此得到的液滴最大粒径可采用式(6.9)表示。但是，在湍流内部黏性力不能忽略的情况下，液滴内部的黏性力也会影响液滴破碎的粒径大小，黏性力的作用可以用黏度数 V_i 来表征：

$$V_i = \mu U / \sigma \tag{6.13}$$

式中，μ 为液滴黏度；U 为喷射速度；σ 为界面张力。

对于消油剂作用下的原油喷射试验，在原油喷射导致的油滴破碎过程中消油剂的加入，会导致油水界面张力的降低，进而引起黏度数的增大，黏性力对原油油滴破碎的影响增加。因此，在存在消油剂的条件下，原油油滴破碎行为的研究要考虑黏性力的影响。

对于湍流流体破碎，液滴破碎粒径随湍流连续相破碎能量 E_T 增大而减小，而在界面张力产生的内聚能量 E_S 和分散相黏度导致的内聚能 E_V 作用下保持稳定。当两者达到平衡时，湍流中液滴分离形成最大稳定液滴粒径。由此，根据湍流能量平衡方程，可得到如下关系式

$$\frac{\rho_c \varepsilon^{-2/3} d_{\max}^{5/3}}{\sigma} = C_1 \left[1 + C_2 \left(\frac{\rho_c}{\rho_d} \right) \frac{\mu_d \varepsilon^{-1/3} d_{\max}^{1/3}}{\sigma} \right] \tag{6.14}$$

式中，ρ_c 为连续相密度；ρ_d 为分散相密度；ε 为能量耗散率；σ 为界面张力；μ_d 为分散相黏度；C_1、C_2 为常数。

对于液滴中值粒径 d_{50}，式(6.14)可进一步简化为

$$d_{50}/D = A \mathrm{We}^{-3/5} \left[1 + B V_i \left(d_{50} / D \right)^{1/3} \right]^{3/5} \tag{6.15}$$

式中，B 为经验系数。对于消油剂作用下的原油喷射过程，油滴破碎所形成的油滴中值粒径可以采用式(6.15)进行预测。

通过水下溢油模拟试验结果分析发现，油滴中值粒径并不能完整表征油滴粒径的分布情况。为了进行有效预测，我们需要得到油滴中值粒径周围的油滴粒径统计分布。对于液滴粒径分布，通常采用罗辛-罗姆勒(Rosin–Rammler)函数表示，其累积体积分数计算方程如下：

$$V(d) = 1 - \exp \left[-k_i \left(d / d_i \right)^{\alpha} \right] \tag{6.16}$$

式中，α 决定粒度分布的范围，α 越大，粒度分布范围越窄，表示液滴粒径分布的均匀性越好。$k_i = -\ln(1 - V_i)$，对于 $V_i = 50\%$，d_i 为中值直径，$k_i = -\ln 0.5 = 0.693$。式(6.16)可转

化为

$$V(d) = 1 - \exp\left[-0.693\left(d / d_{50}\right)^{\alpha}\right] \tag{6.17}$$

6.4.4　消油剂使用效果预测模型参数确定

1. 油滴中值粒径预测模型参数确定

根据开展的消油剂作用下的蓬莱 19-3 原油水下溢油模拟试验，测得不同剂油比条件下的油水界面张力结果如表 6.13 所示。

表 6.13　不同剂油比条件下的蓬莱 19-3 原油油水界面张力

序号	喷射口径/ mm	流量/(m³/h)	剂油比	IFT/(mN/m)
1	2	0.09	/	30.5
2	2	0.096	5 : 100	30.2
3	2	0.095	10 : 100	20.0
4	2	0.101	20 : 100	2.0
5	2	0.102	30 : 100	1.1
6	2	0.099	55 : 100	0.9
7	2	0.110	80 : 100	0.6

综合各试验初始条件和油滴粒径测试结果，并结合式(6.13)计算黏度数，可得蓬莱 19-3 原油水下溢油试验参数，如表 6.14 所示。其中，D 为原油喷射口径，Q 为原油喷射流量，U 为喷射速度，DOR 为剂油比，σ 为油水界面张力，We 为韦伯数，V_i 为黏度系数，d_{50} 为油滴中值粒径，d_{50}/D 为相对油滴中值粒径。

表 6.14　消油剂作用下蓬莱 19-3 原油水下喷射试验参数

D/mm	Q/(m³/h)	U/(m/s)	DOR	σ/(mN/m)	W_e	V_i	d_{50}/μm	d_{50}/D
2	0.09	8.00	/	30.5	3 918	181	400	0.200
2	0.10	8.49	0.05	30.2	4 415	192	346	0.173
2	0.10	8.40	0.1	20.0	4 324	190	288	0.144
2	0.10	8.93	0.2	2.0	74 531	3083	229	0.115
2	0.10	9.02	0.3	1.1	138 208	5661	189	0.095
2	0.10	8.76	0.55	0.9	159 131	6716	160	0.080
2	0.11	9.73	0.8	0.6	294 687	11193	61	0.031

根据表 6.14 中不同的溢油喷射条件和剂油比，以及对应的体积中值粒径试验结果，通过式(6.15)油滴中值粒径预测方程，可以求得对应的 A 和 B 值。通过计算，求得 A=23.18，

B=0.004。

　　即对于蓬莱 19-3 原油，消油剂作用下的原油喷射形成的油滴中值粒径与原油喷射速度、喷射口径和剂油比的关系符合以下方程：

$$d_{50}/D = 23.18\,\mathrm{We}^{-3/5}\left[1+0.004V_i\left(d_{50}/D\right)^{1/3}\right]^{3/5} \tag{6.18}$$

　　接下来，将此方程计算结果与多组模拟试验实测数据进行对比，进一步验证方程的准确性。

　　根据式 (6.10)、式 (6.15)，在考虑黏性力作用下，韦伯数方程可以下式表示

$$\mathrm{We}^* = \mathrm{We}/\left[1+BV_i\left(d_{50}/D\right)^{1/3}\right] \tag{6.19}$$

　　根据式 (6.19)，式 (6.15) 可变形为

$$d_{50}/D = A\,\mathrm{We}^{*-3/5} \tag{6.20}$$

即

$$d_{50}/D = 23.18\,\mathrm{We}^{*-3/5} \tag{6.21}$$

　　根据式 (6.21) 可知，$\lg(d_{50}/D)$ 和 $\lg\mathrm{We}^*$ 应具有直线关系。

　　图 6.29 为 d_{50}/D 和 We^* 的相关关系图，横坐标为 We^*，纵坐标为 d_{50}/D，横坐标和纵坐标均采用对数形式表示。图中，圆点为依托水下溢油模拟试验测得的数据，直线为根据式 (6.21) 预测得到的结果。可以看出，试验结果和模型预测结果较为吻合。

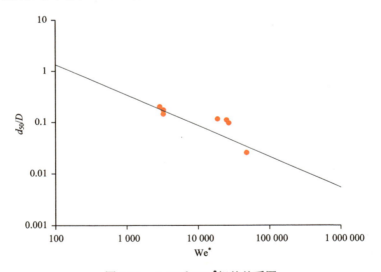

图 6.29　d_{50}/D 和 We^* 相关关系图

　　将 d_{50}/D 方程计算值 $(d_{50}/D)_{\mathrm{cal}}$ 和试验实测值 $(d_{50}/D)_{\mathrm{obs}}$ 相关关系进行对比（图 6.30），可以看出两者相关性较好，R^2 达到 0.85。这也说明，本节建立的油滴中值粒径预测模型可以用于蓬莱 19-3 原油水下溢油的油滴中值粒径预测。

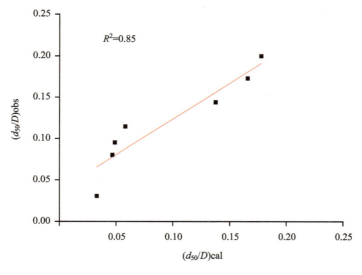

图 6.30　$(d_{50}/D)_{cal}$ 和 $(d_{50}/D)_{obs}$ 相关关系图

2. 油滴粒径累积体积分布预测模型参数确定

对于蓬莱 19-3 原油，在不同剂油比条件下，原油水下喷射形成的油滴粒径分布不同，如图 6.31 所示。随着剂油比的增大，消油剂使用量增加，蓬莱 19-3 原油破碎越明显，破碎形成的大粒径油滴所占体积逐渐减小，小粒径油滴所占体积逐渐增大。

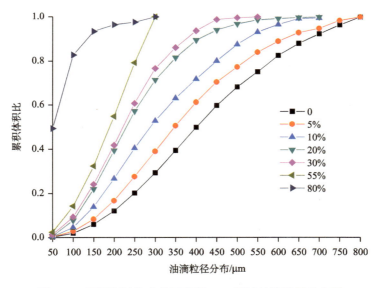

图 6.31　不同剂油比条件下蓬莱 19-3 原油油滴粒径分布图

以剂油比为 5：100 时的蓬莱 19-3 原油水下喷射试验为例，油滴累积体积分布结果如表 6.15 所示。

表 6.15　消油剂作用下蓬莱 19-3 原油水下喷射试验油滴粒径分布结果

粒径/μm	体积比	累积体积比
50	0.003	0.003
100	0.025	0.028
150	0.055	0.083
200	0.084	0.167
250	0.109	0.276
300	0.114	0.390
346*	—	**0.500**
350	0.116	0.505
400	0.107	0.612
450	0.091	0.704
500	0.069	0.773
550	0.067	0.840
600	0.048	0.889
650	0.039	0.927
700	0.020	0.947
750	0.036	0.983
800	0.017	1.000

注：表中粒径 346μm 为油滴中值粒径，大于或小于此粒径的油滴体积占比均为 0.50。

根据试验结果，结合式（6.16），可以求得 α=2.22。由此，式（6.17）可表示为

$$V(d) = 1 - \exp\left[-0.693(d/d_{50})^{2.22}\right] \tag{6.22}$$

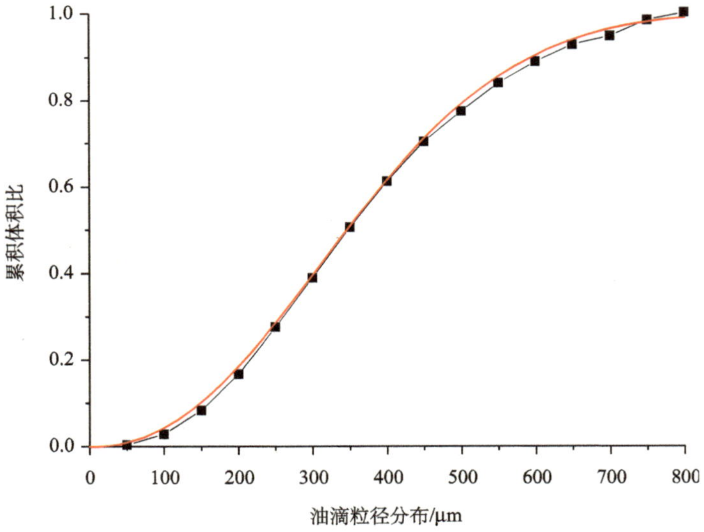

图 6.32　消油剂作用下蓬莱 19-3 原油油滴粒径累积分布图

　　将表 6.15 蓬莱 19-3 原油油滴粒径分布试验结果与根据式 (6.22) 计算得到的结果对比，如图 6.32 所示。图中，黑色点线为试验结果，红色曲线为式 (6.22) 预测结果。可以看出，根据式 (6.22) 计算得到的油滴粒径累积分布曲线与试验结果基本吻合，说明式 (6.22) 可以用于对消油剂作用下的蓬莱 19-3 原油油滴粒径分布的预测。

参 考 文 献

苏君夫. 1990. 影响消油剂使用效果的因素研究. 海洋环境科学, 4(9): 18-23.

张乐. 2011. 消油剂作用下海洋溢油的数值模拟. 大连: 大连海事大学硕士学位论文.

赵云英, 马永安, 吴吉琨, 等. 2004. 波浪槽模拟海况检验消油剂的乳化性能. 海洋环境科学, 4(23): 67-70.

Ahnell A, Aurand D, Belore R, et al. 2010a. Dispersant studies of the deepwater horizon oil spill response: Volume 3. Technical Report for BP Gulf of Mexico Spill Response Unit: 1-25.

Ahnell A, Aurand D, Belore R, et al. 2010b. Dispersant studies of the deepwater horizon oil spill response: Volume 1. Technical Report for BP Gulf of Mexico Spill Response Unit: 1-93.

Becker K W, Walsh M A, Fiocco R J, et al. 1993. A new laboratory method for evaluating oil spill dispersants. Proceedings of the 1993 International Oil Spill Conference. Washington: American Petroleum Institute: 507-510.

Bocard C, Castaing G. 1987. Measuring the effectiveness of dispersants in dynamic testing by dilution Appendix to IFP-Report.

Brown H M, Goodman R H, Canevari G P. 1987. Where has all the oil gone? Dispersed oil detection in a wave basin and at sea. Proceedings of the 1987 International Oil Spill Conference. Washington: American Petroleum Institute: 307-312.

Canevari G P, Calcavecchio P, Becker K W, et al. 2001. Key parameters affecting the dispersion of viscous oil. Proceedings of the 2001 International Oil Spill Conference. Washington: American Petroleum Institute: 479-483.

Chandrasekar S, Sorial G A, Weaver J W. 2006. Dispersant effectiveness on oil spills: impact of salinity. ICES Journal of Marine Science, 63: 1418-1430.

Clark J, Becker K, Venosa A, et al. 2005. Assessing dispersant effectiveness for heavy fuel oils using small-scale laboratory tests. Proceedings of the 2005 International Oil Spill Conference. Washington: American Petroleum Institute: 59-63.

Clayton J R, Payne J R, Farlow J S. 1993. Oil spill dispersants: Mechanisms of action and laboratory tests. Boca Raton: CRC Press: 90-103.

Daling P S, Almas I K. 1988. Description of laboratory methods in part 1 of the DIWO project. DIWO Report No. 2. IKU, Trondheim, Norway: 46.

Daling P S, Mackay D, Mackay N, et al. 1990. Droplet size distributions in chemical dispersion of oil spills: Towards a mathematical model. Oil and Chemical Pollution, 7(3): 173-198.

Fingas M, Wang Z D, Fieldhouse B G, et al. 2003. The correlation of chemical characteristics of an oil to dispersant effectiveness. Proceedings of the Twenty-Sixth Arctic and Marine Oilspill Program（AMOP）

Technical Seminar. Ottawa: Environment Canada: 679-730.

Fingas M F. 2005. A survey of tank facilities for testing oil spill dispersants. Ottawa, Ontario: Environment Canada.

Fingas M F. 1991. Dispersants: a review of effectiveness measures and laboratory physical studies. Ottawa, Ontario: Environmental Emer-gencies Technology Division, Environment Canada.

Fingas M F, Bobra M A, Velicogna R K. 1987. Laboratory studies on the chemical and natural dispersibility of oil. Proceedings of the 1987 International Oil Spill Conference. Washington: American Petroleum Institute: 241-246.

Fingas M F, Kolokowski B, Tennyson E J. 1990. Study of oil spill dispersants effectiveness and physical studies. Proceedings of the Thirteenth Arctic Marine Oil Spill Program(AMOP)Technical Seminar. Canada: Enviornment Canada: 265-287.

Fiocco R J, Lewis A. 1999. Oil spill dispersants . Pure and Applied Chemistry, 71(1): 27-42.

Koops W. 1988. A discussion of limitations on dispersant application . Oil and Chemical Pollution, 4(2): 139-153.

Lewis A. 2004. Determination of the limiting oil viscosity for chemical dispersion at sea. Final Report for DEFRA, ITOPF, MCA and OSRL: 86.

Lewis A, Crnsbie A, Davies L, et al. 1998. Dispersion of emulsified oils at sea . AEA Technology Report, AEAT 3475.

Li Z K. 2010. Effects of temperature and wave conditions on chemical dispersion efficacy of heavy fuel oil in an experimental flow-through wave tank. Marine Pollution Bulletin, 60: 1550-1559.

Lichtenthaler R G, Daling P S. 1985. Aerial application of dispersant: Comparison of slick behaviour of chemically treated versus non-treated slicks. Proceedings of the 1985 oil spill conference. Washington: American Petroleum Institute: 471-478.

Lunel T, Rusin J, Bailey N, et al. 1997a. The net environmental benefit of a successful dispersant operation at the sea empress incident. Proceedings of the 1997 International Oil Spill Conference. Washington: American Petroleum Institute: 185-194.

Lunel T, Wood P, Davies L. 1997b. Dispersant effectiveness in field trials and in operational response. Proceedings of the 1997 International Oil Spill Conference. Washington: American Petroleum Institute: 923-925.

Mackay D, Chau A, Hossain K, et al. 1984. Measurement and prediction of the effectiveness of oil spill chemical dispersants. In: Oil Spill Chemical Dispersants, Research Experience and Recommendations. ASTM Special Technical Publication STP 840. Philadelphia : American Society of Testing and Materials: 38-54.

Martinelli F N. 1984. The status of warren spring laboratory's rolling flask test. In: Oil Spill Chemical Dispersants, Research, Experience, and Recommendations. Philadelphia: Pennsylvania: American Society for Testing and Materials, 55-68.

Paris C B, Hénaff M L, Aman Z M, et al. 2012. Evolution of the macondo well blowout: Simulating the effects of the circulation and synthetic Dispersants on the subsea oil transport . Environmental Science and Technology, 46 (24): 13293-13302.

Reed M, Daling P, Lewis A, et al. 2004. Modelling of dispersant application to oil spills in shallow coastal waters . Environmental Modelling and Software, 19: 681-690.

Ross S L. 2003. Cold-water dispersant effectiveness testing on five Alaskan oils at Ohmsett . Report to US Minerals Management Service.

Sorial G A, Venosa A D, Koran K M, et al. 2004a. Oil spill dispersant effectiveness protocol. 1. Impact of operational variables. Journal of Environmental Engineering, 130 (10): 1073-1084.

Sorial G A, Venosa A D, Koran K M, et al. 2004b. Oil spill dispersant effectiveness protocol. 2. Performance of the revised protocols . Journal of Environmental Engineering, 2004, 130 (10): 1085-1093.

Srinivasan R, Lu Q L, Sorial G A, et al. 2007. Dispersant effectiveness of heavy fuel oils using the baffled flask test. Environmental Engineering Science, 24 (9): 1307-1320.

Trudel K, Belore R C, Mullin J V, et al. 2010. Oil viscosity limitation on dispersibility of crude oil under simulated at-sea conditions in a large wave tank. Marine Pollution Bulletin, 60 (9): 1606-1614.

Venosa A D, Holder E. 2011. Laboratory-scale testing of dispersant effectiveness of 20 oils using the baffled flask test . U. S. Environmental Protection Agency.

White D M, Ask I, Behr-Andres C. 2002. Laboratory study on dispersant effectiveness in Alaskan seawater. Journal of Cold Regions Engineering, 16 (1): 17-27.

第7章 深水溢油应急资源与应急体系

7.1 国际溢油应急服务公司

随着海洋石油开采及海上溢油事故的增加，世界各主要海上石油生产国先后建立专门从事溢油防治、溢油回收的应急服务公司，其中英国、美国、加拿大、澳大利亚、挪威、芬兰以及中国的知名溢油应急公司如表 7.1 所示。下面分别就各公司在海洋溢油领域的业界地位、技术和装备特色及主要的服务方式三个方面进行介绍。

表 7.1   国际溢油应急公司/组织一览表

公司名称	建立年份	网　址	业界地位	技术、装备和服务特色
溢油响应有限公司 OSRL	1985	www.oilspillresponse.com	全球最大的溢油应急公司，业界巨头	拥有深海溢油应急处理设备
阿拉斯加海洋清洁公司 ACS	1979	www.alaskacleanseas.org	针对北冰洋的非盈利性溢油响应公司	针对北冰洋寒冷海域的溢油响应
海洋溢油应急响应公司 MSRC	1990	www.msrc.org	美国最大的溢油应急公司，行业领袖	拥有以溢油回收船为代表的机械回收、消油剂、原位燃烧以及紧急通讯设施
海洋工程公司 Oceaneering	1964	www.oceaneering.com	全球油田工程服务公司，专注于深海应用	制造深海工程设备，制造第一台深海油井干预系统
加拿大东部响应公司 ECRC	1995	www.ecrc.ca	加拿大交通部认证的最大的溢油应急公司，负责落基山脉以东的加国海域	在 5 个地区设立了溢油响应中心
加拿大西部海洋响应公司 WCMRC	1995	www.wcmrc.com	负责不列颠哥伦比亚可通航海域	客户有 2000 余家，提供全职会员、注册会员、第三方协议三种服务形式
极端溢油技术公司 EST	2003	www.spilltechnology.com	被 CCG 赞为 40 年来第一次真正意义上的创新	专利产品改进撇油船的溢油回收系统，可在大浪海况下收油
澳大利亚海洋溢油中心 AMOSC	1991	www.amosc.com.au	负责澳大利亚海洋溢油	拥有海底第一响应工具包，与 OSRL 签约
挪威清洁海洋协会服务公司 NOFO	1978	www.nofo.no	世界公认的最好的溢油回收公司之一负责挪威大陆架溢油应急	针对寒冷海域的溢油响应
Larsen 海洋溢油回收公司 LAMOR	1982	www.lamor.com	芬兰海洋溢油响应巨头	溢油应急服务遍及全球

续表

公司名称	建立 年份	网　址	业界地位	技术、装备和服务特色
Meritaito 有限公司 Seahow 分公司	1984	www.seahow.fi	芬兰溢油回收公司	海面溢油机械回收设备的 革新
中海石油环保服务 有限公司 COES	2003	www.coes.org.cn	中国首家专业的海洋溢油服 务公司	拥有国际一流的海面溢油 机械回收设备
全球响应系统 GRN	2005	www.globalresponsenetwork.org	成员来自英国、美国、加拿大、 澳大利亚、挪威的 7 家知名溢 油处理公司	促进会员间互助合作关系
欧洲国际溢油 Interspill	2000	www.interspill.org	成员来自工业、政府、政府间 及国际溢油机构	关注欧洲溢油技术和装备

7.1.1　英国溢油响应有限公司

英国溢油响应有限公司(Oil Spill Response Ltd，OSRL)是全球规模和影响力最大的溢油应急服务公司，全球石油生产商大多数均为其会员，包括政府与海洋和能源相关部门的大约 160 个负责环境保护的机构。截至 2013 年年底，已在全球建立了 11 个分公司，遍布美洲、欧洲、中东和非洲以及亚太地区，见表 7.2。OSRL 作为业界巨头，在过去 30 年中参与了 400 起溢油事故应急响应。公司提供一整套的服务，确保客户在溢油事故发生时的应急响应，这些服务包括：响应服务、培训、应急计划、溢油模型、环境敏感性地图、人员支持、设备租用、承包解决方案、能力评估、演习与钻井、地区响应服务、野生动植物保护、油井事故干预、海底油井干预服务。

表 7.2　OSRL 分公司的分布

AMERICAS 美洲	EUROPE, MIDDLE EAST & AFRICAS 欧洲，中东和非洲	ASIA PACIFIC 亚太地区
Fort Lauderdale (established 1977) 劳德代尔堡(建于 1977 年)	Southampton (established 1985) 南安普顿(建于 1985 年)	Singapore (established 1992) 新加坡(建于 1992 年)
Houston (established 2011) 休斯顿(建于 2011 年)	London (established 1985) 伦敦(建于 1985 年)	Indonesia (established 2009) 印度尼西亚(建于 2009 年)
Brazil (established 2013) 巴西(建于 2013 年)	Aberdeen (established 2005) 阿伯丁(建于 2005 年)	
	Bahrain (established 2007) 巴林(建于 2007 年)	
	Norway (established 2013) 挪威(建于 2013 年)	
	South Africa (established 2013) 南非(建于 2013 年)	

2013 年 3 月 15 日，OSRL 在挪威为油井盖帽装置揭幕，该装置用于深海井控，提供海底油井干预服务(subsea well intervention service ，SWIS)，即集成了盖帽、防护和消油剂注入的一体化服务，标志着国际溢油响应能力的重要提升，使其在深海溢油应急响应领域处于领先地位。

7.1.2　美国的溢油应急服务公司

1)阿拉斯加清洁海洋公司 ACS

阿拉斯加清洁海洋公司(Alaska Clean Seas，ACS)是阿拉斯加北坡的石油和管线公司资助的非盈利性应急响应机构，在北冰洋寒冷气候溢油响应中处于业界领导地位。拥有溢油应急人员 90 多人，100 艘船，以及一个适合北冰洋的溢油应急装备，每年提供 30 000 h 的溢油应急培训。

2)海洋溢油响应公司 MSRC

海洋溢油应急公司(Marine Spill Response Corporation，MSRC)是美国最大的、最完备的专注于海洋溢油应急服务的国有非盈利性公司。MSRC 于 1990 年成立，由美国海洋保护协会(Marine Preservation Association，MPA)提供资金，会员赞助，拥有一支专用的溢油响应船队、远洋驳船、浅水撇油系统和其他的响应设备，拥有覆盖美国东部、墨西哥湾、西海岸、美国加勒比海、夏威夷群岛和中部大陆地区的超强的通信能力，帮助石油和能源工业解决水上溢油所带来的问题。

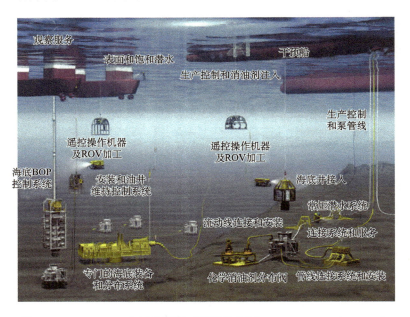

图 7.1　Oceaneering 公司的深海工程设备(引自 www.oceaneering.com)

3）美国的海洋工程公司 Oceaneering

Oceaneering 公司是全球油田工程供应商，主要为海洋油气工业尤其是深海油气工业提供产品和服务。其业务包括遥控潜水器（ROV）、自主研发的专业水下硬件（built-to-order specialty subsea hardware）、深海干预和载人潜水服务（manned diving services）、非损伤性试验和检测、工程和项目管理。由图 7.1 可见，Oceaneering 公司生产制造大量深海工程设备，包括溢油应急设备，如海底防喷器控制系统、深海油井干预系统（详见 5.5.1 节）和海底第一响应工具包（Sub-sea First Response Toolkit，SFRT，详见 5.5.2 节）。

7.1.3 加拿大溢油应急服务公司

加拿大 4 个主要的溢油应急服务公司，包括加拿大东部响应公司（Eastern Canada Response Corporation，ECRC）、加拿大西部响应公司（Western Canada Marine Response Corporation，WCMRC）、大西洋应急响应公司（Atlantic Emergency Response Team Inc.，Alert）、图佩尔角海上服务公司（Point Tupper Marine Services，PTMS），均在 1995 年 10~11 月通过加拿大运输部认证并获得证书，证书上标有明确的响应地理位置以及核准响应能力。本书介绍加拿大东部响应公司、加拿大西部响应公司和极端溢油技术公司（Extreme Spill Technology，EST）。

1）加拿大东部响应公司（ECRC）

加拿大东部响应公司是加拿大交通部认证的最大的溢油应急响应公司，是加拿大唯一的获许在落基山脉以东水域（除了圣约翰、NB 和图佩尔角、NS 区域）从事作业的公司，此外，还可以通过下面三个地区的响应中心，对大湖区、魁北克和大西洋提供服务。该公司为私营公司，归加拿大几家主要的石油公司所有。实行会员制，会员船只登记、付费后，一旦发生溢油事故或者需要援助，即可拨打 24 h 急救电话。

2）加拿大西部响应公司（WCMRC）

加拿大西部响应公司 1995 年建立，负责加拿大西海岸水域的溢油应急；为客户提供全职会员、注册会员、第三方协议三种服务形式。

3）极端溢油技术公司（EST）

EST 成立于 2003 年，2005 年研发创新溢油处理专利技术，可在公海大浪和浮冰条件下收油，回收速率是普通回收的 4~6 倍。2009 年 12 月 31 日，在中国山东威海，水槽模拟试验证明 EST 专利技术是溢油处置技术的重大突破，在大浪和急流海洋环境中超越了现有的溢油处理技术。2011 年销售了一艘 12 m 的撇油船给加拿大海岸警卫队（CCG），被 CCG 赞誉为 40 年来第一次真正意义上的创新。2012 年 8 月 26 日，在中国海岸警卫队的观摩下，EST 成功地在中国海域将 Bunker C 和柴油两种油回收，而通常的撇油器是做不到的。

7.1.4　澳大利亚海洋溢油中心

澳大利亚海洋溢油中心(Australian Marine Oil Spill Centre，AMOSC)1991年建于维多利亚州季隆市，位于澳大利亚海岸中心，且公路、空港交通便利。AMOSC由9个石油公司和其他注册公司组成，包括澳大利亚海岸从事石油和天然气生产、海底管线、终端操作以及油轮运输的公司；AMOSC操控澳大利亚主要的溢油响应设备储备，24小时待命，负责对澳洲海岸任何地区的溢油事件做出快速响应，其行动与澳大利亚国家溢油响应计划(The National Plan to Combat Pollution of the Sea by Oil and Other Hazardous and Noxious Substances，详见7.2.5节)完全统一。联邦政府对石油和航运业征税，供给其设备以及维持国家计划的运行。

澳大利亚海上石油和天然气工业界建造了海底第一响应工具包(SFRT，见5.5.2节)，存放于西澳的弗里曼特尔市，用于海底井控事故初始的及时施救。SFRT内包括清理井口的设备，以使井控干预得以顺利实施，为救援井的钻探做准备，以及随后的安装井帽或安全壳设施。AMOSC的设备存放在几个地点，其中主要库存在季隆，一部分设备先期运往西澳的 Exmouth 和 Broome。

7.1.5　挪威清洁海洋协会服务公司

挪威清洁海洋协会服务公司(Norwegian Clean Seas Association for Operating Companies，NOFO)代表31家石油开采公司在挪威海域进行溢油防备，以应对石油污染，包括在公海和近海以及沿岸的溢油应急响应。NOFO是一家专门的、非盈利的24小时待命的公司，有30个全职雇员，50多个来自石油公司的兼职/增援人员，以及80多个操作/维修人员，分配到5个基地。与NOFO有关的，还有一个特别小组，包括60多人的熟练的咨询人员、现场指挥员、队长和海岸响应 HSE 顾问；一个海岸响应小组，包括40个熟练的队员和有36 h溢油应急经验的队长。NOFO每年组织100次左右的演练，其中2~3次的演练中有数百人、30~50艘船只参与。通过资助、技术咨询和参加工业项目，NOFO不断致力于开发新的响应技术，在每年的海上溢油现场试验中验证概念的有效性。NOFO是挪威国家溢油应急防御体系的重要组成之一，结合了公共和私人溢油响应的资源。

NOFO设备包括：31艘溢油回收船和28艘拖船，用于机械回收溢油以及在海上喷洒消油剂；还有60艘渔船，也可参与溢油响应。通过长期不懈的预防努力，挪威实现了在其所属海域累计已钻井3000多口而未对海洋环境造成永久性破坏的理想状态。

7.1.6　芬兰溢油应急服务公司

1) Larsen 海洋石油回收公司(Lamor)

Larsen 海洋溢油回收公司(Larsen Marine Oil Recovery Corporation，Lamor)在全球致力于溢油应急、回收和清理。公司研发最好的可应用技术，提供溢油应急计划、风险评估、溢油设备使用以及培训服务。

2) Meritaito 有限公司 seahow 分公司

Meritaito 有限公司作为芬兰国有企业，是主要的海洋调查服务和基础设施管理公司。SeaHow 作为其分公司，主要从事溢油应急响应，服务项目包括清洁海洋、安全海洋、智能海洋三个方向，其中清洁海洋针对溢油回收，开发了新一代溢油回收产品和技术(www.seahow.fi)。

7.1.7　中海石油环保服务有限公司

中海石油环保服务(天津)有限公司(简称环保公司，COES)成立于 2003 年，是我国第一家按照国际标准运作、具备二级溢油应急响应能力的专业化溢油应急响应公司。环保公司的成立充分体现了中国海洋石油总公司对安全环保的高度重视，同时填补了国内在溢油应急领域的空白。

经过十多年的发展，环保公司已经在中国沿海建设了 8 个溢油应急响应基地，投入使用 9 艘专业环保船，数十台大型溢油回收设备，组建 300 多人的专业团队，其中渤海海域投入 4 个应急基地和 4 艘环保船。环保公司塘沽应急基地设备车间占地约 1 200 m²，配备了多台大型撇油器、小型溢油回收设备、近 9×10^5m 围油栏等多种应急处置设备，能够应对渤海湾 3000 m³ 规模的一次性溢油。按照重大海上溢油应急能力建设规划，到"十三五"末，环保公司将在中国沿海建立 18 个溢油应急响应基地，1 个海外应急响应基地，15 艘环保船，应急响应能力全面覆盖中国海域，形成 2 小时应急响应圈。

环保公司的迅速发展推动中国溢油应急能力建设，也得到了政府的认可。环保公司提出来的"紧随'一带一路'发展战略，打造海上安全生态走廊"的规划，成为中海石油总公司政策研究室以及国务院国有资产监督管理委员会关注的焦点。环保公司与新加坡 OSRL、韩国 KOEM 等共同推动成立 RITAG 组织，为区域化溢油应急联动奠定了基础，既推动了中国海油溢油应急响应能力的进一步提升，也符合了国家"一带一路"的发展战略。

7.1.8 国际溢油应急服务的组织

在国际海事组织 IMO、国际石油工业环境保护协会 IPIECA 以及国际油船污染联盟 ITOPF 三个国际组织的指导下，欧洲海事安全局 EMSA、澳大利亚海事安全局 AMSA 和美国环境保护局 EPA、美国海岸警备队 USCG、加拿大海岸警备队 CCG 分别执掌欧洲、大洋洲、美洲三个地区的溢油应急服务，主要石油生产国的溢油应急公司组成国际溢油响应网络，见图 7.2。本节简要介绍全球响应系统论坛(GRN)、欧洲国际溢油(Interspill)和国际溢油大会(IOSC)。

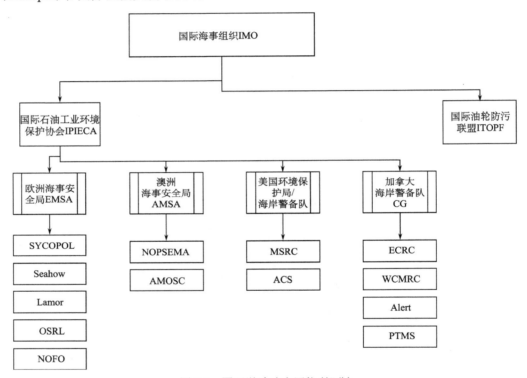

图 7.2　国际溢油响应网络(部分)

1) 全球响应系统(GRN)

成立于 2005 年的全球响应系统(The Global Response Network，GRN)论坛共享信息，提供溢油准备、响应和回收技术的专业培训，旨在提高(主要是海面)溢油响应机构的溢油响应有效性，促进会员间互助合作关系，建立功能小组交流操作信息、响应技术并分享经验，帮助石油公司和其他债权人提升溢油响应的工业标准。会员包括英国、美国、加拿大、澳大利亚、挪威的 7 家知名溢油处理公司。提供的服务包括消油剂喷洒、原位燃烧、遥感监测，涉及的区域包括浅海/陆地、海洋以及冰覆盖海域。

2）欧洲国际溢油（Interspill）

欧洲国际溢油指导委员会由三家团体构成，即欧洲溢油工业（European Oil Spill Industry）、国际石油工业环境保护协会（IPIECA）和欧洲海洋安全局（EMSA），其任务是关注欧洲的海洋污染响应和装备。成员包括英国溢油协会 UKSPILL、法国溢油控制协会 SYCOPOL、挪威溢油控制协会 NOSCA 和来自于欧洲溢油工业的 EuroSpill、代表欧洲共同体的欧洲海洋安全局 EMSA，4 个国际组织 IPIECA、ITOPF 、IMO 和 IOPC，以及 OSRL 和法国水污染事故资料、研究和实验中心 Cedre（见表 7.3），该组织的规模表明其获得来自业界、政府与政府间的支持，为国际溢油防御、准备、响应和恢复作出贡献。Interspill 主办了 2000 年、2002 年、2004 年、2006 年、2009 年、2012 年的欧洲溢油会议，2015 年 3 月 Interspill 溢油会议及展览会在荷兰阿姆斯特丹举办，有来自 70 多个国家的 1300 参会者，就已有防御与响应最新进展进行了交流，为欧洲溢油的顶级盛事（http://www.interspill2015.com）。

3）国际溢油大会（IOSC）

国际溢油大会（International Oil Spill Conference ，IOSC）由美国 API 主办，为全球溢油响应机构、私人公司、政府和非政府组织提供了理想的交流论坛，通过交流思想、分享在溢油响应和研究中的经验教训，共同应对海洋溢油的科学难题 （http://www.api.org/events-and-training/calendar-of-events/2014/iosc2014 ）。

表 7.3　Interspill 的成员（www.interspill.org）

成员标识	名称	简称
	法国溢油控制协会 French Oil Spill Control Association	SYCOPOL
	挪威溢油控制协会 The Norwegian Oil Spill Control Association	NOSCA
	英国溢油协会 UK Spill Association	UKSpill
	欧洲溢油协会 EuroSpill Association	EuroSpill
	国际石油工业环境保护协会 International Petroleum Industry Environmental Conservation Association	IPIECA
	欧洲海洋安全局 European Maritime Safety Agency	EMSA

续表

成员标识	名称	简称
	国际海事组织 International Maritime Organization	IMO
	国际油污染赔偿基金 International Oil Pollution Compensation Funds	IOPC
	国际油轮防污联盟 International Tanker Owners Pollution Federation Ltd	ITOPF
	英国溢油响应公司 Oil Spill Response Ltd	OSRL
	突发性石油水污染的资料、研究及实验中心 Centre of Documentation, Research and Experimentation on Accidental Water Pollution	Cedre

7.2　深水溢油应急体系

7.2.1　海洋溢油应急国际公约体系

涉海事务因海洋的广博性、一体性，决定了其国际性。20 世纪 40 年代，特别是第二次世界大战期间在公海海域发生的船舶溢油事故责任界限不明，造成严重污染，引起国际社会关注。1954 年 IMO 首次出台《国际防止海上油污公约》，随后陆续组织颁布了《联合国海洋法公约》、《国际防止船舶造成污染公约》及其一系列的议定书和修正案等，见表 7.4。1983 年 3 月发生的"瓦尔德兹"号油轮污染事故及对该事故的处理使国际社会认识到缺少一种有效的油污染防备、反应和合作机制，于是 IMO 在 1990 年颁布《国际油污防备、反应和合作公约》（OPRC 公约），旨在促进各国加强油污防治工作，采取快速有效的行动减轻油污造成的损害，在遇有重大油污事故时进行区域性或国际性合作，最终达到保护海洋环境的目的。OPRC 公约对溢油防备、反应和合作三个方面做了详尽规定，规定各缔约国必须制订国家溢油应急计划，建立溢油应急体系，并为此提供导向，目前已有 100 多个国家加入了该公约，我国于 1998 年 6 月加入该公约。此外，IPIECA 和 IMO 等国际组织发行溢油防御和反应报告系列汇总、溢油风险评价和反应防御评估手册，为各国溢油应急反应提供沟通纽带。

本节选取在海洋石油工业界领先的英国、美国和海洋环境保护法律法规完善的加拿大、澳大利亚，依次简述上述 4 个国家的溢油应急计划（表 7.5），从体系框架、组织机构、响应分级等方面介绍其海洋溢油应急响应体系以及相关法律法规，以此对比我国的现状，以期对我国的海洋溢油应急体系及法律法规建设提供借鉴。

表 7.4　IMO 出台的与防止海上油污染相关的国际公约

签订时间 (年.月.日)	生效时间 (年.月.日)	缔约国 数目	国际公约名称
1954.5.21	1954.5.21	—	《国际防止海上油污公约》
1969.11.29	1975.5.6	>35	1969 年《国际干预公海油污事件公约》 *International Convention Relating to Intervention on the High Seas in Cases of Oil Pollution Casualties*
1969.11.29 1992	1975.6.19	—	《国际油污损害民事责任公约》 《〈国际油污损害民事责任公约〉1992 议定书》
1971.12.18 1976.11.19	1978.10.16	—	1971 年《设立国际油污损害赔偿基金国际公约》 *International Convention on the Establishment of an International Fund for Compensation for Oil Pollution Damage* 《〈1971 年设立国际油污损害赔偿基金国际公约〉的 1976 年议定书》
1973.11.2 1978 2011.7.15	1983.10.2 2013.1.1	>70	《国际防止船舶造成污染公约》 *International Convention for the Prevention of Pollution from Ships* 《〈1973 年国际防止船舶造成污染公约〉1978 年议定书》 *International Convention for the Prevention of Pollution from Ships*(MARPOL 73/78) 《经 1978 年议定书修正的 1973 年国际防止船舶造成污染公约》附则 V 的修正案
1982	1994	>150	《1982 年联合国海洋法公约》 *United Nations Convention on the Law of the Sea 1982*(简称 UNCLOS)
1990.11	1995.5.13	>100	《1990 年国际油污防备、反应和合作公约》 *Oil Pollution Preparedness, Response and Co-operation Convention 1990*(简称 OPRC 公约)

表 7.5　英、美、加、澳四国的国家海洋溢油污染应急计划一览表

国家	国家溢油应急计划名称	执行主体	颁布/修订 时间
英国	源于船运和离岸设施的海洋污染英国国家应急计划 The United Kingdom National Contingency Plan for Marine Pollution from Sipping and Offshore Installations	海上污染控制中心	2006.8 修订
美国	国家石油和有毒有害物质污染应急计划 National Oil and Hazardous Substances Pollution Contingency Plan	国家、区域、地区三级	1994.9.15 2011 修订
加拿大	国家准备计划 National Preparedness Plan	加拿大交通部	1995
加拿大	国家响应计划 National Response Plan	加拿大海岸警备队	1995
澳大利亚	抗御海洋石油和其他危险有毒污染物的国家计划 The National Plan to Combat Pollution of the Sea by Oil and other Hazardous and Noxious Substances	澳大利亚海事安全局	1998.4 2011.1 修订

7.2.2　英国溢油应急计划及法律法规

1. 英国国家溢油应急计划

英国的国家溢油应急计划，全称为源于船运和离岸设施的海洋污染英国国家应急计划（The United Kingdom（UK）National Contingency Plan for Marine Pollution from Shipping and Offshore Installations，简写为 UK-NCP，https://www.gov.uk/government /uploads/ system/uploads /attachment data/ file/275054/ncp-shipping-offshore-installations. pdf），由英国交通部于 2006 年 8 月、2012 年修订。2014 年 9 月最新修订的 National Contingency Plan——Strategic Overview for Marine Pollution from Shipping and Offshore Installations，见 https://www.gov.uk/government/uploads/system/uploads/attachment data/file/408385/140829-NCP-Final. pdf。本节从英国国家溢油应急计划的目的、应急机构及职责、溢油应急响应程序及事故管理这三个方面进行概述。

1）目的

UK-NCP 目的在于确保源于船运和离岸设施的海洋污染事故得到及时的、有效的响应。为此，计划明确了关键利益相关人、操作的管理规章以及各自应承担的责任，而且提供了事故管理的指导原则、合作与沟通的方法和框架、可以利用的一般的资源、海洋和海岸警备厅（Maritime and Coastguard Agency，MCA；见 http://www.mcga.gov.uk）部署国家资产应对海洋污染以保护公众最高利益的情况。计划编制易于操作和更新。

UK-NCP 与英国其他应急计划共存，包括政府的"紧急响应和回收"（HM Government's "Emergency Response and Recovery"，见 https://www.gov.uk/emergency-response-and-recovery）；苏格兰的"防御苏格兰"（Scotland's "Preparing Scotland"，见 http:// www.scotland.gov.uk/Publications /2012 /03/ 2940）；威尔士的"泛-威尔士响应计划"（Wales's "Pan-Wales Response Plan"，见 http://walesresilience.gov.uk/ behindthes- cenes/ walesresilience /panwalesresponseplan/?skip =1&lang=en）以及 北爱尔兰的"北爱尔兰紧急计划安排指导"（Northern Ireland's "A Guide to Emergency Planning Arrangements in Northern Ireland"，见 http://www.ofmdfmni. gov.uk /a_guide _to_ emergency_planning_ in_ northern _ireland __ refreshed_september _2011_.pdf），这些应急计划在海洋溢油污染事故中同样需要加以考虑，即在使用和援引英国的国家溢油应急计划 UK-NCP 时，也应充分理解和尊重上述其他几个应急计划，以使这些计划能够吻合，继续有效。此外，UK-NCP 要求码头、港口和石油处理机构制订与之相符的溢油污染应急计划，港口负责机构必须每 5 年向 MCA 提交修改的计划，如果有大的变动则需更早提交。

2）应急结构及职责

UK-NCP 主要由英国交通部（Department for Transport，DFT）、海洋和海岸警备厅 MCA、能源与气候变化部（Department of Energy and Climate Change，DECC）以及众议员

秘书处(Secretary of State's Representative, SOSREP) 4 个政府机构负责组织实施。

英国交通部：具有政策责任，即采取措施或协作采取措施阻止、减轻和减少海洋污染的影响，其海事安全和适应部(Maritime Security and Resilience Division)的污染防御队对于来自船舶运输的海洋污染具有政策责任，它在框架内监督 MCA 对事故的处理方式，与部长、白金汉宫保持联络。

海洋和海岸警备厅：作为英国交通部的执行部门，主管英国海洋污染应急响应，提供全天 24 小时海事应急；主要面向船运污染，同时也是 UK-NCP 的监管者。

能源与气候变化部：主要针对离岸设施的海洋污染，DECC 的海洋油气环境与退役司(Offshore Oil and Gas Environment Decommissioning Unit)负责环境法规、油污染和海洋环境事宜的防御包括海上工业油污染应急计划的审批，在同意和否决这些油污染应急计划之前需要与 MCA 商讨；并且对任何海洋污染事故提供每天 24 小时即时响应。

众议员秘书处：职责之一是排除或减轻由船舶运输、固定或浮动平台或海底设施事故导致的安全、环境和财产的风险，对于安全事宜其干预的权利可以延伸至英国领海(距离海岸 12 海里)，对于与船运相关事故的污染可以延伸至英国污染控制区，对于污染事件其干预的权利可以延伸至英国大陆架；SOSREP 具有做关键性(经常是时间紧迫的关键性)决定的权利，不耽搁、无须依赖高层，这些决定代表英国公众最高利益。职责之二是对海事救助、海上控制和干预具有最终的、决定性的话语权，不承担对海洋或海岸的清理活动的责任。

3)溢油应急响应程序及事故管理

为便于实施，UK-NCP 将污染事故分为三级：第一级为地方应急响应，在一个地方或港口主管部门的能力范围内；第二级为地区应急响应，超出一个地方主管部门的能力范围，需要得到港口码头的响应支援；第三级为国家应急响应，船运事故需要由 MCA 支配的国家资源、离岸建设的海洋污染事故需要专门的操作者。确定分级响应的级别，需要综合考虑以下 8 个方面：① 污染的风险；② 污染的类型；③ 污染的既成事实/潜在的规模；④ 环境条件(如天气、锋、潮、流、海洋温度)；⑤ 资源条件(人员及设备)；⑥ 需要长期响应的潜在可能性；⑦ 海事干预的必要性；⑧ 地理位置和物理范围包括：目前的和将来的环境和/或经济敏感性、国际影响。其中，对于离岸建设的分级是不同的，即离岸油气的操作者有责任而且必须能够对其设施所导致的污染事故做出反应。因此，可能导致英国大陆架上油污染的一切勘探、生产必须制订油污染应急计划，包括用有效的方式清理海岸线，并且要与 UK-NCP 的政策和原则一致；清楚地阐明潜在的泄漏情形包括最坏情形、潜在的环境影响以及操作者将如何应对这些影响。在离岸建设事故过程中，操作者可以建立应急响应中心，DECC 的执行海洋环境观察员将与之保持联络。

在所有涉及国家级的应急响应中，都需要建立几个中心，即海洋响应中心(Marine Response Centre)、救援控制中心(Salvage Control Unit)、操作控制中心(Operation Control Unit)。对于离岸建设，还需要建立操作者应急响应团队(Operator's Emergency Response Team)、操作者风险管理团队(Operator's Crisis Management Team)。如果污染危及海岸

线，则还需要建立几个小组，即战略协调组（Stragetic Co-ordinating Group）、战术协调组
（Tactical Co-ordinating Group）、响应协调组（Response Co-ordinating Group）、回收协调组
（Recovery Co-ordinating Group）。

2. 英国有关溢油的法律法规

英国自 1975 年出台与海洋溢油有关的法律法规，1998 年颁布针对《溢油防备、响应与合作公约》的法规，2009 年出台《海洋与海岸介入法》，规定在英国海域进行的任何活动（包括与采油有关的淘汰设备和废弃物）无例外地必需获得海洋执照，此外，英国是 IMO 多个公约的缔约国。英国有关溢油的法律法规如下：

OPOL 1975

The Merchant Shipping Act 1995（http://www.legislation.gov.uk/ukpga /1995/21/ section/293）

The Merchant Shipping and Maritime Security Act 1997（http://www.legislation. gov. uk/ukpga/1997/28/pdfs/ukpga_19970028_en.pdf）

Merchant Shipping (Oil Pollution Preparedness, Response and Co-operation Convention) Regulations 1998

The Pollution Prevention Control Act 1999（http://www.legislation.gov.uk/ ukpga/1999/24/ contents）

Offshore Petroleum Activities（Conservation of Habitats）Regulations 2001

Offshore Chemical Regulations 2002

Offshore Installations（Emergency Pollution Control）Regulations 2002

The Marine Safety Act 2003（http://www.legislation.gov.uk/ukpga/2003/16/contents）

The Civil Contingencies Act 2004（http://www. legislation.gov.uk/ukpga /2004/36/schedule/1）

Offshore Petroleum Activities（Oil Pollution Prevention and Control）Regulations 2005

The Offshore Petroleum Production and Pipe-lines（Assessment of Environmental Effects）（*Amendment*）Regulations 2007

The Marine and Coastal Access Act 2009

The Offshore Combustion Installations (Pollution Prevention and Control)Regulations 2013

余可参见 http://www.oilandgasuk.co.uk/knowledgecentre/oilspills.cfm。

7.2.3　美国国家溢油应急计划及法律法规

1. 美国的国家溢油应急计划

2011 年修订的《美国联邦法规汇编》（*Code of Federal Regulations*, CFR）第 300 节的"国家石油和有毒有害物质污染应急计划"（the National Oil and Hazardous Substances

Pollution Contingency Plan，NCP)（CFR. 40 Part 300 NCP），分为 A~K 11 个部分，予以详尽系统阐述，旨在为溢油和有毒物质污染物的防备和应急响应提供组织机构和程序，成为溢油应急工作的执行蓝本。其中，B 部分针对溢油响应的责任和组织，C 部分针对计划和防御，D 部分为溢油处理的操作响应阶段。本节从溢油应急组织结构及职责、各应急计划的关系、溢油应急响应程序这三个方面进行概述。

1) 溢油应急组织结构及职责

美国溢油应急系统由国家、区域、地区三级应急体系组成(注：美国溢油三级应急系统的定义与 IPIECA 的三级响应的定义及英国、澳大利亚等多数国家的三级响应定义正好相反，其第一级为国家级，即最高级)。

（1）国家溢油应急反应指挥中心(National Response Team)。这个中心由联邦环保总署、内政部、交通部、农业部、商务部、防卫部、司法部、卫生部、核能管理委员会、行政总署、能源部等 16 个政府部门组成，其主要职责是制订全国海上溢油防治工作的规划，指挥、协调各州政府、地方应急反应系统的互相配合和支援工作。工作任务侧重在规划和安排全国性的应急反应策略方面。

（2）区域的溢油应急反应组(Regional Response Teams)，其主要职责是侧重于行政区域内溢油防治工作规划和协调有关部门的应急配合和支援工作。

（3）地区的溢油应急反应组(Area Response Teams)，其职责比较具体，一是做溢油防治规划的实质工作；二是在溢油应急处理中指挥快速反应、及时高效的清污行动。地区应急反应系统设定指挥官，下设作业组、规划组、运输组和财务组。当油污损害暂时找不到肇事者时，指挥官可决定先动用油污基金进行清污行动，然后寻找肇事者赔偿。

（4）行政区域和片区联合的反应(multi-regional responses)。根据美国的地理特征，将全美分为 10 个片区(CFR.40 Part 300 NCP)，联邦政府在美国的东部、西部和中部海岸设立了三个片区应急反应指挥中心，它与联邦政府的指挥中心、州政府应急反应系统、地方应急反应系统结合形成了行政区域与片区结合的责任制管理。

（5）非政府组织参与的力量(nongovernmental participation)，包括溢油清污公司和VOOs 船队。

在应急反应体系的各个片区均设有溢油清污公司，建立溢油清除协会会员制度，保证了溢油清洁公司的正常运转和快速反应。清污公司实行 24 小时值班制度，当溢油事故发生后，清污公司的车辆、船舶和人员在 2 小时内即到达现场。它的主要优点：一是实行会员制度，维持了专业清污公司的正常运转；协会由炼油厂、油公司等会员单位组成，专业清污公司为非盈利单位，专门为会员单位服务，其清污设备、经费由会员单位缴纳的会费解决，并且通过与船舶码头等签订清污合同的形式来明确污染事故发生后双方的权利和义务。二是设备精良，联动性好。三是定期演练，训练有素。四是布局合理，快速反应。此外，在溢油反应清除和防污管理工作中，由国家主管机关制订一个入市的准则，面向所有社会群体开放，通过市场化、商业化的动作决定一些商业清污公司的生存问题和经营。建立了国家层面的、能够快速启用的一支 VOOs 船队，以用于溢油应急响应。

美国海岸警备队在溢油应急中具有至高的组织、协调和决定权。美国 1990 年石油污染法（*Oil Pollution Act of 1990*，1990 年 8 月 1 日生效，见 http://www.epa.gov/oem/content/lawsregs/ opaover.htm）规定，在应急指挥体系中设立一个常设机构——溢油防治和反应办公室，成员来自政府相关的各个部门， 其行动完全按照国家应急计划和相关法律授权行使职责，同时，由联邦政府指定一名海岸警备队官员负责现场的最后决策。在地区应急反应系统由海岸警备队、州政府官员、船东代表组成的三人指挥小组中，海岸警备队官员的最后表决权占 51%。并且，美国海岸警卫队溢油应急的计划训练和反应系统 SPEARS 有 4 个固定的信息源（周秀玲，1996）：一是海岸警卫队海洋安全信息系统（MSLS），该系统包括有史以来的泄漏污染资料、设备资料以及用于通信管理的信息网；二是国家海洋和大气管理局及美国环保局应急作业的计算机辅助管理系统（CAMEO）；三是海岸警卫队和 NOAA 溢油应急设备系统，四是海岸警卫队港口研究信息。美国海岸警卫队设有国家突击队，由三支布局战略要点的国家突击力量和一个协调中心组成，其主要任务是应对溢油和化学品泄漏，协调中心拥有国家溢油应急设备清单，为国家反应体系应急演练和培训计划的制定与实施提供协助（张志颖，2003）。上述这些确保了海岸警备队在发生重大海洋环境污染的溢油应急中拥有至高的决定权。

2）各级应急计划之间的关系

美国溢油应急系统中除了国家溢油应急计划、区域应急计划、地区应急计划三级应急响应计划外，还有联邦响应计划、国际合作计划、州和地方计划、 船舶响应计划、设备响应计划（facility response plannings，FRPs），等等，各应急计划的关系如图 7.3 所示。其中"设备响应计划"要求凡是拥有储存或使用石油的设备的用户都要了解油污染防御

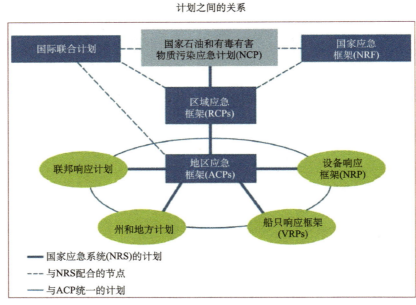

图 7.3　美国各级溢油应急计划的关系

（EPA. Area Contingency Planning Handbook 2013）

法规(CFR.40 Part 112)中的溢油防御、控制和应对规则(Spill Prevention, Control, and Countermeasure Rule，SPCC Rule)，并填写 FRPs(EPA. Facility Response Planning Compliance Assistance Guide 2000)，对人为操作失误或设备故障造成的溢油有切实的应对措施。

3)溢油应急响应程序

美国的溢油响应程序分为 4 个步骤：第一步：发现和通报；第二步：初步评估和启动行动；第三步：控制、干预、清理和处置；第四步：报告和成本回收（美国国家溢油响应系统的响应框架和计划框架详见 CFR.40 Part 300 NCP）。

美国应急反应既要根据溢油级别，也要根据反应责任来确定。溢油事故发生后，首先由发生溢油的公司及它的保险公司对溢油事件负责，责任公司相关人员会马上按照法律规定启动溢油应急预案，并按照计划向相关部门汇报。汇报的相关内容有溢油时间、位置、责任船只的相关资料、溢油情况、相关海况、进行自救情况和打算进一步的行动、计划雇佣相应级别的溢油清除法人进行溢油清除作业等。

对于较大的污染事故，负责泄漏和溢油的相关组织会按污染严重程度及时地上报联邦政府的国家溢油应急反应中心（该中心由美国海岸警卫队成员组成），一旦收到此报告，国家溢油应急反应中心将根据泄漏发生的情况，立刻通告事先指定的美国环境保护署或美国海岸警备队现场协调员参与溢油应急，并按照国家反应体系的规定程序重新建立反应组织。现场协调员根据当地反应和监控情况来确定是否需要联邦政府的参与。

溢油发生并且上报后，根据溢油种类和发生溢油的地点的不同，将有不同的机关作出反应。这些常设机构主要有美国环境保护署(EPA)、美国海岸警备队(USCG)、美国运输署(DOT)、国家紧急事件代理机构(SERC)、联邦紧急事件处理署(FEMA)和当地紧急事件委员会(LEPC)。这些机构根据有关法律分别履行各自不同的责任，并在应急反应过程中，按照 NCP 的具体规定或承担指挥监控和管理，同时给予专业清污公司技术、设备和人员上的支持与辅助，以保证即使在环境恶劣，清污公司无法工作的情况下，也可以进行快速有效的溢油回收工作。

2. 美国有关溢油的法律法规

美国有关溢油防备和反应及溢油污染法律法规主要包括美国 1990 年《石油污染法》《美国联邦法规汇编》中州、地方和地区的油移除应急计划的准则(CRF 40 Part 109)、油污染防御法规(CFR. 40 Part 112)、国家石油和有毒有害物质污染应急计划(CFR. 40 Part 300 NCP)(http://www2.epa.gov/emergency-response/national-oil-and-hazardous-substances-pollution-contingency-plan-ncp-overview)等。

美国建立了溢油清污基金制度，溢油造成的海洋生态损害赔偿也得到法律的保护。美国 1990 年石油污染法做出了联邦政府建立 10 亿美元的溢油清污基金，并且向肇事者实行溢油污染责任追究的规定。同时，各州政府也通过立法建立了 1 亿美元油污基金的制度。油污基金由国家防污基金中心管理，它的主要用途有：对船舶溢油污染的清除；油库设施及其他设施造成污染的清除；船舶沉没、触礁搁浅过驳产生的施救费用；空难事故造成的污染清除及施救费用。油污基金制度的推行，实现了首先迅速采取溢油应急计划，之后才对污染损害程度进行评估，追究肇事者的赔偿责任。

此外，美国1986年国内税收法规(the Internal Revenue Code of 1986)则对美国海上溢油应急资金保障做出了规定，即美国处理石油泄漏所造成的污染所需费用主要由国家的专项救助基金以及联邦和地方政府的补偿提供；其中，第9509条规定成立石油泄漏责任信托基金(the Oil Spill Liability Trust Fund)，并通过美国政府的财政支持维持基金的运营，基金的使用有严明的规定：既可用于泄漏事故发生后溢油应急，也可用于预防石油泄漏，还可以向受到油污影响的个人提供优先帮助，包括分发救灾物资、重建以及其他合理的行动，来保障受溢油事故影响的当地人民的居住或者经营活动。《美国联邦法规汇编》CFR 第40篇310节明确规定当地政府有责任向石油或者有毒有害物质泄漏地的应急计划小组发放补偿，但并不能代替当地政府向石油泄漏责任信托基金的贡献(王霄，2011)。《美国法典》2010年版的第33篇的第40章油污染用第1节专论"油污染责任和补偿"(33 U.S.C. 40.1)。

2010年美国墨西哥湾溢油事故，引发了美国参、众两院对有关溢油立法的高度关注，在2010年111届和2012年112届立法大会上有大量法案，如"2010年溢油责任和环境保护法" Oil Spill Accountability and Environmental Protection Act of 2010、 Big Oil Bailout Prevention Act 2011、Oil Spill Prevention Act 2011 等(Ramseur, 2012；Ramseur, 2010)，旨在从溢油的防御、响应、责任及补偿、海湾修复等方面完善有关溢油的政策法律。总之，美国通过制定较为完善的法律法规，建立了国家溢油防备和应急体系，同时还建立了溢油污染损害赔偿体系。

7.2.4　加拿大国家溢油防备和响应制度

加拿大作为世界上海岸线最长的国家，其中一部分水域由于严酷的环境、强流和寒冷的天气成为世界上最难航行的水域。为了保护海洋环境免受海上运输造成的油污染损害，加拿大于1995年建立了政府和业界合作的"国家溢油防备和响应制度"(National Oil Spill Preparedness and Response Regime，见 http://www.tc.gc.ca/ eng/marinesafety/ oep-ers -regime-menu-1780.htm)，包括作用和职责、法律法规、应急组织、溢油应急响应程序、响应费用补偿、环境风险评估等7个方面。本节从作用及职责、应急组织、溢油应急响应程序、法律法规这4个方面进行概述。

1)作用及职责

加拿大运输部是负责该制度的主管机构，为海上溢油的防备和响应制定了指导原则和规章标准的架构。在该制度中，政府的责任是确保制定有效的政策和法律并监督响应行动；私人业主承担防备和响应的责任并实际运作。该制度的指导原则为，有效力的法律和法规；潜在的污染者支付防备费用；污染者支付响应费用；基于政府和业界的合作关系；全面的应急计划；与周边国家的双边和多边协议。

业界资助并管理的海上溢油防备和响应制度是一种独特的实体，该实体的目的是要确保业界在运输部的领导下，有能力清除自己造成的溢油。该制度要求业界维持 1 万吨响应能力且范围覆盖加拿大 60°N 以南的海上区域。根据加拿大航运法 2001（*Canda Shipping Act-2001*），加拿大海岸警卫队作为国家应急力量组成部分，负责对溢油应急响应进行管理。加拿大国家防御（National Preparedness Plan，NPP）、国家响应计划（National Response Plan，NRP）分别由运输部、海岸警卫队制订。此外，还有加拿大-美国联合海洋污染应急计划。

2）应急组织

在 1995 年 10~11 月通过运输部认证的 4 个溢油应急公司为加拿大东部响应公司 ECRC-SIMEC、加拿大西部响应公司 WCMRC、大西洋应急响应公司 Alert、图佩尔角海上服务公司 PTMS），其各自具有明确的响应地理位置以及核准的响应能力。通过加拿大海域的船舶都必须制订溢油应急计划，并与获得认证的溢油应急公司签订代理协议。

3）溢油应急响应程序

加拿大的溢油响应程序分为 7 个步骤。第一步报告：溢油肇事者就近向海岸警卫队通报事故情况；第二步溢油管理：溢油肇事者任命一位现场指挥，这通常已在其先期制订的溢油污染应急计划中指定；第三步溢油应急公司代表溢油肇事者行动；第四步加拿大海岸警卫队负责监管；第五步区域环境应急小组的咨询；第六步加拿大海岸警卫队充当现场指挥：如果溢油肇事者不明确、不愿意或者不能立即响应，则由加拿大海岸警卫队充当现场指挥；第七步溢油补偿：加拿大奉行污染者支付响应费用的原则。另外，目前还有两个基金——源于船舶的油污染基金（Ship-Source Oil Pollution Fund，SOPF）、国际油污染补偿基金（International Oil Pollution Compensation Fund），可用于支付溢油清除的费用。

4）法律法规

加拿大国家溢油防备和响应制度，遵循下列法律法规（http://laws-lois.justice.gc.ca）：
- *Canada Shipping Act, 2001*
  - *Dangerous Chemicals and Noxious Liquid Substances Regulations*
  - *Oil Pollution Prevention Regulations*
  - *Pollutant Discharge Reporting Regulations*
  - *Response Organizations and Oil Handling Facilities Regulations*
- *Arctic Waters Pollution Prevention Act*
- *Oceans Act*
- *Fisheries Act*

而且，加拿大作为 IMO 成员，也是下列国际公约的缔约国：
- International Convention for the Prevention of Pollution from Ships（MARPOL 73/78）
- International Convention on Oil Pollution Preparedness, Response and Cooperation（OPRC 90）

- International Oil Pollution Compensation Fund
- Civil Liability Convention
- Salvage Convention

总之,加拿大国家溢油防备和响应制度简洁明确,妥善地解决了溢油防备和响应中的一些棘手问题,如潜在污染者的溢油防备和响应的责任、响应机构的认证、对不明油源的清污和赔偿费用等(吕晓燕和张硕慧,2013)。

7.2.5 澳大利亚溢油应急体系及法律法规

1. 澳大利亚的国家溢油应急计划

作为岛国,澳大利亚几乎完全依靠船运作为其与世界其他地方联系的生命线。澳大利亚每年通过海上运输业运送百万吨的原料、制造业产品、农产品、原油及原油产品,这带来了极大数量的海岸线交通以及事故风险。1998 年 4 月由澳大利亚海事安全局(Australian Maritime Safety Authority,AMSA)代表联邦、州和北部地区以及石油和航运业制定并于 2011 年 1 月修订了澳大利亚 "对抗海洋石油和其他危险有毒污染物的国家计划"(National Marine Oil Spill Contingency Plan. Australia's "National Plan to Combat Pollution of the Sea by Oil and Other Noxious and Hazardous Substances". January 2011);结合 2014 年新版的海洋环境应急国家计划(http://www.amsa.gov.au/forms-and-publications/Publications/national_plan.pdf 或 http://www.amsa.gov.au/environment/maritime-environmental-emergencies/national-plan/),本节从机构与职责、溢油分级响应职责及响应程序、溢油预防控制、溢油应急基金来源这 4 个方面予以介绍。

1)机构与职责

国家计划中不同部门的职责,包括设备的储备、保养和存放以及资金和资源的共同使用等。基于这些协议,AMSA 代表联邦政府进行协调、培训和提供技术、物流保障、设备、材料和资金。

每个州都有各自的国家计划州委员会,由其海事或环境主管机关领导,AMSA、环境主管机关、石油行业、应急服务机构和其他相关机构也参与其中。 法定机构是对在各自管辖区域内的海上污染具有法定职权的机构;行动机构是协调相关应急计划对海上油品、化学品泄露采取应急反应的运行机构(戴小杰,2014)。

2)溢油分级响应职责及响应程序

澳大利亚的溢油三级应急系统的定义与 IPIECA 的三级响应的定义及英国的三级响应定义相同,见表 7.6(NOPSEMA,2012)。 2012 年 1 月 1 日成立的澳大利亚国家海洋石油安全和环境管理局(The National Offshore Petroleum Safety and Environmental Management Authority ,NOPSEMA),替代了以前的国家海洋石油安全局(the National Offshore Petroleum Safety Authority ,NOPSA),成为澳大利亚首个国家监管机构,负责海洋石油天然气操作中的人身健康和安全、油井完善和环境管理。实际执行溢油应急的操作者往往由澳大利亚溢油中心(AMOSC)代替业主来承担。此外，2014 年的海洋环境应急国家计划第 5.6 节有关溢油应急(http://www.amsa.gov.au/forms-and-publications/Publications/national _plan.pdf)还详尽地规定了海洋溢油事件的控制机构，其中在联邦政府管辖的水域，船舶溢油的控制机构是 AMSA，离岸石油设施的溢油的控制机构是该设施持有人。

表 7.6　澳大利亚的海上溢油分级响应职责

溢油源	分级	级别的定义*	法定负责机构	参与机构
在澳大利亚海域(以及归 NOPSEMA 管辖的州/地区)所有离岸的与石油有关的活动	1	利用现场资源和能力就能立即控制的事故	NOPSEMA	操作者
	2	需要调用当地、地区或国家层面的附加支持资源的事故	NOPSEMA	操作者**
	3	需要从当地、地区、国家乃至国际组织的获得重要外部支援／响应时间需要延长的事故	NOPSEMA	操作者***†

* 每一个溢油应急计划都应该提供关于分级类别的具体事项指导，可能的方式包括鉴别溢油量、源和/或受危害资源，来帮助确定升级。

** 操作者应该具有在事故中承担责任的能力，这包括在必要时引入私人应急响应公司和/或政府响应机构。

† 澳大利亚政府可以直接介入事故指挥和协调。

3) 溢油预防控制

(1)溢油反应地图集(Oil Spill Response Atlas)：是一个计算机数字地图系统，操作者可以输入不同种类的数据来确定海上溢油污染将对生物、农业、地理和社会经济资源产生何种影响，AMSA 负责现有数据的维护；

(2)溢油预测模型(Oil Spill Trajectory Modelling)：AMSA 运用计算机来模拟和预测溢油在几小时或几天后的扩散趋势，向决策者提供建议；

(3)海洋溢油设备系统(Marine Oil Spill Equipment System)：是一个计算机数据库，包括溢油应急设备的类型、数量、存放地点、状态等信息，还用于审计、维护和维修 AMSA 的所有溢油应急设备。

4) 溢油应急资金来源

国家计划遵循三个基本的资金原则：一是潜在污染者支付原则，潜在的污染者根据海上油品和化学品泄露的风险向国家计划贡献相应数量的资金；二是污染者支付原则，挂靠澳大利亚港口的商船都会被征收一笔税款，为国家计划提供资金；三是税收支付原则，适用于污染者不能确定或费用无出处(戴小杰，2014)。

2. 澳大利亚有关溢油的法律法规

澳大利亚有关溢油的法律法规完备，且一直在修订、更新中。其中，《1983 年保护海洋(禁止船舶污染)法》[(*Protection of the Sea (Prevention of Pollution from Ships) Act 1983*)]，2013 年 7 月 1 日的最新增补版的第二部分题为禁止石油污染，详尽规定了船舶在澳大利亚海域运输石油、石油在船舶间装载、转移等操作必须遵守的法律条文，第 11A 款专门规定了船载溢油污染的应急计划；更多的来自船舶污染的法律法规见澳大利亚政府和 AMSA 发行的《保护我们的海洋》(Australian government, *Protecting our seas*. http://www.comlaw.gov.au)；2014 年 2 月 28 日修补的环境法规生效，其中有关溢油风险管理的法规中将溢油应急计划(oil spill contingency plan)改称为石油污染应急计划(oil pollution emergency plan，OPEP)，详见 http://www.nopsema.gov.au/legislation-and-regulations/。

7.2.6　中国溢油应急体系及法律法规

1. 中国溢油应急体系

我国拥有 18 000 多千米的海岸线，海域面积 300 万 km^2，长期以来致力于建设"预防、应急、赔偿"三位一体的海洋溢油应急体系，基本形成了国家级、海区、省(自治区、直辖市)、港口(码头)和船舶等溢油应急反应体系。该体系包括 1 个国家级应急预案，4 个海区应急预案，即北方海区溢油应急计划、东海海区溢油应急计划、南海海区溢油应急计划、特殊区域溢油应急计划(台湾海峡水域溢油应急计划、秦皇岛海域溢油应急计划、其他特殊区域溢油应急计划)，9 个省级应急预案，58 个地市、港口级应急预案。

2011 年国家海洋局牵头国务院十几个部门、三大石油公司制定了《全国海洋石油勘探开发重大海上溢油应急计划》(国家海洋局，2011)、《海洋石油勘探开发溢油应急响应执行程序》(国家海洋局，2011)，根据海洋石油勘探开发溢油事故的溢油量、溢油面积以及与敏感目标的距离等，将应急响应分为三个级别(与美国相似)，并建立了响应机制。

2015 年 4 月国家海洋局正式发布实施新修订的《国家海洋局海洋石油勘探开发溢油应急预案》。新修订预案包括总则、组织机构及职责、应急管理程序、附则四章和附录，对原有预案体系的应急组织机构、职责、应急程序等进行了较大优化完善，进一步建立健全了统一领导、分级负责、反应快捷的应急响应工作机制。根据溢油事故的严重程度和发展态势，将应急响应设定为四个等级，分别为Ⅰ级（特别重大）、Ⅱ级（重大）、Ⅲ级（较大）和Ⅳ级（一般），与《突发事件应对法》和国家突发公共事件总体应急预案相衔接。同时，该预案明确了不同级别应急响应的责任主体，Ⅰ级、Ⅱ级应急响应由国家海洋局启动应急预案，负责统一指挥。Ⅲ级、Ⅳ级应急响应由海区分局启动预案，负责应对工作。

近年来，我国多次进行海上溢油应急演习。交通部 2014 年 1 月下发《2014 年全国海上搜救和重大海上溢油应急处置工作要点》，明确要求"抓紧编制并实施《国家重点海上溢油应急能力建设规划》，做好《国家重大海上溢油监视监测和决策指挥系统》的前期研究论证工作。"

2. 我国溢油应急法律法规

为保护我国海洋环境，2000年4月1日实施的《中华人民共和国海洋环境保护法》（全国人大常委会，2000）中提及了海洋石油开发及溢油应急的条款，如第十八条规定国家根据防止海洋环境污染的需要，制定国家重大海上污染事故应急计划，国家海洋行政主管部门负责制定全国海洋石油勘探开发重大海上溢油应急计划，报国务院环境保护行政主管部门备案，国家海事行政主管部门负责制定全国船舶重大海上溢油污染事故应急计划，报国务院环境保护行政主管部门备案。第五十条规定，海洋石油勘探开发及输油过程中，必须采取有效措施，避免溢油事故的发生。第五十三条规定，海上试油时，应当确保油气充分燃烧，油和油性混合物不得排放入海。第五十四条规定，勘探开发海洋石油，必须按有关规定编制溢油应急计划，报国家海洋行政主管部门的海区派出机构备案。第六十九条提及，装卸油类的港口、码头、装卸站和船舶必须编制溢油污染应急计划，并配备相应的溢油污染应急设备和器材。该法律规定，进行海洋石油开发造成污染的，处以3万元以上20万元以下罚款。然而近年来发生在我国海域的溢油事故，如渤海湾油田溢油事故，最高限额为20万人民币的行政罚款与海洋生态环境的损失和修复成本相比实乃杯水车薪，突显了我国溢油事故生态损害赔偿的法律机制的缺陷。2010年山东省出台《海洋生态损害赔偿费和损失补偿费管理暂行办法》（山东省财政厅、山东省海洋与渔业厅，2010），首次明确了对海洋溢油等污染事故的损害评估标准，海洋生态损害赔偿费和损失补偿费金额，按照《山东省海洋生态损害赔偿和损失补偿评估方法》（山东省质量技术监督局，2009）评估确定，最高索赔额可达2亿元人民币。近期，山东省质量技术监督局将此标准更新为《用海建设项目海洋生态损失补偿评估技术导则》（DB37/ T1448—2015）（山东省质量技术监督局，2015），于2016年1月22日起实施。

为促进海洋运输业持续健康发展，2010 年 3 月 1 日我国颁布实施了《中华人民共和国防治船舶污染海洋环境管理条例》（国务院，2010），交通运输部以及海事局在溢油防治、清除赔偿等方面出台了《船舶及其相关作业污染防治管理规定》等配套的规定和具体的实施细则，使污染防治工作有了更加坚实的法律依据和保障。船舶污染事故分为以下等级：

（1）特别重大船舶污染事故，是指船舶溢油 1000 t 以上，或者造成直接经济损失 2 亿元以上的船舶污染事故；

（2）重大船舶污染事故，是指船舶溢油 500 t 以上不足 1000 t，或者造成直接经济损失 1 亿元以上不足 2 亿元的船舶污染事故；

（3）较大船舶污染事故，是指船舶溢油 100 t 以上不足 500 t，或者造成直接经济损失 5000 万元以上不足 1 亿元的船舶污染事故；

（4）一般船舶污染事故，是指船舶溢油不足 100 t，或者造成直接经济损失不足 5000 万元的船舶污染事故。

2012 年 7 月 1 日经国务院批准，财政部、交通运输部联合制定的《船舶油污损害赔偿基金征收和使用管理办法》（财政部和交通运输部，2012）付诸实施。规定：

（1）凡在中华人民共和国管辖水域内接收从海上运输持久性油类物质（包括原油、燃料油、重柴油、润滑油等持久性烃类矿物油）的货物所有人或其代理人，应当缴纳船舶油污损害赔偿基金。

（2）船舶油污损害赔偿基金征收标准为每吨持久性油类物质 0.3 元；对于在中国境内的同一货物所有人接收中转运输的持久性油类物质，只征收一次船舶油污损害赔偿基金。

（3）船舶油污损害赔偿基金由交通运输部所属海事管理机构，向货物所有人或其代理人征收；海事管理机构应当在收到船舶油污损害赔偿基金的当日，将船舶油污损害赔偿基金收入全额就地上缴中央国库；船舶油污损害赔偿基金应当遵循专款专用的原则，年末结余可结转下年度安排使用。

（4）船舶油污损害赔偿基金用于以下 4 种情况的油污损害及相关费用的赔偿、补偿：同一事故造成的船舶油污损害赔偿总额超过法定船舶所有人油污损害赔偿责任限额的；船舶所有人依法免除赔偿责任的；船舶所有人及其油污责任保险人或者财务保证人在财力上不能履行其部分或全部义务，或船舶所有人及其油污责任保险人或者财务保证人被视为不具备履行其部分或全部义务的偿付能力；无法找到造成污染船舶的。

《船舶油污损害赔偿基金征收和使用管理办法》的实施，对我国海洋油污染赔偿机制的建立起到推动作用，然而仍未涉及溢油事故生态损害赔偿。而且，应急资金的筹措等问题则亟待从国家法律层面予以解决。

参 考 文 献

澳大利亚：

戴小杰. 2014. 借鉴澳洲经验, 完善防污机制. 中国水运, 11:20-21.

Australian government, AMSA. Protecting our seas. http://www. comlaw. gov. au

National Marine Oil Spill Contingency Plan. 2011. Australia's "National Plan to Combat Pollution of the Sea by Oil and Other Noxious and Hazardous Substances".

National Plan for Maritime Environmental Emergencies. http://www. amsa. gov. au/ environment/maritime – environmental -emergencies/national-plan/.

NOPSEMA. 2012. Oil Spill Contingency Planning- Environmental guidance note. N-040700-GN0940-Rev2., July

Protection of the Sea (Prevention of Pollution from Ships) Act 1983. http://www. comlaw. gov. au/Details/ C2013C00370.

http://www. nopsema. gov. au/legislation-and-regulations/

国际组织：

http://www. api. org /events-and-training/calendar-of-events/2014/ iosc2014

http://www. globalresponsenetwork. org/

http://www. interspill. org/

http://www. interspill2015. com

芬兰：

http://www. lamor. com/

http://www. seahow. fi/en/cleansea. html

加拿大：

吕晓燕, 张硕慧. 2013. 加拿大海上溢油防备和响应制度. 中国水运, 13(3): 21-23.

Canada Shipping Act. 2001. http://laws-lois. justice. gc. ca

https://www. ecrc. ca

https://www. spilltechnology. com

https://www. wcmrc. com

National Oil Spill Preparedness and Response Regime. http://www. tc. gc. ca/eng/marinesafety/oep-ers-regime-menu -1780. htm

Western Canada Marine Response Corporation. Information Handbook, August 2012

美国：

王霄. 2011. 美国海上溢油事故应急反应系统、应急计划及应急资金保障. 中国海商法年刊, 4:47.

张志颖. 2003. 美国海上溢油应急反应机制建立成功的经验和启示. 珠江水运, 4:18-20.

周秀玲. 1996. 美国海岸警卫队溢油应急的计划、训练和反应系统 SPEARS. 交通环保, 17(1):46.

CRF 40 Part 109- Criteria for State, Local and Regional Oil Removal Contingency Plans. http://www. gpo. gov/ fdsys/pkg/ CFR-2013-title40-vol23/pdf/CFR-2013-title40-vol23-part109. Pdf.

CFR 40 Part 112- Federal Oil Pollution Prevention.

CFR. 40 Part 300- National Oil and Hazardous Substances Pollution Contingency Plan.

EPA. Area Contingency Planning Handbook 2013.

EPA. Facility Response Planning Compliance Assistance Guide 2000.

Oil Pollution Act of 1990. http://www. epa. gov/oem/content/ lawsregs/opaover. Htm.

Ramseur J L. 2010. Oil Spill Legislation in the 111th Congress. R41453. http://www. crs. gov.

Ramseur J L. 2012. Oil Spill Legislation in the 112th Congress. R41684. http://www. crs. gov.

33 U. S. C. 40. 1- United States Code, 2010 Edition. Title 33-Navigation and Navigable Waters. Chapter 40-Oil Pollution. Subchapter I - Oil Pollution Liability and Compensation.

http://www2.epa.gov/emergency-response/national-oil-and-hazardous-substances-pollution-contingency-plan-ncp-overview

https://www. alaskacleanseas. org

https://www. msrc. org

http://www. oceaneering. com

挪威：

http://www. nofo. no

英国：

National Contingency Plan— Stratigic Overview for Marine Pollution from Shipping and Offshore Installations. www. gov. uk/government/uploads/system/uploads/ attachment_data/ file/408385/ 140829-NCP-Final . pdf.

The United Kingdom(UK) National Contingency Plan for Marine Pollution from Shipping and Offshore Installations. https://www. gov. uk/government/uploads/system/uploads/attachment_data/file/275054/ ncp-shipping-offshore-installations. Pdf.

http://walesresilience. gov. uk/behindthescenes/walesresilience/panwalesresponseplan/?skip=1& lang=en

https://www. gov. uk/emergency-response-and-recovery

http://www. mcga. gov. uk

http://www. ofmdfmni. gov. uk/a_guide_to_emergency_planning_in_northern_ireland_refreshed_september_
2011_. pdf

http://www. oilspillresponse. com

http://www. oilandgasuk. co. uk/knowledgecentre/oilspills. cfm

http://www. scotland. gov. uk/Publications/2012/03/2940

中国：

财政部, 交通运输部. 2012. 船舶油污损害赔偿基金征收使用管理办法.

国家海洋局. 2011. 海洋石油勘探开发溢油应急响应执行程序.

国家海洋局. 2011. 全国海洋石油勘探开发重大海上溢油应急计划.

国家海洋局. 2015. 国家海洋局海洋石油勘探开发溢油应急预案.

国务院. 2010. 防治船舶污染海洋环境管理条例.

全国人大常委会. 2000. 中华人民共和国海洋环境保护法.

山东省财政厅、山东省海洋与渔业厅. 2010. 海洋生态损害赔偿费和损失补偿费管理暂行办法.

山东省质量技术监督局. 2009. 山东省海洋生态损害赔偿和损失补偿评估方法 (DB37/T1448-2009).

山东省质量技术监督局. 2015. 用海建设项目海洋生态损失补偿评估技术导则 (DB37/1448-2015).

第8章 南海深水溢油三维可视化系统开发

根据国内外现有技术和设备，借鉴典型溢油事故案例，我们采用数值模拟和实验室模拟相结合的方法开展深水区水下溢油数值模拟研究，开发了深水溢油三维可视化系统。本系统采用 C++语言、MFC 界面库和 OpenGL/OSG 可视化库，设计并开发系统各子模块，将项目开发的各子模块进行集成，同时集成外部流场预报模块和工程管理模块，制定子模块之间的数据接口规范，形成一套可靠、稳定运行的深水溢油三维仿真系统，为用户提供便捷、直观的可视化交互服务。系统重点针对三维场景构建和交互、三维场景空间对象组织、三维场景空间对象交互、地形快速建模、粒子系统、Delaunay 快速建模、海洋水文要素仿真、GPU 快速绘制、GPU 并行计算、多媒体输出等关键技术进行了研究。

8.1 系统功能设计

8.1.1 系统功能介绍

1. 数据信息管理功能

针对海洋深水溢油仿真的需求，采用 ACCESS 数据库对项目基础信息、地理背景信息、溢油位置信息、模式计算参数等数据库结构进行设计。为便于对数据库进行管理，开发数据库管理模块，通过友好的人机交互界面，提供深水溢油数值模拟参数的输入、修改、删除、查询等功能，方便用户对数据进行管理、查询和调用。数据库管理子系统包括数据库显示、溢油模拟、浏览历史、详细信息等模块。

2. 深水溢油漂移动态预测

调用深水溢油预测模型和三维水动力预报数据实现深水区水下溢油漂移动态预测，主要有以下功能：用户能够快速录入事故参数和模型参数，以完成预测模拟计算，并在三维可视化系统中快速显示水下溢油漂移轨迹，同时整合海面溢油模拟系统实现海面溢油预测功能，确定水下油污上升的位置和动态；在计算过程中也实时计算水下溢油归宿量，包括溢油总量、上升至海面的油量以及水体中的油量，并且在三维可视化系统中实时显示。

3. 海流三维显示

为及时掌握受污染海域的水动力场背景，本系统能够对模拟区域内的流场进行三维显示，与溢油漂移轨迹实时同步，有助于应急人员了解事故海域的流场信息，更好地应对现场。利用深水环境动力预报技术实现深水区水动力场的三维数据，最后在三维可视化系统中显示。

4. 辅助功能模块

包括可视化系统的三维场景交互、场景控制与设置、标注、智能报告以及模型加载等。三维场景交互主要是指控制界面的旋转、放大、缩小、平移等；场景控制与设置主要是油粒子运动轨迹播放暂停以及油气粒子颜色设置等；标注是指在场景内对重要信息进行文字标注以及距离测量；智能报告是指对模拟事件预测后快速生成事故报告和溢油动态预测报告；模型加载可以实现对船舶、石油平台以及管道等海上设施模型的加载。

8.1.2 系统开发技术路线

1. 南海三维海洋动力环境预报模型研制

针对南海深水区溢油模拟需求，研制深水区海流数值模式。模式在重点海区（112°~118° E，18°~24° N）水平分辨率不低于（1/32°），垂向不少于 18 层。研制过程详见 3.2 节。

1) 南海深水作业区三维斜压潮波数值模式研制

研制南海深水作业区三维斜压潮波数值模式，模式考虑 M_2，S_2，N_2，K_2，K_1，O_1，P_1，Q_1 共 8 个主要分潮，通过验潮资料和高度计提取潮汐资料对模式进行优化检验。

2) 建立南海深水作业区三维斜压海流数值模式

研制的南海海域海流数值模式基础上，采用动力嵌套技术，建立南海深水作业区海流数值模式。

3) 多源资料海流同化模式的建立

基于最优插值方法(OI)，开展多源资料的同化技术研究，设计同化方案。同化所用资料为常规观测资料、SST 资料和 SSHA 资料。

4) 深水作业区海流数值预报模式研制

基于南海深水作业区三维斜压潮波数值模式模拟得到主要分潮的潮汐和潮流调和常数，利用潮汐潮流快速预报技术，实现潮汐潮流预报。在研究中，对潮流我们将采用 8 个分潮(M_2，S_2，N_2，K_2，K_1，O_1，P_1，Q_1)进行潮流预报，最终得到所需的潮流预报产品。

2. 深水区水下溢油数值模型开发

结合国外现有模型和实验结果，根据南海海洋环境、油品和溢油源特点(井喷/井涌、管线和沉船)等因素，开发适合南海作业区的三维水下溢油数值模型。

1）南海区油气勘探开发作业条件分析

通过资料收集，了解南海海洋环境特点、油气田开发水下作业方式、油气藏特点等，分析溢油事故发生的类型及场景，为溢油预测和事故场景模拟提供参考。

2）深水区水下溢油行为研究

根据南海油气田油品特性，借鉴国内外研究成果，开展实验室模拟工作，研究溢油溢出方式、油气相分离、油滴和气泡粒径与分布。分析油滴上浮、沉降、溶解和悬浮等的影响因素，进行理论研究和模拟实验。

3）三维水下溢油模型开发

在研究水下溢油行为基础上建立三维水下溢油模型，模型开发详见 3.3 节。

3. 三维可视化系统开发

系统采用 Visual C++编程语言、基于 OpenGL 可视化开发库及衍生库（GLSL、OSG等）进行开发。鉴于系统对可视化仿真程度和运算速度要求较高，部分模块拟采用 CG 可视化库开展基于 GPU 的可视化开发。能够提供油、气、天然气水合物粒子的状态（大小、分布和移动速度）和行为（漂移轨迹、扩散面积、水体溢油残存量、水面溢油量）的三维可视化动态模拟，通过图片、视频、精准坐标记录等形式再现水下溢油事故的全过程，为溢油应急演习演练、应急计划编制和溢油事故决策指挥提供参考。

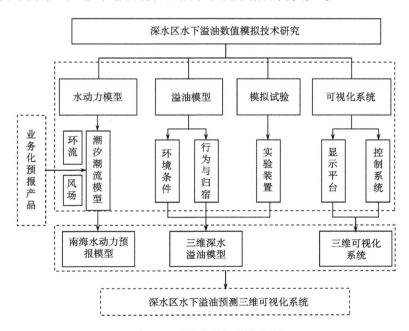

图 8.1　系统总体技术路线图

　　整个系统各个模块相对有一定的独立性，需要的数据交换控制为结果文件交换。控制系统获得条件参数之后，先于数据传输及验证保障模块进行沟通，首先确定是否有计算使用的背景、基础数据，之后直接控制计算模式进行计算，计算的同时间接地通过 3D 显示模块进行输出。在系统内独立出来一个计算结果分析模块，主要的工作是把计算结果转化为便于存储、读取的格式，而且还要具备第三方格式输出功能。系统开发研究技术路线见图 8.1。

8.2　系统开发介绍

8.2.1　数据管理系统

1. 数据库结构设计

　　针对海洋深水溢油仿真的需求，采用 ACCESS 数据库对项目基础信息、地理背景信息、溢油位置信息、模式计算参数等数据库结构进行设计。

2. 数据库管理模块

　　为了便于对数据库进行管理开发数据库管理模块，通过友好的人机交互界面，提供海底溢油数值模拟参数的输入、修改、删除、查询等功能，方便用户对数据进行管理、查询和调用。数据库管理子系统包括数据库显示、新建工程、浏览历史、详细信息等模块。

　　数据管理主界面见图 8.2，用于将溢油模拟重要数据参数呈现，并提供了各个子界面的显示按钮，其中包括了"浏览历史"按钮、"详细信息"按钮、"溢油模拟"按钮、"优化显示"按钮、"三维仿真系统"按钮和工程信息、计算区域以及溢油信息。本界面和"新建""详细信息"界面都使用了 CToolTipCtrl 工具提示控件的相应内容，避免了内容过多可能导致的信息遮挡。

　　浏览历史模块主要包括显示历史记录、按条件筛选、选择性删除和历史记录全部显示的功能。用户可通过不同的条件筛选需要的记录进行显示。该模块的具体流程如图 8.3 所示。

　　详细信息界面主要是对历史工程模型参数进行查看，方便用户对信息整体性浏览。溢油模拟界面主要提供友好的界面输入工程基本信息，其流程如图 8.4 所示。在输入过程中，系统根据不同类型的输入内容给出具体的约束条件，方便用户输入正确的数据，同时提供直观、便捷的地形仿真模块(图 8.5)，供用户选择不同类型的地形环境。新建工程创建时，需要调用数据模拟程序(ModelRun.exe)和工程创建程序(MakeProject.exe)，用于生成当前新建工程海洋环境和溢油数据。

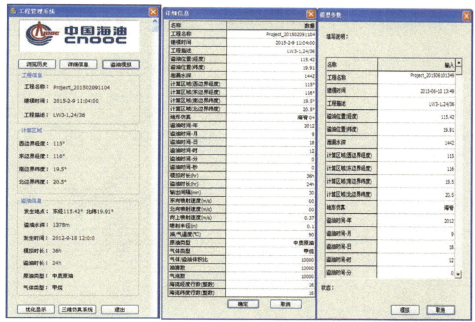

图 8.2　数据管理主要界面

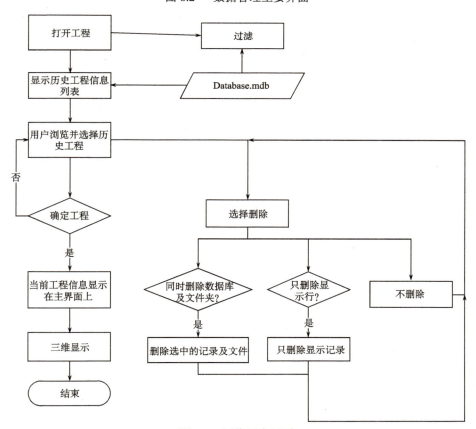

图 8.3　浏览历史界面

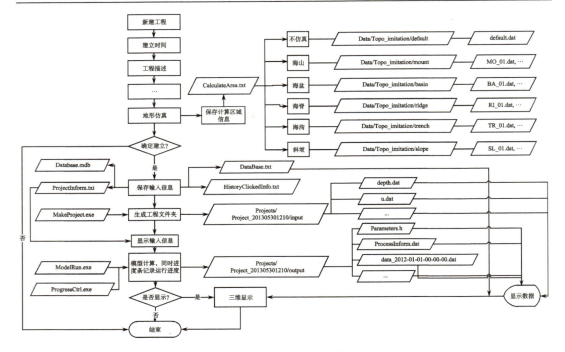

图 8.4　新建工程流程图

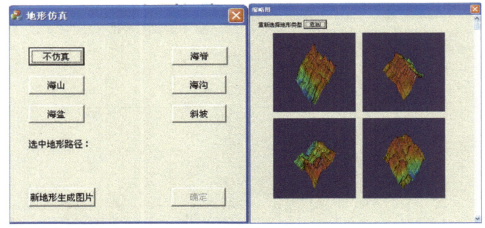

(a) 地形类别　　　　　　　　　　(b) 地形预览

图 8.5　地形仿真界面

8.2.2　插值子系统

1. 海流插值

在三维仿真场景中，为了确保溢油和海流的同步显示并且可以灵活控制海流的显示疏密程度，提高显示效果，利用现有的海流数据获取对应溢油时刻的海流数据并生成相对应的数据文件。流程如图 8.6 所示。

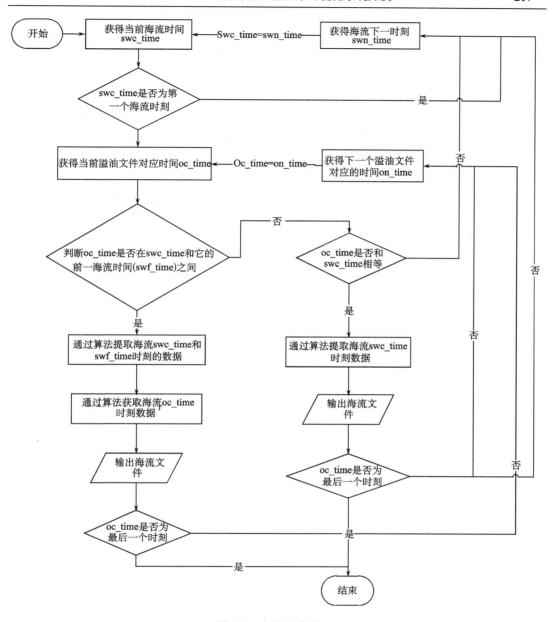

图 8.6　海流插值流程

　　海流插值主要采用反距离加权(inverse distance weighted，IDW)插值法，该算法是基于相近相似的原理：即两个物体离得近，它们的性质就越相似，反之，离得越远则相似性越小。它以插值点与样本点间的距离为权重进行加权平均，离插值点越近的样本点赋予的权重越大。

　　反距离加权插值法的一般公式如下：

$$Z(S_0) = \sum_{in}^{N} \gamma_i Z(S_i) \tag{8.1}$$

式中，$Z(S_0)$ 为 S_0 处的预测值；N 为预测计算过程中要使用的预测点周围样点的数量；γ_i 为预测计算过程中使用的各样点的权重，该值随着样点与预测点之间距离的增加而减少；$Z(S_i)$ 是在 S_i 处获得的测量值。确定权重的计算公式为

$$\gamma_i = d_{i0}^{-p} / \sum_{in}^N d_{i0}^{-p} \qquad \sum_{in}^N \gamma_i = 1 \tag{8.2}$$

式中，p 为指数值；d_{i0} 为预测点 S_0 与各已知样点 S_i 之间的距离。

样点在预测点值的计算过程中所占权重的大小受参数 p 的影响；也就是说，随着采样点与预测值之间距离的增加，标准样点对预测点影响的权重按指数规律减少。在预测过程中，各样点值对预测点值作用的权重大小是呈比例的，这些权重值的总和为 1。

2. 溢油插值

溢油插值模块可以计算溢油运动过程中的位置状态，让用户更直观地观察粒子运动的细节。利用空间线性插值算法，计算时间间隔内的粒子运动过程，可以使粒子的显示过程更加连贯和稳定，同时相对应的对海流文件进行插值确保仿真环境的一致性。溢油插值算法采用 Lagrange 插值算法。具体流程如图 8.7 所示。

(1) 在给定的 N 个结点中选取 8 个结点进行插值，且使指定的插值点 t 位于它们的中央。

(2) 选取满足条件 $x_k < x_{k+1} < x_{k+2} < x_{k+3} < t < x_{k+4} < x_{k+5} < x_{k+6} < x_{k+7}$ 的 8 个结点，用 7 次拉格朗日插值多项式计算插值点 t 处的函数近似值 $z = f(t)$，即

$$z = \sum_{i=k}^{k+7} y_i \prod_{\substack{j=k \\ j \neq i}}^{k+7} \frac{(t - x_i)}{(x_i - x_j)} \tag{8.3}$$

(3) 当插值点 t 靠近 N 结点所在的区域的某段时，选取的结点少于 8 个。

8.2.3　溢油仿真子系统

1. 三维场景构建

1) 显示原理

三维场景构建是指运用计算机图形学和图像处理技术，将计算过程中及计算结果的数据转换为图形及图像在屏幕上显示出来，并进行交互处理的理论、方法和技术。在现实世界中，所有的物体都具有三维特征，但计算机本身只能处理数字，显示二维的图形，因此，三维变换是实现可视化的基础。

三维图形变换是三维可视化中的一个基本问题，三维图形图像的显示、处理和形体的构造都需要使用三维的几何坐标变换，而这些变换都是建立在基本的平移、缩放和旋

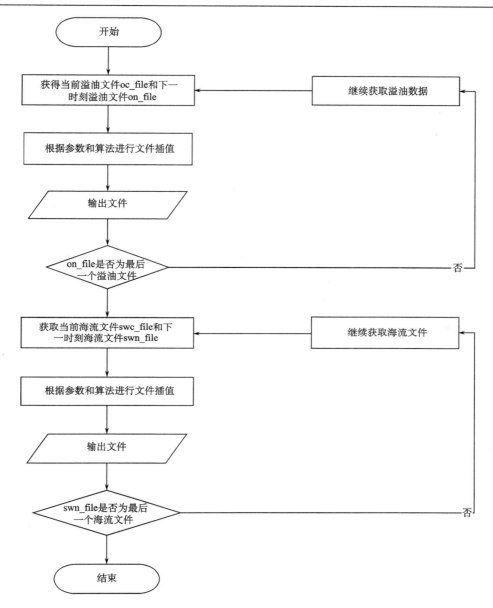

图 8.7　溢油插值流程

转变换组合基础上的，每一种变换都可以表示为矩阵变换的形式，复杂变换可以通过矩阵的相乘或者连接来构造。在进行三维图形的变换时，点用齐次坐标表示为（$x\,y\,z\,1$），变换矩阵采用下面的 4×4 阶方阵：

$$[x'\,y'\,z'\,1]=[x\,y\,z\,1]\times \boldsymbol{T}_{3D}=[x\,y\,z\,1]\times \begin{bmatrix} a_{11} & a_{12} & a_{13} & a_{14} \\ a_{21} & a_{22} & a_{23} & a_{24} \\ a_{31} & a_{32} & a_{33} & a_{34} \\ a_{41} & a_{42} & a_{43} & a_{44} \end{bmatrix} \tag{8.4}$$

$$\begin{bmatrix} a_{11} & a_{12} & a_{13} \\ a_{21} & a_{22} & a_{23} \\ a_{31} & a_{32} & a_{33} \end{bmatrix} \text{产生比例、对称、旋转等基本变换}$$

$$\begin{bmatrix} a_{41} & a_{42} & a_{43} \end{bmatrix} \text{产生沿三个轴向的平衡变换}$$

$$\begin{bmatrix} a_{14} & a_{24} & a_{34} \end{bmatrix} \text{产生透视投影变换}$$

就变换矩阵和坐标轴的关系来说，第一列元素主管 X 轴方向坐标的变化，第二列元素主管 Y 轴方向坐标的变化，第三列元素主管 Z 轴方向坐标的变化。而第四列元素将影响透视变换。目前的三维引擎对于三维场景的显示绘制流程如图8.8所示。

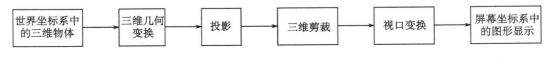

图 8.8　三维场景绘制流程

2) 框架结构

海洋环境三维场景可视化系统主要有以下三个层次：人机交互层、显示控制层、绘制渲染层。人机交互层利用 MFC 提供的菜单栏、工具栏、对话框、浮动栏等友好的用户交互界面，方便用户的控制参数输入和信息反馈；显示控制层主要通过 OSG 三维引擎利用树状结构对场景数据进行组织管理，采用节点访问、回调机制、场景交互控制关键技术为使用者提供一个实时、动态、可交互的三维环境；绘制渲染层主要对海底地形、海水以及其他海洋环境要素进行绘制和渲染，如对海底地形高程值以不同颜色进行着色、实现地形光照阴影效果、实时海面动态波光粼粼效果、对海底局部场景进行三维剪裁和构建等，实现海洋三维交互场景。

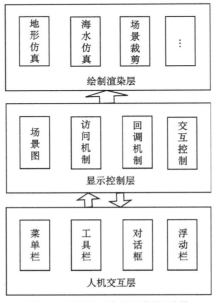

图 8.9　海洋三维场景框架结构

3) 三维交互

主要基于 MFC 界面库和 OpenSceneGraph (OSG) 三维图形引擎开发和实现海洋三维交互场景。OSG 是一个基于 OpengGL 扩展封装的开源可视化图形库，使用 C++语言编写而成。OSG 在封装的基础之上，建立一个面向对象的框架，主要为图形图像应用程序的开发提供场景管理和图形渲染优化功能，使得编程者可以摆脱底层的繁杂建模，更便于应用程序的开发和管理，作为一款高性能的、开源的渲染引擎，被广泛应用于虚拟现实、虚拟仿真、科学和工程可视化等领域。

OSG 提供了场景管理和图形渲染有关的可视化接口和对键盘与鼠标等设备的操作器接口，但是缺乏用户交互界面，不便于用户进行对象管理、参数设置、消息传递与控制等操作。MFC (Microsoft Foundation Classes)，是微软公司提供的类库，以 C++类的形式封装了 Windows 的 API，并且包含一个基于文档/视图结构的应用程序框架，程序的数据由文档对象来维护，通过视图对象提供给用户。因此，基于 MFC 用户交互框架，集成 OSG 可视化图形库，能够构建具有友好用户交互界面的三维可视化场景。针对 MFC 和 OSG 各自的功能特点和内部消息机制，需要在 MFC 框架的视图类 (CView) 中定义一个 COSG 类对象 mOSG，负责对三维可视化场景中的对象进行管理和渲染，MFC 框架负责提供交互界面、传递消息和参数给 mOSG 对象、显示 mOSG 对象输出的渲染场景等功能。

4) 对象组织

采用场景图的方式，对海洋三维场景中的空间对象进行组织和管理。场景图又称为视景图，是一种简单有效的用来组织和存储三维场景的数据结构，它保存着场景中所有物体及其相互关系，场景图形采用一种自顶向下的、分层的树状数据结构来组织空间数据集，以提升渲染的效率。OSG 三维场景管理的基本单位是节点，节点的类型有组节点 (Group)、节点 (Node)、叶节点 (Geode)。最顶端是根节点，根节点具有一个或多个子节点，各个子节点又有零个或多个子节点。叶节点 (Geode) 只能作为子节点，不能包含其他节点。场景组织结构如图 8.10 所示。

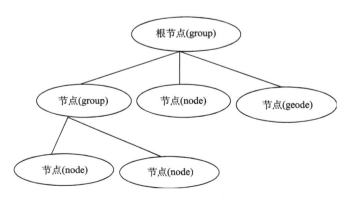

图 8.10　三维海洋场景图构建

5）回调机制

OSG 通过回调类来实现对场景图形节点的更新及用户与场景对象的交互。回调可以被理解成是一种用户自定义的函数，根据遍历方式的不同（如更新、拣选、绘制等），回调函数将自动地执行。回调可以与个别的节点或者选定类型（及子类型）的节点相关联。在场景图形节点的各次遍历中，如果遇到的某个节点已经与用户定义的回调类和函数相关联，则这个节点的回调将被执行。

6）多线程消息传递机制

根据 MFC 与 OSG 框架集成原理，MFC 在子线程中创建 OSG 对象，具体的线程创建和访问机制如图 8.11 所示。

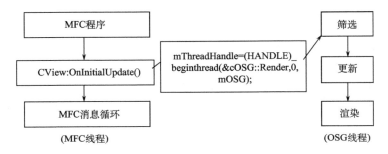

图 8.11　线程创建

从图 8.11 可以看出，MFC 框架在 CView 类里启动了 OSG 的渲染线程，所以在整个程序里存在了两个线程：MFC 交互框架线程和 OSG 线程，两个线程都具有独立的消息处理机制来管理和操作对象。如果在 MFC 框架下直接采用传统的类对象调用方式对 OSG 线程中的共享节点进行控制，则会出现访问冲突，导致系统异常退出。因此，在 MFC 与 OSG 集成技术下，需要利用多线程消息传递机制，通过 MFC 框架主进程向 OSG 子进程发送图形节点访问消息，由 OSG 线程内部的消息处理机制完成该消息相应的操作。目前主要的实现方法有以下三种：

（1）在 MFC 里自定义事件，压入 OSG 的事件队列，在 OSG 的渲染线程里进行处理。

（2）使用 command buffer 的策略，MFC 层传递一个指令到 OSG，然后在 OSG 线程里解析并执行它。

（3）在 MFC 下设置变量来触发 OSG 执行回调并完成操作。

其中，方式（1）和方式（2）都是通过 OSG 事件处理机制来完成，具体通过重载虚函数 handle（const osgGA::GUIEventAdapter&ea,osgGA::GUIActionAdapter&aa）来实现。该函数的第一个参数代表 MFC 框架消息的提供者，如鼠标事件（PUSH、RELEASE、DRAG、MOVE）、键盘事件（KEYDOWN、KEYUP）等，第二个参数是用来对 GUI 进行反馈，它可以让 GUIEventHandler 根据输入的事件让 GUI 进行一些动作。handler 的返回值决定这个事件是否继续让后面的 GUIEventHandler 处理，如果返回 true，则系统会认为该事件已经处理，就不再传递给下一个事件处理器；如果返回 false，后面的 GUIEventHandler 还有机会继续对这个事件进行响应，具体实现如图 8.12 所示。

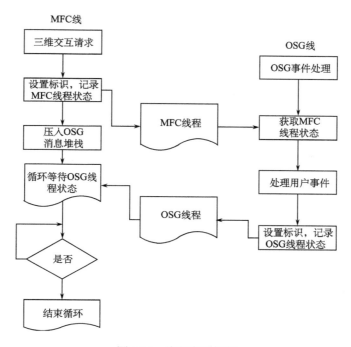

图 8.12 线程交互机制

2. 溢油粒子系统仿真

粒子系统是迄今为止被认为模拟不规则模糊景物最成功的一种图形生成算法，其优点在于可以用简单的体素来构造复杂的物体。在粒子系统中采用大量的、具有一定生命和属性的微小粒子图元作为基本元素来描述不规则的模糊物体，每一个粒子图元均具有形状、大小、颜色、透明度、运动速度和运动方向、生命周期等属性，粒子系统动态变化，所有属性都是时间的函数。随着时间的推移，系统中不仅已有的粒子不断改变形状、不断运动，而且不断有新粒子加入，旧粒子消失。为了模拟粒子的生长和死亡的过程，每个粒子均有一定的生命周期，使其经历出生、成长、衰老和死亡的过程。由于溢油粒子数目众多，且每个粒子行为独立化并时刻改变状态，因此采用粒子系统对溢油粒子群进行模拟。将溢油粒子模型作为溢油可视化核心模型，该模型具有三维坐标、时间、速度、方向、半径等多维属性，保存了粒子在某一时刻的综合状态，并且通过可视化技术对各粒子状态进行动态绘制，能够更好地对复杂、多变的油污扩散现象进行模拟。目前，系统能够支持 5 万个溢油粒子的动态仿真。粒子系统仿真流程和效果如图 8.13 所示。

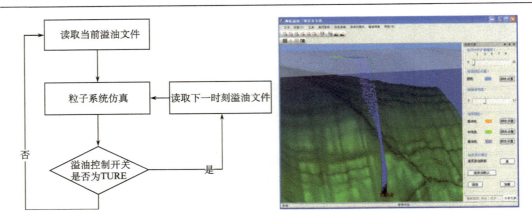

图 8.13　粒子系统流程及效果图

3. 标注操控模块

标注操控模块可以实现在三维海洋场景中对标注进行添加、编辑和移动交互，标注操控模块流程如图 8.14 所示。该模块具有如下特点：

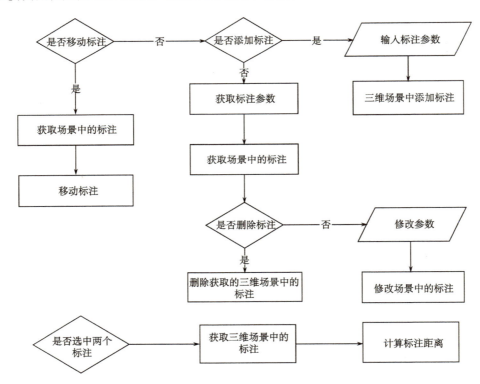

图 8.14　标注操控模块流程图

(1) 应用碰撞检测技术，对三维场景内的标注对象进行交互捕捉和操作。

(2) 对三维场景中标注对象能够精确地标识，能够基于选择的属性快速定位并高亮标注对象。

(3)标注的添加、修改和删除可以通过 MFC 界面功能键,标注的移动可以同快捷键或 MFC 界面功能键。

(4)可以选取任意的两个标注计算其深度差、水平距离和空间距离,更利于科学研究溢油场景。

4. 海流显示模块

海流显示模块是为了更好地仿真海洋环境,更清晰地观察海流对溢油的影响,基于海流矢量箭头绘制方法实现 n 行 n 列 20 层的空间海流绘制。

海流三维仿真主要基于 OSG 的几何体绘制技术来实现。该技术是在一个几何体上添加多个图形基元,并通过设置绑定顶点数组的方式实现,提高绘制的效率。同时应用箭头绘制算法来实现海流大小和方向的控制。对 20 层海流数据,每一层实例化一个几何对象 Geometry,设置顶点坐标数组、法线数组、颜色数组、绑定方式及数据解析。

(1)应用箭头生成算法获得箭头数据。

已知箭头起始点 (x_0, y_0) 和经度矢量 e_0 和纬度矢量 n_0,箭头顶点 (x_1, y_1) 通过公式

$$x_1 = \sqrt[2]{x_0^2 + e_0^2} \quad ; \quad y_1 = \sqrt[2]{y_0^2 + n_0^2} \tag{8.5}$$

通过公式获得箭头的左右两点坐标 (x_r, y_r) 和 (x_l, y_l),其中 γ 为绘制箭头比例参数:

$$x_r = x_0 + (2 \times e_0)/\gamma + \sqrt[2]{\left[(y_1 - y_0)^2 + (x_1 - x_0)^2\right]/\left\{\left[(x_1 - x_0)^2\right]/(y_1 - y_0)^2 + 1\right\}}$$

$$y_r = y_0 + (2 \times n_0)/\gamma + \left[(x_1 - x_0)/(y_1 - y_0)\right] \times \left\{\left[x_0 + (2 \times e_0)/3\right] - x_r\right\}$$

$$x_l = x_0 + (2 \times e_0)/\gamma - \sqrt[2]{\left[(y_1 - y_0)^2 + (x_1 - x_0)^2\right]/\left\{\left[(x_1 - x_0)^2\right]/(y_1 - y_0)^2 + 1\right\}}$$

$$y_l = y_0 + (2 \times n_0)/\gamma + \left[(x_1 - x_0)/(y_1 - y_0)\right] \times \left\{\left[x_0 + (2 \times e_0)/3\right] - x_l\right\} \tag{8.6}$$

(2)通过算法计算获得箭头绘制的 4 个点通过 PrimitiveSet 设置绘制基元的方式为 LINES。

(3)加入叶结点绘制并渲染,通过 NodeCallback 类更新回调动态显示。

为了更好地对海流显示进行控制,创建海流设置对话框用以控制海流的经度间隔、纬度间隔、箭头大小参数、海流粗细参数和垂直线参数。海流显示模块的流程和界面如图 8.15 所示。

5. 海水仿真

海水的模拟技术应用十分广泛,不仅在计算机图形学、军事领域、虚拟现实、电影制作、动画及特效、海洋工程领域等具有非常重要的意义,在动力海洋学、流体力学、波动力学、气象预报等方面也具有重要的意义。

海水作为一种透明流体,海面既可以反射周围的景物也可以折射水底的景物,光在海面的反射和折射遵从光的反射定律和折射定律——垂直偏振光的反射系数 $R_\perp$ 和平行偏振光的反射系数 $R_\parallel$ 随入射角的变化而不同,它们遵从菲涅耳公式

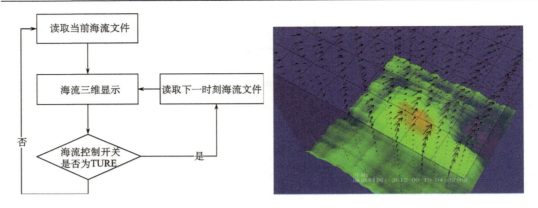

图 8.15　海流绘制流程与效果显示

$$\begin{cases} R_\perp = \dfrac{\left(\sin\left(\theta_i - \theta_t\right)\right)^2}{\left(\sin\left(\theta_i + \theta_t\right)\right)^2} \\[3mm] R_\parallel = \dfrac{\left(\mathrm{tg}\left(\theta_i - \theta_t\right)\right)^2}{\left(\mathrm{tg}\left(\theta_i + \theta_t\right)\right)^2} \end{cases} \tag{8.7}$$

式中，θ_i 为入射角；θ_t 为折射角；θ_i 和 θ_t 之间的关系满足 Snell 折射定律

$$n_1\sin\theta_i = n_2\sin\theta_t$$

要绘制逼真的海浪，就必须对海面的反射、折射光照效果进行实时绘制。本系统中海面的颜色是反射效果和折射效果的组合，计算公式为

$$C_{\text{wate}} = \text{Fres} \times C_{\text{refl}} + (1 - \text{Fres}) \times C_{\text{refr}} \tag{8.8}$$

式中，C_{wate}、C_{refl} 和 C_{refr} 分别为海面颜色、反射颜色和折射颜色；Fres 为菲涅尔系数，通过该系数体现菲涅尔效果。

本模块采用 GLSL 语言，利用 GPU 加速绘制技术对海水进行可视化仿真。首先建立海面网格模型，然后在海面网格的高度场上叠加纹理贴图，通过 Shader 中的 Vertex Shader 对象实时更改每个网格顶点位置、法线、切线，然后传到 Pixel Shader 中进行插值，得到海面每一个像素的法向量，进而计算出水的折射、反射颜色，并进行调制生成水的最终颜色。立方图纹理作为环境贴图，实现海水对天空环境的反射和对海底的折射，通过在法线上的扰动实现海水波动的效果，绘制出逼真的海面环境。海水仿真模块的实现流程和界面如图 8.16 所示。

6. 地形仿真模块

通过对不同参数的地形进行动态绘制，更直观地展现不同角度和视野下的海底溢油情况，并逼真地三维显示海底地形地貌。地形的绘制通过 OSG 几何绘制的三角网格法，同时通过碰撞检测技术获得盒子侧面与地形的交点并通过多边形分割化技术实现侧面与地形的完美结合。过程如下：

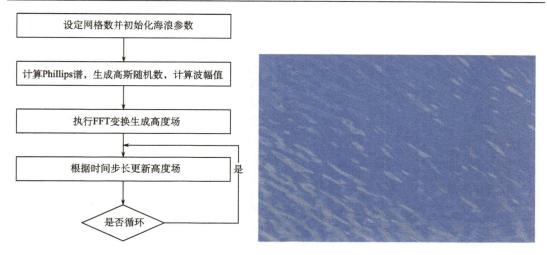

图 8.16　海水仿真流程和显示界面

（1）实例化一个几何对象 Geometry，通过三角形网格化绘制点位置，结合 GPU 技术在顶点着色器中通过颜色渐变算法绘制彩色地形。颜色渐变算法如下：

已知：$A=50$，$B=200$，A、B 之间平均分成 3 份（Step=3），求每份的数值（StepN）。

公式：$\text{Gradient} = A + (B-A) / \text{Step} \times N$

编程时为了提高效率避免浮点运算，往往把除法放在最后面，这样公式就成了：$\text{Gradient}=A+(B-A)\times N/\text{Step}$。$\text{Step}=3$ 时，根据公式可以求出 $\text{Step1}=A+(A-B)/3\times 1=50+(200-50)/3=100$，$\text{Step2}=A+(A-B)/3\times 2=50+(200-50)/3\times 2=150$。这就是均匀渐变的算法原理。

（2）通过碰撞检测技术获得侧面多边形顶点，应用 OSG 自带碰撞检测技术获得多边形顶点数据。

（3）为了正确地显示凹多边形或者自交叉多边形，就必须把它们分解成简单的凸多边形，进行多边形的分割化。在 OSG 中提供多边形分格化类 osgUtil::Tessellayor，渲染包括创建多边形分格化对象；设置分格化对象；根据计算的环绕数指定相应的环绕规则。地形仿真流程和界面如图 8.17 所示。

7. 坐标系显示模块

为了能够清晰地表现出场景对象在世界坐标系和经纬度坐标系的位置，设计开发了坐标显示模块。显示流程和效果如图 8.18 所示。

8. 变比例缩放模块

在三维场景仿真中为了实现观察场景中粒子运动的局部细节和不同粒子位置比列下整个仿真场景不同感官效果，进行场景的比例缩放。

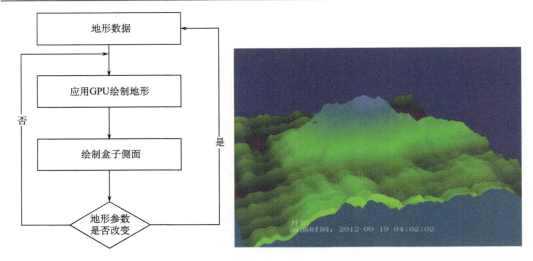

图 8.17 地形仿真流程和界面

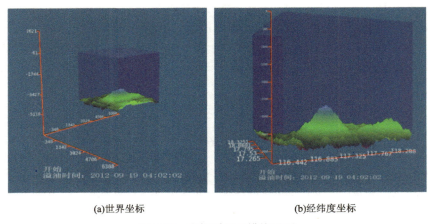

(a)世界坐标   (b)经纬度坐标

图 8.18 坐标系显示模块界面

（1）通过 OSG 的回调机制，应用 OSG::NodeCallback 类和回调技术对场景中的结点进行更新；

（2）MFC 界面更改比列参数；

（3）应用 MFC 和 OSG 交互机制，在 OSG 的更新回调函数中应用更改后的比例参数绘制三维仿真场景。变比例缩放模块界面如图 8.19 所示。

8.2.4 其他功能

1. 归宿曲线

在深水溢油模型运算过程中会实时计算各时刻总溢油量、海面下溢油量以及海面的溢油量，同时还能统计各时刻的侵害体积以及海面的受污染面积，在系统研发期间为方便水下溢油量的实时观测，利用归宿曲线在系统界面上显示。

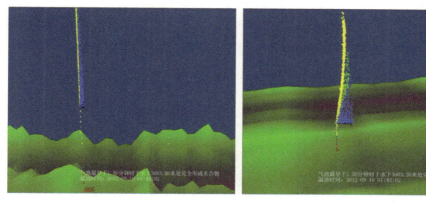

(a)初始比例　　　　　　　　　　　　　(b) 扩大比例

图 8.19　粒子系统缩放

2. 智能报告

溢油模拟计算完成后，用户可点击菜单栏中智能报告选项，可以快速生成溢油事故报告和溢油动态预测报告，大大提高了应急效率，生成报告的主要内容见图 8.20。

(a)　　　　　　　　　　　　　　　　　(b)

图 8.20　智能报告界面

8.3　系统使用说明

8.3.1　运行环境及安装、卸载

1. 系统运行环境

(1) CPU：E5-1620　3.6GHz；

(2) 内存：8G；

(3) 显卡：1G 专业显卡　显存位宽 128 bit；

(4) 硬盘：大于 80G；

(5) 适用于 Windows XP、Windows 7 等各系列操作系统，不支持 Linux、Unix、Mac OS X 操作系统。

2. 系统的安装

点击溢油仿真系统安装向导，选择合适的安装路径，继续点击下一步可完成系统安装全部过程，系统安装如图 8.21 所示。

图 8.21　系统安装向导

3. 系统的卸载

(1) 点击 Windows 的 按钮；

(2) 选定"控制面板"，单击；

(3) 选定"程序/程序和功能"；

(4) 选定"溢油仿真系统"，右击卸载。

8.3.2　菜　单　栏

1. 文件选项

文件菜单选项包括打开参数列表、打开图片、打开视频和退出。界面如图 8.22 所示。

(1)打开参数列表：对本工程建模参数进行查看；

(2)打开图片：打开系统抓图；

(3)打开视频：打开系统录像；

(4)退出：退出系统。

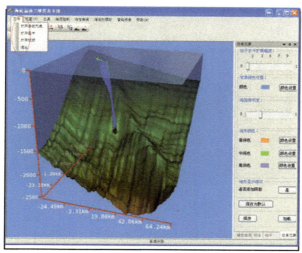

图 8.22　文件选项菜单

2. 视图选项

视图菜单选项主要包括工具栏和停靠窗口、三维坐标轴和状态栏。界面如图 8.23 所示。

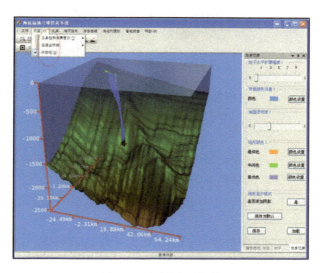

图 8.23　视图选项菜单

（1）工具栏和停靠窗口：主要是控制工具栏和停靠窗口在主界面中显示与否，工具栏主要是指界面移动和旋转工具栏，停靠窗口是指播放选项、标准、角度、模型和粒子颜色设置等浮动窗口，如图 8.24 所示。

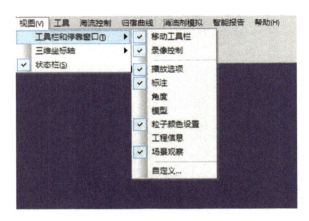

图 8.24　工具栏和停靠窗口

（2）三维坐标轴：包含经纬度坐标和距离坐标显示两种模式，如图 8.25 所示。

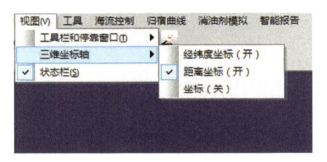

图 8.25　系统坐标选项

（3）状态栏：选择状态栏是否显示，默认打"√"。

3. 工具

工具菜单选项主要包括录像、溢油控制、屏幕抓图、操作方式、控制步长、屏幕中心点、溢油状态和测绘距离，如图 8.26 所示。

（1）录像：选择保存录像的路径和名称，开始录像；同时在录像过程中可进行暂停、继续录像。

（2）溢油控制：对模拟结果播放、暂停和结束等控制。

（3）屏幕抓图：选择保存图片的路径和名称，对当前屏幕保存成.bmp 的图片。

（4）操作方式：对场景进行平移、旋转、放大和缩小，如图 8.27 所示。

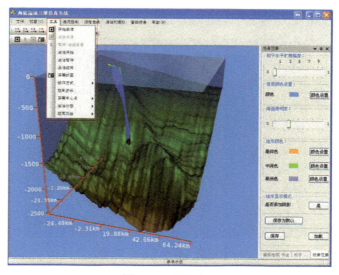

图 8.26　录像功能

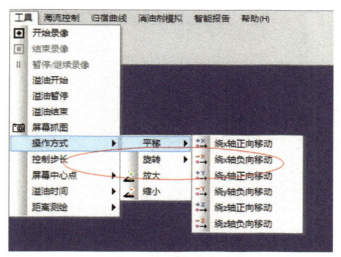

图 8.27　操作方式选择

（5）控制步长：对场景移动、标注移动、场景旋转设定每次操作的步长，如图 8.28 所示。

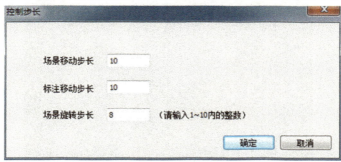

图 8.28　控制步长设置

（6）屏幕中心点：对屏幕的中心点进行显示或隐藏，如图 8.29 所示。

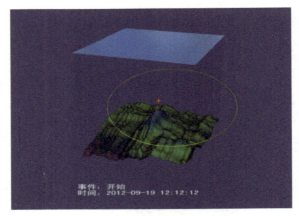

图 8.29　屏幕中心点显示

（7）溢油状态：对溢油状态进行显示或隐藏，如图 8.30 所示。

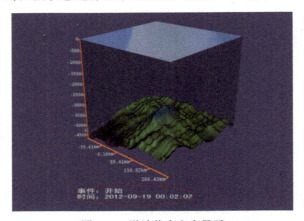

图 8.30　溢油状态文字显示

（8）距离测绘：海面距离测绘的启用和关闭，如图 8.31 所示。

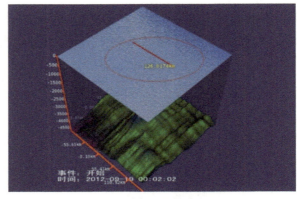

图 8.31　距离测量

4. 海流控制选项

（1）显示状态：对海流进行显示或隐藏，如图 8.32 所示。

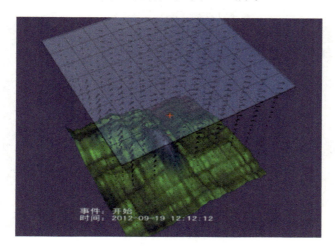

图 8.32　三维流场显示

（2）海流控制：控制海流的经度间隔、纬度间隔、箭头大小参数、海流粗细参数和垂直线参数，如图 8.33 所示。

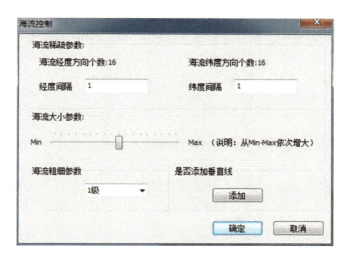

图 8.33　流场控制界面

5. 归宿曲线

在系统播放油粒子运动轨迹的同时，系统可实时呈现溢油归宿量，如图 8.34 所示。

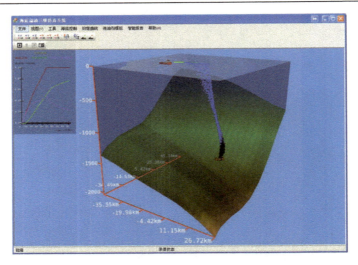

图 8.34　归宿曲线显示

6. 智能报告

点击菜单选项"智能报告",选择"事故报告"或者"溢油动态预测报告"后可快速生成报告,方便用户在应急过程中的操作,提高应急效率。

7. 帮助选项

点击菜单选项"帮助",用户可直接查看系统的简单说明以及操作使用指南等。

8.3.3　浮　动　栏

1. 播放选项

(1)速度控制:滑动速度控制滑动条,控制粒子播放速度。

(2)时刻列表:双击某个时刻即从此时刻开始播放,或是单击时刻点击"开始"按钮开始播放;运动过程中点击"暂停"按钮进行暂停;点击"复位"按钮回到初始状态。

(3)双重播放模式:正常和添加消油剂模式。播放选项界面如图 8.35 所示。

2. 粒子颜色设置

对不同类型油粒子进行颜色、半径选择;点击"保存"按钮对当前粒子设置进行保存,"加载"按钮,读取文件参数,"保存为默认"打开溢油工程的默认值。粒子设置界面如图 8.35 所示。

3. 场景观察

(1)粒子水平扩展幅度:滑动滑动条,调整粒子水平扩展范围,便于观察。

(2)背景颜色设置:点击"设置",从调色板中选择一种背景颜色进行选择。

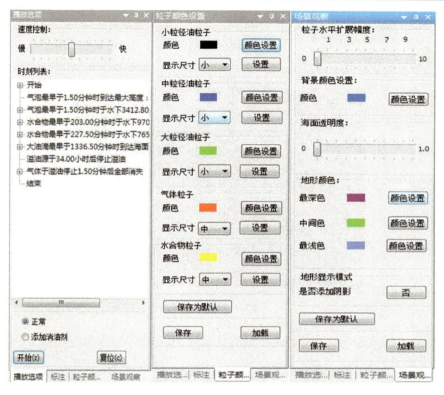

图 8.35　播放选项、粒子颜色设置和场景观察

（3）点击"保存"按钮对当前场景参数进行保存，"加载"按钮，读取历史文件参数。
（4）地形颜色：分别从颜色调试板中选择地形最深色、中间色、最浅色的颜色进行设置。
场景参数设置界面如图 8.35 所示。

4. 标注

（1）"添加"按钮，弹出参数设置对话框，设定添加标注的内容、字体大小、颜色、位置（世界坐标/经纬度坐标）；选中列表框中某个标注，进行"修改"，改变标注内容、大小、颜色、位置、显示/隐藏选择（图 8.36）；选中某个标注，点击"删除"按钮，给出提示对话框，确定删除对象。

图 8.36　标注信息

(2)移动标注："开启""关闭"按钮切换，在开启状态下单击"移动箭头"按钮进行相应移动；"开始参考系""关闭参考系"进行切换，在参考系开启下可更直观地标注，界面如图8.37所示。

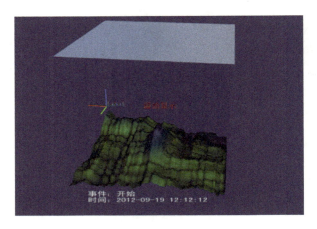

图8.37　标注参考系

(3)从列表框中选择两个标注进行计算深度差和水平距离(图8.38)，如果不选中两个标注会给出错误提示。

图8.38　距离测量

(4)点击"保存"按钮对当前标注进行保存；"加载"按钮，读取文件参数，加载历史标注。

标注操作界面见图8.39。

5. 观察角度

(1)角度参数：实时获得此时观察方位的信息，水平角、高度角、参考点到中心点的距离；点击"添加角度记录"按钮，将目前试点信息记录。

(2)设置：输入水平角、高度角、参考点到视点的距离，点击"应用"按钮，将自主设定的观察视点信息应用；"复原"按钮将视点回复到默认状态。

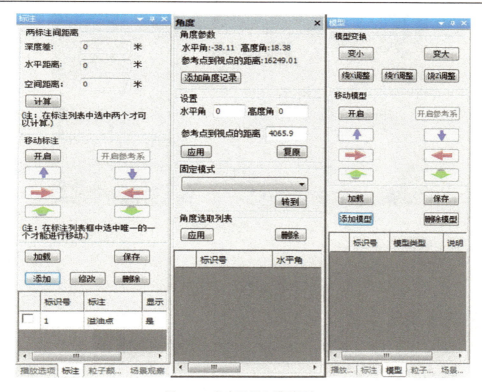

图 8.39　角度设置和模型添加

（3）固定模式：提供预设的"水平角 0 度，高度角 0 度""水平角 0 度，高度角 45 度""水平角 0 度，高度角–45 度""水平角 0 度，高度角 90 度"几种观察状态，点击"转到"应用此角度。

（4）角度选取列表：从列表框中选择某个观察角度，"应用"或"删除"此角度。角度操作界面见图 8.39。

6. 模型

添加模型：点击"添加模型"按钮，打开模型参数对话框，进行模型选择或自选模型，设定模型的经纬度、深度值，模型大小缩放倍数，进行添加模型，如图 8.39 所示。

删除模型：从列表框中选择某种模型，点击"删除模型"按钮进行删除。

移动模型：从列表框中选择某个模型，"开启"状态下，点击左右、上下移动按钮，对模型进行移动；"开启坐标系"或"关闭坐标系"对模型进行添加、删除坐标系，如图 8.40 所示。

模型变换：选中的某个模型，进行"变大""变小""绕 $x/y/z$ 轴旋转"操作。

点击"保存"按钮对当前场模型进行保存，"加载"按钮，读取文件参数，加载模型。

图 8.40　模型移动场景

8.3.4　工　具　栏

1. 移动工具栏

对场景进行平移旋转查看，与菜单栏功能相对应（见图 8.41）。

2. 录像控制

控制录像开始、暂停、继续以及屏幕抓图，与菜单栏功能相对应（见图 8.41）。

图 8.41　移动和录像工具栏

8.3.5　快　捷　键

主要通过鼠标和键盘两种方式对场景进行快速控制，提高系统的操作效率。

（1）鼠标左键：按下鼠标左键左右旋转，从不同方位对场景进行观察；

（2）鼠标右键：长按右键前后移动，对场景进行放大缩小；

（3）鼠标左右键同时按下：对场景移动；

（4）鼠标滚轮：按下中间键左右移动，对场景移动观察；前后滑动中间滚轮，对场景进行放大缩小观察；

（5）鼠标右击：显示海流、录像、抓图等快捷功能；

（6）通过键盘设置快捷键，提高操作效率，快捷键见表 8.1。

表 8.1　快捷键控制

溢油控制快捷键	标注移动快捷键			场景操作	
z 溢油开始	z 溢油开始	I	上	+	放大
x 溢油复位	x 溢油复位	K	下	—	缩小
c 溢油暂停	c 溢油暂停	J	左	Key_up 上移	
v 屏幕抓图	v 屏幕抓图	L	右	Key_down 下移	
		U	外	Key_left 左移	
		O	内	Key_right 右移	

参 考 文 献

戴高乐. 2009. 基于包围盒的碰撞检测算法研究. 河南科技大学硕士学位论文.

高程. 2011. 树随风动模拟中的碰撞检测问题研究. 西安科技大学硕士学位论文.

康勇, 熊岳山, 谭柯, 等. 2008. 基于运动对象局部场景截取的碰撞检测算法. 计算机仿真, 25(11): 214-217.

李波. 2010. 复杂环境下的海面实时建模与仿真研究. 华中科技大学硕士学位论文.

刘惠媛. 2009. 三维海底地形绘制方法研究与实现. 哈尔滨工程大学硕士学位论文.

刘京. 2011. 基于 OSG 的虚拟现实碰撞检测及 GPU 并行加速. 河北大学硕士学位论文.

明芳, 李峻林. 2011. 基于 OSG 的虚拟场景漫游技术研究. 计算机与数字工程, 3(39): 133-137.

牟林, 等. 2011. 渤海海域溢油应急预测预警系统研究 II. 系统可视化及业务化应用. 海洋通报, 6(36): 234-238.

任鸿翔. 2009. 航海模拟器中基于 GPU 的海洋场景真实感绘制. 大连海事大学博士学位论文.

任鸿翔, 金一丞, 尹勇. 2009. 航海模拟器中海面溢油的三维可视化研究. 系统仿真学报, 21(1): 161-165.

邵刚, 屈保平, 曹鹏, 等. 2013. 虚拟现实中的实景视频切换技术研究. 微处理机, 10(5): 53-56.

施仁奈. 2006. OpenGL 编程指南. 第 5 版. 徐波译. 北京: 机械工业出版社.

王锐, 钱学雷. 2009. OpenSceneGraph 三维渲染引擎设计与实践. 北京: 清华大学出版社.

杨晓, 廉静静, 张新宇. 2011. 基于 OSG 的虚拟场景中包围盒碰撞检测的研究. 计算机技术与发展, 9(34): 32-38.

朱偲. 2010. 动态海洋环境仿真中的若干关键技术研究. 华中科技大学硕士学位论文.